R Probability Theory

R 확률론

최예진 · 민만식 지음

한티미디어

저자소개

최예진 U.C Berkeley 통계학과

민만식 고려대학교 통계학과

R확률론

발행일 2019년 1월 7일 초판 1쇄
지은이 최예진·민만식
펴낸이 김준호
펴낸곳 한티미디어 | **주 소** 서울시 마포구 연남로 1길 67 1층
등 록 제15-571호 2006년 5월 15일
전 화 02)332-7993~4 | **팩 스** 02)332-7995
ISBN 978-89-6421-362-9 (93310)
가 격 25,000원

마케팅 박재인 최상욱 김원국 | **관 리** 김지영
편 집 김은수 유채원

이 책에 대한 의견이나 잘못된 내용에 대한 수정 정보는 한티미디어 홈페이지나 이메일로 알려주십시오.
독자님의 의견을 충분히 반영하도록 늘 노력하겠습니다.

홈페이지 www.hanteemedia.co.kr | **이메일** hantee@empal.com

PREFACE

4차 산업혁명 시대의 핵심은 통계학이라고 하여도 과언이 아닐 정도로 통계학은 데이터마이닝, 머신러닝, 빅데이터, 인공지능 등 무수히 많은 분야에서 방대한 데이터를 수집하고 분석하는 데 필요시 한다. 통계학의 기본이 되는 확률론의 이해가 절실히 요구되고 있다.

본서는 다양한 분야에서 응용될 수 있는 확률론을 인문사회계열 학생이나 통계학 전공자들도 입문서로 쉽게 접할 수 있게 기술한 것이다.

이와 함께, 본서는 R을 이용하여 확률론을 소개하며 확률론의 필수개념 및 이론과 함께 R을 통한 이론의 실습을 다루었다. R은 오픈소스의 무료소프트웨어로, 통계학에서 데이터 분석 및 프로그래밍을 하기 위한 언어 및 도구로 활용되고 있다. 기존의 확률론 책과는 다르게, R 프로그램 예제를 넣으면서 확률론의 보다 더 실용적인 면을 이 책에 실었다.

본서의 내용은 다음과 같다. 제 1장에서 5장까지는 확률, 확률변수, 확률분포, 기댓값, 적률생성함수와 중심극한정리 등을 수록했으며 확률론의 필수적인 이론을 다루었다. 제 6장에서는 표본분포의 내용을 포함했으며, 제 7장에서는 마코프 연쇄를 제공함으로써 확률론의 이해 및 응용범위를 넓혔다. 제 8장에서는 계수과정과 포아송과정을 다루었다.

본서는 개념, 예제, 연습문제 순으로 집필하여 학생들의 이해도를 높이는 데 도움이 되도록 하였다. 또한 예제들과 연습문제들의 일부를 R표시로 하여 R프로그램과 자세히 풀어쓴 해설과 답을 포함시켰다.

끝으로 본서가 확률론의 입문서로서 독자들에게 도움이 되었으며 하며, 이 책을 출판하는 데 도움을 주신 한티미디어 여러분께 감사드린다.

2019년

최예진 · 민만식

CONTENTS

CHAPTER

01

확률

구성

1.1 표본공간

실험 또는 시행에 의하여 일어날 수 있는 모든 가능한 결과의 집합을 그 실험이나 시행에 의한 표본공간이라 하고, S로 나타낸다. 가령 동전 한 개를 한번 던질 때, 표면을 H로, 뒷면을 T로 나타낼 때

$$S = \{H, T\}$$

이다. 만일 동전을 2번 던진다면

$$S = \{HH, HT, TH, TT\}$$

이 된다. 표본공간을 구성하는 개개의 결과를, 즉 표본공간의 원을 표본점이라 한다. n개의 표본점 $e_1, e_2, \cdots, e_n$ 으로 되는 표본공간 S가 주어져 있다면

$$S = \{e_1, e_2, \cdots, e_n\}$$

으로 나타낸다(흔히 표본점을 e로 나타낸다).

주사위 한 개를 던질 때, S는 6개의 점으로 되어 $S = \{1,2,3,4,5,6\}$이 된다. 만일 2개의 주사위를 던지는 것을 생각한다면 a, b가 제1, 제2의 주사위가 나타내는 눈의 수라 할 때,

$$S = \{(a,b) | a, b = 1,2,3,4,5,6\}$$

이 된다. 여기서 제1의 주사위의 눈이 1이라는 사상을 A라고 하면

$$A = \{(1,b) | b = 1,2,\cdots,6\}$$

제2의 주사위의 눈이 2이라는 사상을 B라고 하면

$$B = \{(a,2) | a = 1,2,\cdots,6\}$$

으로 나타내진다. 이와 같이 표본점으로 이루는 집합(A, B, $\cdots$ $\subset S$)을 사상이라 한다. 사상 A가 일어나지 않는다면 사상 A^c 로 나타내고, A의 여사상(complement)이라 한다.

A와 B를 2개의 사상이라 할 때 A, B의 적어도 한쪽이 일어나는 사상을 A, B의 합사상(union)이라 하고, $A \cup B$로 나타내며, A, B 양쪽이 함께 일어나는 사상을 A, B의 곱사상(intersection)이라 하고, $A \cap B$로 나타낸다. 표본점을 하나도 포함하지 않는 사상을 공사상(empty)이라 하고, 기호 $\varnothing$ 으로 나타낸다. $\varnothing$는 실현 불가능한 사상이다.

$A \cap B = \varnothing$ 이면 A와 B는 배반이라 한다. 사상은 집합이므로, 사상 사이의 연산은 집합 연산과 마찬가지이다.

표본공간의 임의사상 A, B에 대하여

(i) 합사상 $A \cup B = \{e | e \in A \text{ 또는 } e \in B\}$

(ii) 곱사상 $A \cap B = \{e | e \in A \text{ 그리고 } e \in B\}$

(iii) 여사상 $A^c = \{e | e \notin A\}$

(iv) 배반사상 $A \cap B = \varnothing$

(v) A, B 차집합은 $A - B = \{x : x \in A \text{ 이고 } x \notin B\}$

예제 1.1

다음 각 집합에서 $A - B$를 구하여라.

(1) $A = \{1,3,4,7\}$, $B = \{2,3,6\}$

(2) $A = \{x | 1 \le x < 4\}$, $B = \{x | 2 \le x \le 7\}$

(3) $A = \{x | x \in Z^+\}$, $B = \{x | x \in Z^-\}$

풀이

(1) $A-B=\{1,4,7\}$

(2) $A-B=\{x|1 \leq x<2\}$

(3) $A-B=\{x|x \in Z^{+}\}$

(i)~(iii)의 사상을 다음 그림에서 별색으로 나타냈다.

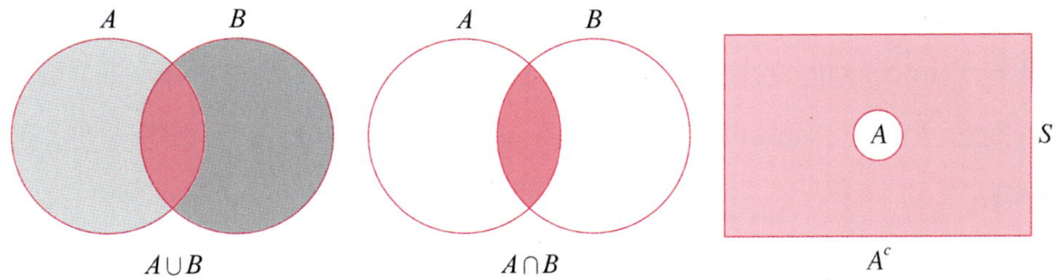

[그림 1.1]

예제 1.2

주사위 1개를 던지는 시행을 한다. $N=$나오는 눈의 수라 할 때 표본공간 S는 $S=\{1,2,\cdots,6\}$이다. 여기서 $A=\{N$은 짝수$\}$, $B=\{N \geq 3\}$이라 할 때 (1) $A \cup B$ (2) $A \cap B$ (3) A^{c} (4) B^{c}를 구하여라.

풀이

(1) $A \cup B=\{N$은 짝수 또는 $N \geq 3\}=\{2,3,4,5,6\}$

(2) $A \cap B=\{N$은 짝수 그리고 $N \geq 3\}=\{4,6\}$

(3) $A^{c}=\{N$은 짝수가 아니다$\}=\{1,3,5\}$

(4) $B^{c}=\{N$은 ≥ 3이 아니다$\}=\{N<3\}=\{1,2\}$

n개의 사상 $A_1, A_2, \cdots, A_n$의 합사상은 적어도 사상 $A_1, A_2, \cdots, A_n$의 하나에 속하는 집합들로 구성되는 집합으로 정의하고 기호로 다음과 같이 나타낸다.

$$A_1 \cup A_2 \cup \cdots \cup A_n \text{ 또는 } \cup_{i=1}^{n} A_i$$

마찬가지로 사상 $A_1, A_2, \cdots$의 무한수열의 합사상은 적어도 사상 $A_1, A_2, \cdots$의 하나에 속하는 원의 집합으로 정의하고, 기호로 다음과 같이 나타난다.

$$A_1 \cup A_2 \cup \cdots \cup A_n \cup \cdots \quad \text{또는 } \cup_{i=1}^{\infty} A_i$$

로 나타난다.

예제 1.3

$A = \{N\text{은 짝수}\} = \{2,4,6\}, B = \{N \geq 3\} = \{3,4,5,6\}, C = \{N = 1 \text{ 또는 } N = 5\} = \{1,5\}$이라 할 때 다음을 구하여라.

(1) $A \cup B \cup C$

(2) $A \cap B \cap C$

(3) $A \cup B^c \cup C$

(4) $(A \cup C) \cap [(A \cap B)^c]$

풀이

(1) $A \cup B \cup C = S$

(2) $A \cap B \cap C = \varnothing$

(3) $A \cup B^c \cup C = \{2,4,6\} \cup \{1,2\} \cup \{1,5\} = \{1,2,4,5,6\}$

(4) $(A \cup C) \cap (A \cap B)^c = \{1,2,4,5,6\} \cap \{4,6\}^c = \{1,2,5\}$

표본공간에서 2개의 사상 A와 B가 공통원을 가지지 않을 때 서로 배반(mutually exclusive or disjoint)이라 한다. 이 경우 A와 B는 같은 시행에서 동시에 일어날 수 없다. 따라서 이면 A와 B는 서로 배반이고, A와 B가 서로 배반이면 $A \cap B = \varnothing$이다. 일반적으로 사상이 있어서 이들의 어느 2개의 사상도 공통원을 가지지 않을 때, 즉 한 시행에서 이들의 어느 2개의 사상도 동시에 일어날 수 없을 때, 이들 사상은 서로 배반이라 하고, 기호로

$$A_i \cap A_j = \varnothing \, (i \neq j)$$

로 나타낸다. 마찬가지로 무한사상열 $A_1, A_2, \cdots$은 $A_i \cap A_j = \varnothing \, (i \neq j)$이면 서로 배반이라고 한다. 사상에 관한 연산은 실수의 연산과 유사하다. 예를 들면 교환, 결합의 성질이 다음과 같이 성립된다.

$$A \cup B = B \cup A, \quad A \cap B = B \cap A$$
$$A \cup (B \cup C) = (A \cup B) \cup C, \quad A \cap (B \cap C) = (A \cap B) \cap C$$

또한 A, B, C가 한 표본공간의 사상이라 할 때 분배법칙

$$A \cap (B \cup C) = (A \cap B) \cup (A \cap C), \quad A \cup (B \cap C) = (A \cup B) \cap (A \cup C)$$

이 성립된다.

사상에 관한 등식은 다음과 같은 방법으로 증명한다.

(i) 좌변의 임의의 원이 우변에 속하고, 우변의 임의의 원이 좌변에 속한다는 것으로 양변이 같다는 것을 밝힌다.

예제 1.4

다음 등식이 성립함을 밝혀보아라.

$$A \cap (B \cup C) = (A \cap B) \cup (A \cap C) \text{ (분배법칙)}$$

풀이

$x \in A \cap (B \cup C) \rightarrow x \in A$ 그리고 $x \in B \cup C$

$\rightarrow x \in A$ 그리고 ($x \in B$ 또는 $x \in C$)

$x \in B$ 이라면 $x \in A$이므로, $x \in A \cap B$

$x \in C$ 이라면 $x \in A$이므로, $x \in A \cap C$

$$x \in (A \cap B) \cup (A \cap C)$$
$$x \in A \cap (B \cup C) \rightarrow x \in (A \cap B) \cup (A \cap C)$$

역으로

$x \in (A \cap B) \cup (A \cap C)$이면 $x \in A \cap B$ 또는 $x \in A \cap C$

$x \in A \cap B$라면 $x \in B$이므로 $x \in B \cup C$ 따라서 $x \in A(B \cup C)$

$x \in A \cap C$이라면 $x \in C$이므로 $x \in B \cup C$ 따라서 $x \in A \cap (B \cup C)$

그러므로

$$(A \cap B) \cup (A \cap C) \subset A \cap (B \cup C)$$

따라서

$$A \cap (B \cup C) = (A \cap B) \cup (A \cap C)$$

예제 1.5

다음 드모르간(De Morgan) 법칙이 성립함을 밝혀라.

$$(A_1 \cup A_2 \cup \cdots \cup A_n)^c = A_1^c \cap A_2^c \cap \cdots \cap A_n^c$$

풀이

$x \in (A_1 \cup \cdots \cup A_n)^c \not\in A_1 \cup \cdots \cup A_n$

$\leftrightarrow$ x가 적어도 A_i의 어느 것에도 속하지 않는다.

$\leftrightarrow$ x가 A_i가 아닌 것에 속한다.

$\leftrightarrow$ $x \in A_i^c$(모든 i에 대하여)

$\leftrightarrow$ $x \in A_1^c \cap \cdots \cap A_n^c$

같은 방법으로 다음 식들이 성립함을 밝힐 수 있다.

$$\left(\bigcup_{i=1}^{\infty} A_i\right)^c = \bigcap_{i=1}^{\infty} A_i^c$$

$$\left(\bigcap_{i=1}^{n} A_i\right)^c = \bigcup_{i=1}^{n} A_i^c \text{ 즉 } (A_1 \cap \cdots \cap A_n)^c = A_1^c \cup \cdots \cup A_n^c$$

$$\left(\bigcap_{i=1}^{\infty} A_i\right)^c = \bigcup_{i=1}^{\infty} A_i^c$$

(ii) 우변식에서 좌변식을, 또는 좌변식에서 우변식을 유도하여 사상에 관한 등식이 성립함을 밝힌다.

예제 1.6

다음 식이 성립함을 밝혀라.

(1) $A\cup(A\cap B)=A$

(2) $(A\cup B)\cap(A\cup C)=A\cup(B\cap C)$

(3) $A\cup[(A\cap B)^c]=S$

(4) $(A\cap B^C)\cup(A\cap B)\cup(A^C\cap B)=A\cup B$

풀이

편의상 $A\cap B$을 AB로 $A\cup B$을 $A+B$로 하자.

(1) $A+AB=AS+AB=A(S+B)=AS=A$

(2) $$\begin{aligned}(A+B)(A+C)&=(A+B)A+(A+B)C\\&=AA+AB+AC+BC=A(S+B+C)+BC\\&=AS+BC=A+BC\end{aligned}$$

(3) $A+(AB)^C=A+A^C+B^C=S$

(4) $$\begin{aligned}AB^C+AB+A^CB&=AB^C+AB+AB+A^CB\\&=A(B^C+B)+(A+A^C)B\\&=AS+SB\\&=A+B\end{aligned}$$

예제 1.7

다음 등식이 성립됨을 밝혀라. 단 A-B는 A에 포함되고, B에는 포함 안 된 모든 것의 사상을 나타낸다.

(1) $(A \cup B) - (A \cap B) = (A \cap B^c) \cup (A^C \cap B)$

(2) $(A \cup B) - B = A - (A \cap B) = A \cap B^C$

풀이

(1) $x \in (A \cup B) - (A \cap B)$ 이라면 $x \in A \cup B$ 그리고 $x \notin A \cap B$
이므로 $x \in A$ 또는 $x \in B$ 이든가, $x \notin A \cap B$
따라서 x는 A에 포함되든가 B에 포함된다. 즉 $x \in A \cap B^C$ 또는 $x \in A^C \cap B$
따라서

$x \in (A \cap B^C) \cup (A^C \cap B)$

역으로 $x \in (A \cap B^C) \cup (A^C \cap B)$ 이라면 위와 같은 방법을 역으로 해나가면

$x \in (A \cup B) - (A \cap B)$

따라서 $(A \cup B) - (A \cap B) = (A \cap B^C) \cup (A^C \cap B)$

(2) $x \in (A \cup B) - B$ 이라면
$x \in A \cup B$이고 $x \in B^c$
$x \in A \cap B^C$

역으로 $x \in A \cap B^C$이라면

$x \in A$ 그리고 $x \in B^C$

따라서

$x \in A \cup B$ 이고 $x \in B^C$ 이므로 $x \in (A \cup B) - B$
$(A \cup B) - B = A \cap B^C$

연습문제 1.1

1. 동전을 3회 던져서 앞면(H), 뒷면(T)을 살피는 실험을 할 때,

   (1) 표본공간을 구하라.

   (2) 2회째가 앞면이라는 사상을 E, 꼭 2회째 앞면이 나온다는 사상을 F라 할 때, E와 F를 구하여라.

   (3) (2)에서 접한 사상 E,F에 대하여, $E\cup F$, $E\cap F$, E^C, F^C, $(E\cap F)^C$, $E^C\cap F$를 구하여라.

2. A, B, C 를 사상이라고 할 때 다음 등식을 증명하여라.

   (1) $A\cup B = A\cap B$ 이면 $A = B$

   (2) $A\cap B = \varnothing$ 이면 $(A\cap C)\cap(B\cap C) = \varnothing$ 이다.

   (3) $A-(B\cup C) = (A-B)\cap(A-C)$이다. 단, $A-B = A\cap B^C$이다.

   (4) $A-(B\cap C) = (A-B)\cup(A-C)$이다.

3. $[A-(A\cap B)]\cup B = A\cup B$임을 밝혀라.

4. A^c, B^c $A\cap B$, $A\cup B$, $A-B$, $B-A$, $A\triangle B$를 구하여라.

   (1) $A=\{1, 2, 3\}$, $B=\{3, 4\}$ 그리고 $U=\{1,2,3,4\}$

   (2) $A=(-1, 1)$, $B=[0, 1]$, 그리고 $U=R$

   (3) $A=N$, $B=Z^+$, 그리고 $U=Z$

   (4) $A=(0, 3)$, $B=[2, \infty)$, 그리고 $U=R^+$

5. 벤다이어그램을 사용하여 증명하여라.

(1) 분배법칙 $A \cup (B \cap C) = (A \cup B) \cap (A \cup C)$

(2) 드모르간 법칙 $(A \cup B)^c = A^c \cap B^c$

(3) 흡수법칙 $A \subseteq B$이면, $A \cup B = B$이고 $A \cap B = A$

(4) 결합법칙 $(A \cap B) \cap C = A \cap (B \cap C)$, $(A \cup B) \cup C = A \cup (B \cup C)$

6. 명시된 내용을 증명하여라.

(1) $A \cap (A^c \cup B \cup C) = (A \cap B) \cup (A \cap C)$

(2) $A \cap ((B \cap C)^c) = (A \cap B^c) \cup (A \cap C^c)$

(3) $(A \cap B) \cup (A \cap B \cap C) = A \cap B$

1.2 순열조합

어떤 일이 일어날 수 있는 경우의 수를 계산하는 효과적인 방법이 있다면 유용할 것이다. 사실, 많은 확률론 문제들은 어떤 사건이 발생할 수 있는 서로 다른 경우의 수를 계산하여 간단히 해결할 수 있다.

1.2.1 경우의 수

어떤 사건이 일어나는 가지 수를 경우의 수라 한다. 유한집합 A에 속하는 원소의 개수를 $n(A)$로 나타내며 경우의 수 계산은 원소의 개수를 세는 것과 동일하다. 경우의 수를 계산할 때에는 중복하지 않고, 빠짐없이, 가능한 모든 경우를 세는 것이 중요하다.

(1) 합의 법칙

한 사건 A가 m가지의 방법으로 일어나고, 다른 사건 B가 n가지의 방법으로 일어날 때 A와 B가 동시에 일어나지 않는다면, A 또는 B가 일어나는 경우의 수는

⇨ $m+n$가지

예제 1.8

서로 다른 두 개의 주사위를 동시에 던질 때, 두 눈의 수의 합이 4 이하인 경우의 수을 구하여라.

풀이

서로 다른 두 개의 주사위를 동시에 던질 때, 나오는 눈의 수의 합이 2인 사건을 A, 눈의 수의 합이 3인 사건을 B, 눈의 수의 합이 4인 사건을 C라고 하면

$A=$ [(1,1)], $B=$[(1,2),(2,1)], $C=$[(1,3),(2,2),(3,1)] 일때,

$$A\cap B=\varnothing,\ B\cap C=\varnothing,\ A\cap C=\varnothing,\ A\cap B\cap C=\varnothing$$

이므로 구하는 경우의 수는

$$n(A\cup B\cup C)=n(A)+n(B)+n(C)$$
$$=1+2+3=6$$

예제 1.9

재원이네 학교의 동아리 활동에는 예술·체육 동아리 5종류, 문화 체험 동아리 3종류가 있다. 이 중에서 재원이가 한 가지 동아리를 선택하여 활동하는 경우의 수를 구하여라.

풀이

예술·체육 동아리 중 한 가지 동아리를 선택하는 경우는 5가지이고, 문화 체험 동아리 중 한 가지 동아리를 선택하는 경우는 3가지이다.
따라서 구하는 경우의 수는 합의 법칙에 의하여

$$5+3=8$$

(2) 곱의 법칙

한 사건 A가 m가지의 방법으로 일어나고, 그 각각에 대하여 다른 사건 B가 n가지의 방법으로 일어날 때, A와 B가 동시에 일어나는 경우의 수는

⇨ $m\times n$가지

예제 1.10

어느 학교와 미술관 사이에는 4개의 버스 노선과 3개의 지하철 노선이 있다. 학교에서 버스를 타고 미술관에 갔다가 지하철을 타고 다시 학교로 돌아오는 경우의 수를 구하여라.

풀이

학교에서 버스를 타고 미술관에 가는 노선은 4가지이고, 그 각각에 대하여 지하철을 타고 학교로 돌아오는 노선은 3가지씩 있으므로 구하는 경우의 수는 곱의 법칙에 의하여

$$4\times 3=12$$

예제 1.11

새로운 지역의 개발자가 주택구매자에게 4가지 종류의 주택디자인, 3가지의 난방시스템, 차고 또는 간이차고, 옥외테라스 또는 스크린이 설치된 현관 등의 선택사항을 제시했다. 이 구매자가 선택할 수 있는 서로 다른 계획이 얼마나 되겠는가?

풀이

$4 \times 3 \times 2 \times 2 = 48$

1.2.2 순열

n개의 대상(object)에서 r개를 비복원 추출한다면 r은 n을 초과할 수는 없을 것이다. n개의 대상 중에서 r개를 뽑아 순서대로 배열하는 것을 순열(permutation)이라 부른다. 이러한 순열의 총 개수를

$$_nP_r = \frac{n!}{(n-r)!}$$

이라는 기호로 표시하며, n개의 대상 중에서 동시에 r개를 취하는 순열의 수를 뜻한다.

예제 1.12

다음 문제를 구하여라.

(1) 6명의 선수 중에서 4명을 선발하여 400m 계주에 출전시키려고 한다. 이 때, 출발 순서까지 생각하여 선수를 선발하는 방법은 모두 몇 가지인지 구하시오.

(2) 43명으로 구성된 학급에서 실장 1명, 부실장 1명, 총무 1명을 선출하는 방법의 수?

(3) 어떤 농구팀에서 어떠한 수비위치라도 맡을 수 있는 8명의 선수들 중 5명이 경기시작에 배치될 수 있는 가지 수는 얼마인가?

(4) 한 명의 교사가 심리학개론 강좌를 한 번만 담당할 수 있을 때, 6명의 교사가 4개의 강좌에 배정될 수 있는 가지 수를 찾아라.

풀이

(1) 6명 중에서 4명을 택하는 순열이므로 ${}_6P_4 = 6 \times 5 \times 4 \times 3 = 360$(가지)

(2) ${}_{43}P_3 = 43 \times 42 \times 41 = 74046$

(3) ${}_8P_5$

(4) ${}_6P_4$

1.2.3 중복순열

서로 다른 n개의 물건에서 중복을 허락하여 r개를 뽑아 일렬로 나열해 놓은 것을 서로 다른 n개에서 r개를 취하는 중복순열(repeated permutation)이라 하고 이 순열의 수를 나타낸다.

$$ {}_n\Pi_r = n^r $$

이다.

예제 1.13

다음 문제를 구하여라.

(1) 후보자가 세 사람, 선거인이 10사람이 있다. 기명투표로 한 사람이 한 표씩 투표를 할 때 그 결과 나타나는 방법의 수는?(단, 후보자는 투표하지 않고 무효표는 없다.)

(2) 기호 · (돈)과 — (쓰)를 배열하여 전신 부호를 만들 때, 세 개를 택하여 만들 수 있는 부호의 개수는 몇 개인가?

(3) 세 통의 편지를 다섯 개의 우체통에 넣는 방법의 수는?(단, 한통의 편지도 넣지 않는 우체통이 있어도 된다고 한다.)

풀이

(1) ${}_3\Pi_{10} = 3^{10}$

(2) ${}_2\Pi_3 = 2^3 = 8$

(3) ${}_5\Pi_3 = 5^3 = 125$

1.2.4 같은 것을 포함하는 순열(복수순열)

같은 것을 포함하고 있는 것을 한 줄로 늘어놓는 방법의 수 n개의 물건 중에서 같은 것이 각각 p, q, $\cdots$, s개가 있을 때, 이들 n개 모두를 일렬로 늘어놓는 방법의 수

$$\frac{n!}{p!q!\cdots s!} \quad (\text{단}, p+q+\cdots+s=n)$$

이다.

예제 1.14

다섯 개의 숫자 1,1,1,2,2로 만들 수 있는 네 자리 정수의 개수를 구하여라.

풀이

(1) 1,1,1,2를 택할 때, 이 네 숫자로 만들 수 있는 정수의 개수는 $\frac{4!}{3!} = 4$

(2) 1,1,2,2를 택할 때 이 네 숫자로 만들 수 있는 정수의 개수는 $\frac{4!}{2!2!} = 6$

따라서, (1), (2)에서 구하는 정수의 개수는 $4+6=10$

예제 1.15

success의 7개의 문자를 모두 일렬로 배열한다.

(1) 양 끝에 s가 오도록 배열하는 방법의 수는 몇 가지인가?

(2) 세 개의 s가 모두 인접하도록 배열하는 방법의 수는 몇 가지인가?

풀이

(1) $\frac{5!}{2!}=60$

(2) $\frac{5!}{2!}=60$

1.2.5 조합

서로 다른 n개의 물건(원소) 중에서 순서를 생각하지 않고 r개를 뽑을 때 이 r개로 이루어진 각각의 집합을 n개에서 r개를 취하는 조합(combination)이라 하고 이 조합의 수를 ${}_nC_r$ 또는 $\binom{n}{r}$로 표시한다.

$$ {}_nC_r = \frac{{}_nP_r}{r!} = \frac{n!}{r!(n-r)!} $$

이다.

예제 1.16

어떤 학급의 학생 수 45명에서 학급 대표 2명을 뽑는 방법의 수는?

풀이

$${}_{45}C_2 = \frac{45!}{2!(45-2)!} = 45 \times 22 = 990$$

예제 1.17

야구선수 9명, 농구선수 5명이 있다. 물음에 답하여라.

(1) 이 중에서 3명의 야구선수와 2명의 농구선수를 뽑는 방법은 몇 가지인가?

(2) 5명을 뽑을 때, 야구 대표1명, 농구 대표 1명이 포함되는 경우의 수?

(3) 3명을 뽑을 때, 적어도 농구선수 1명이 포함되는 경우의 수?

(4) 3명을 뽑을 때, 야구, 농구선수가 적어도 각각 1명의 선수가 포함되는 경우의 수?

풀이

(1) ${}_9C_3\,{}_5C_2 = 840$

(2) ${}_{12}C_3 = \dfrac{12 \times 11 \times 10}{3 \times 2 \times 1} = 220$

(3) ${}_{14}C_3 - {}_9C_3 = 280$

(4) ${}_{14}C_3 - ({}_9C_3 + {}_5C_3) = 364 - (84 + 10) = 270$

1.2.6 중복조합

서로 다른 n개의 원소 중에서 중복을 허락하여 r개를 택하는 조합을 중복조합이라고 하고, 이 중복조합의 수를 ${}_nH_r$로 나타내며

$${}_nH_r = {}_{n+r-1}C_r$$

로 계산한다.

예제 1.18

4명의 학생들에게 같은 종류의 음료수 10개를 나누어 주려고 한다. 다음을 구하여라.

(1) 음료수 10개를 나누어 주는 방법의 수

(2) 음료수 10개를 한 학생에게 적어도 한 개씩 나누어 주는 방법의 수

풀이

(1) 구하는 방법의 수는 방정식 $a+b+c+d=10$에서 음이 아닌 정수인 해 (a, b, c, d)의 개수와 같으므로 ${}_4H_{10} = {}_{4+10-1}C_{10} = {}_{13}C_{10} = {}_{13}C_3 = 286$

(2) 구하는 방법의 수는 방정식 $a+b+c+d=10$에서 자연수인 해 (a, b, c, d)의 개수와 같으므로 ${}_4H_6 = {}_{4+(10-4)-1}C_{10-4} = {}_9C_6 = {}_9C_3 = 84$

연습문제 1.2

1. 갑, 을 두 개의 주사위를 동시에 던질 때, 나오는 눈의 수의 합이 3 또는 8이 되는 경우의 수를 구하여라.

2. A에서 B로 가는 방법은 4가지, B에서 C로 가는 방법은 3가지, A에서 C로 직접 가는 방법은 5가지가 있다. A를 출발하여 C에 갔다 올 때, B를 한 번만 거치는 방법의 수를 구하여라.

3. 경제적 연료연구에서, 3대의 경주용 자동차가 각기 다른 장소에 위치하고 있는 7군데 시험장에서 5가지 다른 상표의 가솔린을 사용해서 시험이 이루어진다. 2명의 운전자가 각기 다른 경합조건하에서 주행시험이 이루어진다면 몇 번의 주행시험이 필요한가?

4. A, B, C, D, E 다섯 문자 중 어느 세 문자를 골라 일렬로 나열하는 방법의 가지 수는 몇 가지인가?

5. 다음 문제를 구하여라.

   (1) 30개의 역이 있는 철도회사에서 출발역과 도착역을 명기한 차표를 준비하려고 한다. 1,2,3등의 구분은 없고 왕복표를 포함한다고 할 때, 발행할 차표의 종류의 수는?

   (2) A, B, C, D, E 다섯 사람 중에서 위원장, 부위원장, 서기를 각각 1명씩 뽑을 때, 위원장은 반드시 A가 뽑히는 경우는 몇 가지인가?

연습문제 1.2

6. 다음 문제를 구하여라.

(1) 5명의 학생을 A, B, C 세 모임에 가입시키는 방법은 몇 가지인가?

(2) 9개의 질문으로 되어 있는 진위(T, F)테스트에서 서로 다른 응답방법은 얼마나 되겠는가?

7. 5명의 여행자가 세 호텔 A, B, C에 투숙하는 방법은 몇 가지인가? 단, 어느 호텔도 5인 이상 숙박할 수 있다.

8. success라는 단어의 문자를 모두 써서 만들 수 있는 배열의 가지 수는 몇 가지인가?

9. 1에서 9까지의 숫자를 일렬로 나열할 경우 홀수의 순서가 1, 3, 5, 7, 9의 차례로 나열되는 방법은 몇 가지인가?

10. 6명의 여자와 4명의 남자를 한 팀에 여자 셋, 남자 둘이 들어가도록 나누는 방법은 몇 가지인가?

연습문제 1.2

11. 7명 중에서 3명의 대표를 뽑는 방법의 가지 수는 얼마인가?

12. 서로 다른 10가지 향수를 만드는 회사가 있다. 6가지씩 담긴 선물용 가방을 만들려고 한다. 가방의 종류는 모두 몇 가지를 만들 수 있는가?

13. 학생 10명 중에서 4명의 위원을 뽑는 가지 수는 몇 가지인가?

14. 방정식 $x+y+z=7$을 만족시키는 x, y, z에 대하여 다음을 구하여라.

(1) 음이 아닌 정수인 해(x, y, z)의 개수

(2) 자연수인 해(x, y, z)의 개수

15. 똑같은 8개의 사탕을 3명에게 나누어 주는 방법의 수는? 단, 못 받은 사람이 있어도 된다.

16. 서로 다른 10개의 물건을 4명에게 나누어 주는 방법의 가지 수는 몇 가지인가?

1.3 확률의 정의

사상 A의 확률$P(A)$는 다음 3개의 조건

(i) 모든 A에 대하여 $0 \le P(A) \le 1$

(ii) $P(S)=1$

(iii) $A \cap B = \varnothing$ 이면 $P(A \cup B) = P(A) + P(B)$를 만족하는 폐구간 [0,1] 상의 집합의 함수이다.

(iii)을 확장하면

$$A_i \cap A_j = \varnothing \, (i \neq j) \text{ 이면 } P(A_1 \cup \cdots \cup A_n \cup \cdots) = \sum_{i=1}^{\infty} P(A_i)$$

이 된다((i)~(iii)을 확률의 공리라 한다).

두 사건 A, B가 동시에는 일어나지 않을 때, 곧 $A \cap B = \phi$일 때 A와 B는 서로 배반한다고 하고, 이 두 사건을 배반사건이라고 한다. 또, 세 개 이상의 사건에 대해서 어떠한 두 사건도 서로 배반하면 이들 사건은 서로 배반한다고 말한다.

A와 B가 서로 배반적이라면 다음과 같이 된다.

$$P(A \text{ 또는 } B) = P(A) + P(B)$$

이 결과는 세 개 이상의 사상에까지 확장시켜 적용할 수 있다.

예를 들어, 세 개의 사상 A, B, C가 서로 배반적이라면

$$P(A \text{ 또는 } B \text{ 또는 } C) = P(A) + P(B) + P(C)$$

가 성립한다. 여기서 세 사상 A, B, C가 서로 배반적이라는 것은 세 개의 사상 중 임의의 두 개의 사상이 서로 배반적임을 뜻한다.

예제 1.19

한 상자에 붉은 공이 3개, 푸른 공이 4개, 흰 공이 5개 들어있다. 이 상자에서 임의로 한 개의 공을 뽑는 실험에서 뽑힌 공이 붉은 공 또는 흰 공이 될 확률을 구하여라.

풀이

붉은 공이 뽑히는 사상을 R, 흰 공이 뽑히는 사상을 W라 하면, 구하고자 하는 확률은 $P(R$ 또는 $W)$이다. 그런데, 사상 R와 W는 서로 배반적이므로 $P(R$ 그리고 $W)=0$이 된다. 따라서,

$$P(R \text{ 또는 } W) = P(R) + P(W) = \frac{3}{12} + \frac{5}{12} = \frac{8}{12} = \frac{2}{3}$$

예제 1.20

자동차 판매원의 오랜 경험에 의하면 손님이 스포츠 카를 살 확률은 0.1이고, 웨곤을 살 확률은 0.2, 트럭을 살 확률은 0.15임을 알고 있다. 새로 올 손님이 위의 세 가지 형태의 차 중에서 한 가지를 살 확률은 얼마인가? 단, 손님은 반드시 한 가지 종류의 차만 산다고 가정하자.

풀이

가정에 의해 손님이 스포츠 카를 산다는 사상과, 웨곤을 산다는 사상, 트럭을 산다는 사상은 서로 배반적인 사상이 된다. 따라서, 각각의 확률을 더해 주면 된다. 즉, 구하고자 하는 확률은 $0.1+0.2+0.15=0.45$가 된다.

예제 1.21

동전을 2번 던진다.

$A_1 = \{HH\}, A_2 = \{HT\}, A_3 = \{TH\}, A_4 = \{TT\}$ (H는 표면 T는 뒷면)이라 할때 다음 사상 $E_1 = A_1 \cup A_2 \cup A_3$, $E_2 = A_3 \cup A_4$ 의 확률 $P(E_1)$ 및 $P(E_2)$를 구하여라.
단, $P(A_1)=0.36$, $P(A_2)=0.24$, $P(A_3)=0.24$, $P(A_4)=0.16$

풀이

A_1, A_2, A_3, A_4는 서로 배반이므로

$$P(E_1)=P(A_1)+P(A_2)+P(A_3)=0.36+0.24+0.24=0.84$$
$$P(E_2)=P(A_3)+P(A_4)=0.24+0.16=0.4$$

여기서 확률에 관한 몇 가지 성질을 정의로부터 유도해보자.

① $P(\varnothing)=0$

증명

$A \cup \varnothing = A$ 이므로 $P(A \cup \varnothing)=P(A)$ 그런데 A와 $\varnothing$는 배반이므로

$P(A \cup \varnothing)=P(A)+P(\varnothing)$ 따라서

$P(A)=P(A)+P(\varnothing)$

$\therefore P(\varnothing)=0$

② $P(A \cup B)=P(A)+P(B)-P(A \cap B)$

증명

$A=(A \cap B) \cup (A \cap B^C)$ 이고, $A \cap B$와 $A \cap B^C$는 배반이므로 $P(A)=P(A \cap B)+P(A \cap B^C)$ 마찬가지로 $B=(A \cap B) \cup (A^C \cap B)$ 이고, $A \cap B$와 $A^C \cap B$는 배반이므로

$P(B)=P(A \cap B)+P(A^C \cap B)$

따라서 $P(A)+P(B)-P(A\cap B)=P(A\cap B)+P(A\cap B^C)+P(A^C\cap B)$ 또한 $A\cup B=(A\cap B)\cup(A^C\cap B)\cup(A\cap B^C)$이고, $A\cap B, A^C\cap B, A\cap B^C$는 서로 배반이므로 위 식의 우변은 $P(A\cup B)$와 같다. 따라서

$$P(A)+P(B)-P(A\cap B)=P(A\cup B)$$

예제 1.22

특정 지역에 TV 채널 4와 7이 같은 지역 방송망에 가입되어 있다. 채널 4에서 특정 스포츠 프로그램을 방송할 확률은 0.5이고, 채널 7은 0.7이다. 또한, 서로 동시에 똑같은 특정 스포츠 프로그램을 방송하게 될 확률은 0.3이다. 어느 시청자가 그 특정 프로그램을 두 채널 중 어느 한 채널에서 시청할 확률은 얼마인가?

풀이

$A=$채널 4에서 그 프로그램을 방송한다.
$B=$ 채널 7에서 그 프로그램을 방송한다.

라 놓으면

$$P(A)=0.5, P(B)=0.7, P(A\text{그리고 }B)=0.3$$

이 된다. 따라서, 구하고자 하는 확률 P(A 또는 B)는

$$P(A\text{또는 }B)=0.5+0.7-0.3=0.9$$

결국, 어떤 시청자가 그 프로그램을 시청하게 될 확률은 0.9이다.

예제 1.23

어느 시에 두 개의 긴급 상황 센터가 있다. 긴급 상황 시에 어느 한쪽이 반응을 보여 출동할 확률이 0.6이고, 나머지 다른 쪽은 0.8이다. 그리고, 둘 중의 적어도 하나 이상이 출동할 확률이 0.9이다. 그러면 긴급 상황이 일어났을 경우 양쪽 모두 출동할 확률은 얼마인가?

풀이

사상 A를 어느 한쪽이 반응하여 출동하는 사상이라 하고, 사상 B를 다른 한쪽이 반응하여 출동하는 사상이라 하자. 우리가 구하고자 하는 확률은 $P(A$ 그리고 $B)$인 것이다. 그런데,

$$P(A)=0.6,\ P(B)=0.8,\ P(A\text{또는 }B)=0.9$$

따라서,

$$\begin{aligned}P(A\text{그리고 }B) &= P(A)+P(B)-P(A\text{또는 }B)\\ &=0.6+0.8-0.9=0.5\end{aligned}$$

③ $B\subset A$ 이면 $P(B)\leq P(A)$

증명

$A=(A-B)\cup B$이고, $A-B$와 B는 서로 배반이므로

$P(A)=P(A-B)+P(B)$

$P(A)-P(B)=P(A-B)\geq 0$

$P(A)\geq P(B)$

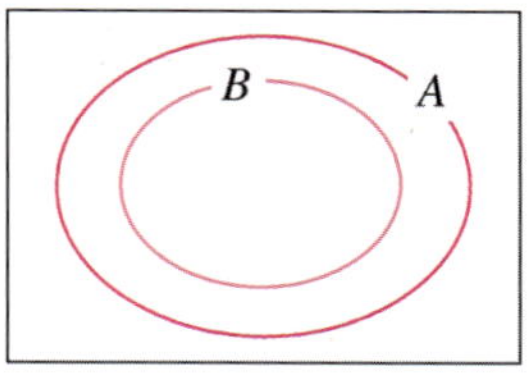

[그림 1.2]

④ $P(A_1\cup A_2\cup\cdots)\leq P(A_1)+P(A_2)+\cdots$

증명

수학적 귀납법을 써서 증명할 수도 있다.

$k=2$일 때 가법정리는 위의 부등식이 성립함은 분명하다.

$k(>2)$ 에 대하여 이 부등식이 성립함을 가정하여

$$\begin{aligned}P(A_1\cup A_2\cup\cdots\cup A_k\cup A_{k+1}) &\leq P(A_1\cup A_2\cup\cdots\cup A_k)+P(A_{k+1})\\ &\leq P(A_1)+P(A_2)+\cdots+P(A_k)+P(A_{k+1})\end{aligned}$$

이 되어, $k+1$일 때도 위 부등식은 성립된다.

⑤ 임의의 사상 A에 대하여

$$P(A^C) = 1 - P(A)$$

증명

$S = A \cup A^C$이고, A와 A^C는 배반사상이므로

$$1 = P(A) + P(A^C)$$
$$P(A^C) = 1 - P(A)$$

예제 1.24

남자 4명, 여자 3명 중 3명의 위원을 선출할 때, 여자 위원이 적어도 한 명 선출될 확률은?

풀이

7명 중 3명 선출 : ${}_7C_3$

위원 3명이 남자일 확률 : $\frac{{}_4C_3}{{}_7C_3}$

$$1 - \frac{{}_4C_3}{{}_7C_3} = 1 - \frac{4}{35} = \frac{31}{35}$$

예제 1.25

성인 5,000명 중에 3,500명이 강화된 총기관리법을 찬성, 1,200명은 반대, 300명은 의견이 없는 것으로 나타났다. 이 그룹으로부터 임의로 한 명을 뽑았을 때, 그 사람이 강화된 총기관리법에 찬성할 사건을 A라 하면, A의 여사건을 말하시오. 두 사건의 확률을 구하시오.

풀이

이 실험에 대한 두 사건은

$A=$ 뽑힌 성인이 강화된 총기관리법에 찬성한다.

$\overline{A}$=뽑힌 성인이 그 법에 반대하거나 의견이 없다.

사건 A에는 3,500명이고 B에는 1,500명이 있으므로

$P(A) = 3500/5000 = .70$, $P(\overline{A}) = 1500/5000 = .30$

두 확률의 합이 1이므로 $P(A)$를 알면 $P(\overline{A})$를 다음과 같이 구할 수 있다.

$P(\overline{A}) = 1 - P(A) = 1 - .70 = .30$

⑥ A, B, C가 서로 배반이 아닌 사상이라 할 때

$$\begin{aligned} P(A \cup B \cup C) &= P\{A \cup (B \cup C)\} = P(A) + P(B \cup C) - P\{A \cap (B \cup C)\} \\ &= P(A) + P(B \cup C) - P\{(A \cap B) \cup (A \cap C)\} \\ &= P(A) + P(B) + P(C) - P(B \cap C) - P(A \cap B) \\ &\quad - P(A \cap C) + P(A \cap B \cap C) \end{aligned}$$

일반적으로 다음 식이 성립된다.

$$P(A_1 \cup \cdots \cup A_n) = \sum_i P(A_i) - \sum_{i<j} P(A_i \cap A_j) + \sum_{i<j<k} P(A_i \cap A_j \cap A_k) + \cdots (-1)^{n-1} P(A_1 \cap \cdots \cap A_n)$$

수학적 귀납법으로 다음과 같이 증명된다.

증명

$n=2$일 때 성립됨이 증명되어 있으므로 $n=k$일 때 이 등식이 성립함을 가정하고, $n=k+1$일 때 성립함을 증명한다.

$$\begin{aligned} &P(A_1 \cup A_2 \cup \cdots \cup A_k \cup A_{k+1} = P\{(A_1 \cup \cdots \cup A_k) \cup A_{k+1}\} \\ &= P(A_1 \cup \cdots \cup A_k) + P(A_{k+1}) - P\{(A_1 \cup \cdots \cup A_k \cap A_{k+1})\} \\ &= P(A_1 \cup \cdots \cup A_k) + P(A_{k+1}) - P\{(A_1 \cap A_{k+1}) \cup \cdots \cup (A_k \cap A_{k+1})\} \cdots\cdots (1) \end{aligned}$$

여기서 (1)은 수학적 귀납법의 가정에 의하여

$$P(A_1)+\cdots\cdots P(A_k)-\sum P(A_i\cap A_j)+\cdots\cdots+(-1)^{k+1}P(A_1\cap\cdots\cdots A_k)$$

로 쓸 수 있다. 제3항은 귀납법의 가정을 이용할 수 있어서

$$P(A_1\cap A_{k+1})+P(A_2\cap A_{k+1})+\cdots+P(A_k\cap A_{k+1})-P(A_1\cap A_2\cap A_{k+1})-\cdots\cdots$$
$$+P(A_1\cap A_2\cap A_3\cap A_{k+1})+\cdots\cdots-\cdots\cdots+(-1)^kP(A_1\cap\cdots\cap A_{k+1})$$

로 쓸 수 있다 이것을 식에 대입하면, 준식은 $n=k+1$로 했을 때의 등식이 얻어진다.

예제 1.26

A, B를 표본공간 S의 임의의 사상이라 하고, $P(A)$, $P(B)$ 및 $P(A\cap B)$가 알려져 있을 때, 다음 각 확률을 나타내어라.

(1) $P(A^C\cup B^C)$
(2) $P(A^C\cap A^C)$
(3) $P(A^C\cup B)$
(4) $P(A^C\cap B)$

풀이

(1) $P(A^C\cup B^C)=P\{(A\cap B)^C\}=1-P(A\cap B)$

(2) $P(A^C\cap B^C)=P\{(A\cap B)^C\}=1-P(A\cup B)=1-\{P(A)+P(B)-P(A\cap B)\}$

(3) $(A^C\cup B)\cap(A\cup B)=(A^C\cap A)\cup B=\varnothing\cup B=B$
$(A^C\cup B)\cup(A\cup B)=(A^C\cup A)\cup B=S\cup B=S$

이므로

$$1=P[(A^C\cup B)\cup(A\cup B)]=P(A^C\cup B)+P(A\cup B)-P(B)$$
$$=P(A^C\cup B)+[P(A)+P(B)-P(A\cap B)]-P(B)$$

따라서

$$P(A^C\cup B)=1-P(A)+P(A\cap B)$$

(4) $A^C\cap B=(A\cup B^C)^C$이므로 $P(A^C\cap B)=1-P(A\cup B^C)$

앞 문의 결과를 써서

$P(A \cup B^C) = 1 - P(B) + P(A \cap B)$ 이므로

$$P(A^C \cap B) = 1 - [1 - P(B) + P(A \cap B)]$$
$$= P(B) - P(A \cap B)$$

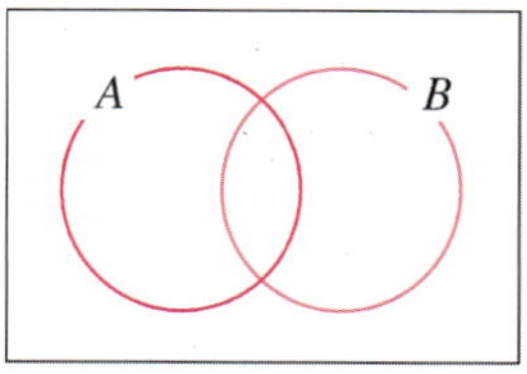

[그림 1.3]

예제 1.27

$1, 2, 3, \cdots, n$으로 임의의 순열을 만든다. 숫자 i가 i번째에 온다는 사상을 $A_i(i = 1, 2, \cdots, n)$로 나타낸다. 이 경우 다음 각 사상의 확률을 구하여라.

(1) $A_i(i = 1, 2, \cdots, n)$

(2) $A_1 \cap A_2$

(3) $A_1 \cup A_2$

풀이

표본공간은 n개의 표본점의 집합이다.

(1) $P(A_1) = \dfrac{(n-1)!}{n!} = \dfrac{1}{n}$ ($A_2, A_3, \cdots, A_n$에 대하여도 마찬가지이다.)

$$P(A_i) = \frac{(n-1)!}{n!} = \frac{1}{n} (i = 1, 2, \cdots, n)$$

(2) $A_1 \cap A_2$는 1이 1번째에, 2가 2번째에 있는 사상이므로

$$P(A_1 \cap A_2) = \frac{(n-2)!}{n!} = \frac{1}{n(n-1)}$$

(3) $P(A_1 \cup A_2) = P(A_1) + P(A_2) - P(A_1 \cap A_2) = \dfrac{1}{n} + \dfrac{1}{n} - \dfrac{1}{n(n-1)} - \dfrac{2n-3}{n(n-1)}$

예제 1.28

$A, B \subset S$를 임의의 사상이라 하고, $P(A) = p_1$, $P(B) = p_2$, $P(A \cap B) = p_0$이라 할 때, 다음 사상의 확률을 p_1, p_2, p_0로 나타내어라.

(1) $A^C \cup B^C$

(2) $A^C \cap B^C$

(3) $A \cap B^C$

(4) $A^C \cap B$

풀이

(1) $P(A^C \cap B^C) = P((A \cup B)^C) = 1 - P(A \cap B) = 1 - p_0$

(2) $P(A^C \cap B^C) = P((A \cup B)^C) = 1 - P(A \cup B) = 1 - \{P(A) + P(B) - P(A \cap B)\}$
$= 1 - (p_1 + p_2 - p_0)$

(3) $(A \cap B) \cup (A \cap B^c) = A \cap (B \cup B^C) = A \cap S = A$이고, $A \cap B$와 $A \cap B^C$는 배반이므로
$P(A) = P(A \cap B) + P(A \cap B^C)$
$P(A \cap B^C) = P(A) - P(A \cap B) = p_1 - p_0$

(4) $(A^C \cap B) \cup (A \cap B) = B \cap (A^C \cup A) = B \cap S = B$이고, $A^C \cap B$와 $A \cap B$는 배반이므로
$P(B) = P(A^C \cap B) + P(A \cap B)$
$P(A^C \cap B) = P(B) - P(A \cap B) = p_2 - p_0$

예제 1.29

20개의 제비 속에 3개의 당첨 제비가 들어있다. 3개의 제비를 뽑을 때, 그 중에서 2개가 당첨 제비가 될 확률은?

풀이

$$P = \frac{{}_3C_2\,{}_{17}C_1}{{}_{20}C_3} = \frac{17}{380}$$

예제 1.30

흰 공 5개, 검은 공 3개가 들어있는 주머니에서 한 번에 1개씩 차례로 2개의 공을 꺼낼 때(꺼낸 공을 다시 넣지 않음) 2개 모두 검은 공이 나올 확률?

풀이

처음 검은 공 : $\frac{3}{8}$, 두 번째 검은 공이 나올 확률 : $\frac{2}{7}$,

두 개 모두 검은 공일 확률 $= \frac{3}{8} \times \frac{2}{7} = \frac{6}{56}$

연습문제 1.3

1. 검은 공 7개, 흰 공 5개가 들어 있는 주머니 속에서 임의로 1개의 공을 끄집어낼 때 그것이 흰 공일 확률은 얼마인가?

2. 주사위를 한 번 던졌을 때 짝수가 나올 확률은?

3. 7명 중에서 5명을 선출할 때 특별한 2명 중 1명만을 포함할 확률은 얼마인가?

4. 1에서 10까지 쓰인 카드 10매가 있다. 이 중 임의로 3개를 뽑을 경우 카드에 쓰인 최대 번호가 5일 확률은 얼마인가?

5. a, b, c, d, e의 5개의 문자를 일렬로 배열할 때 a, e가 항상 이웃하게 놓일 확률을 구한 것으로 맞는 것은?

6. $P(A) = \frac{1}{3}$, $P(B) = \frac{1}{4}$, $P(A \cup B) = \frac{1}{2}$ 일 때 $P(A \cap B)$의 값은 얼마인가?

연습문제 1.3

7. 어떤 학생이 통계 시험에 합격할 확률이 $\frac{2}{3}$ 이고, 전산 시험에 합격할 확률이 $\frac{4}{9}$ 이다. 또 적어도 한 과목에 합격할 확률이 $\frac{4}{5}$ 라 하면 두 과목 모두 합격할 확률은 얼마인가?

8. 10개의 제비 중 당첨 제비가 3개 있다. A, B, C가 한 개씩 이 순서대로 제비를 뽑을 때 적어도 한 사람이 당첨될 확률을 구하여라.

9. 5개의 동전을 던질 때 적어도 한 개가 표면이 나올 확률을 구하여라.

10. 6명의 가족이 원탁에 앉을 때 부모가 이웃해서 앉는 방법의 가지수는 얼마인가?

11. 흰 공 2개와 검은 공 4개가 들어 있는 주머니에서 임의로 두 개를 꺼낼 때 흰 공이 적어도 한 개 나올 확률은 얼마인가?

1.4 확률의 곱셈정리

1.4.1 조건부확률

사상 B가 일어났다는 조건에서 사상 A가 일어나는 조건부확률은

$$P(A|B)=P(A\cap B)/P(B),\quad (P(B)\neq 0)$$

이다. 이 정의식을 변형하면

$$P(A\cap B)=P(B)P(A|B)$$

위 정의를 직관적으로 이해할 수 있게 설명해 둔다.

	B	B^C	합
A	a	b	$a+b$
A^C	c	d	$c+d$
합	$a+c$	$b+d$	n

사상 $A\cap B, A\cap B^C, A^C\cap B, A^C\cap B^C$가 일어나는 경우의 수를 a, b, c, d라 하면 $a+b+c+d=n$이 가능한 모든 경우의 수가 된다. 이 경우

$$P(A\cap B)=\frac{a}{n}$$

이고, 이것은

$$P(A\cap B)=\frac{a+c}{n}\frac{a}{a+c}$$

으로 바꾸어 쓸 수 있고, $\frac{a}{a+c}$는 사상 B가 일어나는 가운데, 사상 A가 일어날 확률로 이다. 또 $\frac{a+c}{n}$는 분명히 $P(B)$이므로

$$P(A \cap B) = P(B)P(A|B)$$

가 성립한다.

예제 1.31

월요일에 주가가 상승할 확률은 0.6으로 알려져 있다. 그리고, 월요일에 상승했다는 조건 아래서 그 다음 날에도 다시 상승할 확률이 0.3이 될 때, 특정한 이틀(월요일과 그 다음날) 동안 계속 주가가 오를 확률을 구하여라.

풀이

월요일에 주가가 오른다는 사상을 M이라 하고, 화요일에 주가가 오른다는 사상을 T라 하면 $P(M) = 0.6, P(T|M) = 0.3$이 된다. 따라서

$$\begin{aligned} P(M\text{그리고 } T) &= P(M) \cdot (T|M) \\ &= (0.6)(0.3) = 0.18 \end{aligned}$$

예제 1.32

주머니 속에 흰 공 4개, 붉은 공 6개가 들어 있다. 이 중에서 한 개씩 두 번 꺼낼 때, 처음에 꺼낸 공을 다시 넣지 않는 경우 두 개가 모두 흰 공일 확률을 구하여라.

풀이

첫 번째, 두 번째에 흰 공이 나오는 사건을 각각 A, B라 하면, $P(A \cap B) = P(A)P(B|A)$ $= \frac{4}{10} \cdot \frac{3}{9} = \frac{2}{15}$이다.

사상 $A_1, A_2, \cdots, A_n$이 표본공간 S의 분할을 이룬다 하자. 즉 사상A_i는 서로 배반이고, 그들의 합사상은 S이다. B를 다른 사상이라 할 때,

$$B = S \cap B = (A_1 \cup A_2 \cup \cdots \cup A_n) \cap B$$
$$= (A_1 \cap B) \cup (A_2 \cap B) \cup \cdots \cup (A_n \cap B)$$

여기서 $A_i \cap B$는 모두 서로 배반이다. 따라서

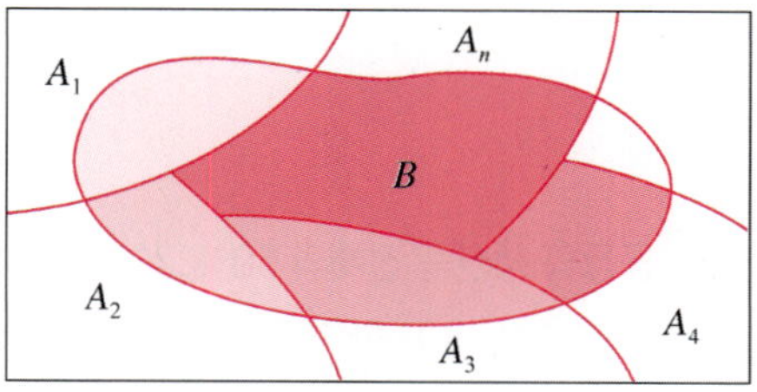

$$P(B) = P(A_1 \cap B) + P(A_2 \cap B) + \cdots + P(A_n \cap B)$$

한편 확률의 곱셈 정리에 의하여

$$P(B) = P(A_1)P(B|A_1) + P(A_2)P(B|A_2) + \cdots + P(A_n)P(B|A_n)$$

이를 전확률의 공식(total probability)이라 한다. 또한 임의의 i에 대하여 조건부확률의 곱셈 정리에 의하여

$$P(A_i|B) = \frac{P(A_i \cap B)}{P(B)}$$

한편 전확률의 공식

$$P(B) = \sum_{i=1}^{n} P(A_i)P(B|A_i)$$

및

$$P(A_i \cap B) = P(A_i)P(B|A_i)$$

을 사용하면

$$P(A_i|B)=\frac{P(A_i)P(B|A_i)}{P(A_1)P(B|A_1)+P(A_2)P(B|A_2)+\cdots+P(A_n)P(B|A_n)}$$

이다. 이 정리를 베이즈(Bayes)의 정리라 한다.

예제 1.33

3개의 기계 A, B, C가 각각 이 공장의 생산품 전체의 50%,30%,20%를 생산한다. 이들 기계가 불량품을 생산할 비율은 3%,4%,5%이다. 한 제품이 임의로 선정된다고 할 때, 그 제품이 불량일 확률을 구하라.

풀이

X를 제품이 불량인 사상이라 하자. 그러면 전확률공식의 정리에 의하여

$$\begin{aligned}P(X)&=P(A)P(X|A)+P(B)P(X|B)+P(C)P(X|C)\\&=P(A\cap X)+P(B\cap X)+P(C\cap X)\\&=(0.5)(0.03)+(0.3)(0.04)+(0.2)(0.05)=0.037\end{aligned}$$

예제 1.34

앞 예에서 제품이 임의로 선정된다 하고, 그것이 불량품이라 하자. 이 경우 그것이 A기계에 의하여 생산된 것일 확률 $P(A|X)$를 구하라.

풀이

베이즈(Bayes) 정리에 의하여

$$\begin{aligned}P(A|X)&=\frac{P(A\cap X)}{P(X)}\\&=\frac{P(A)P(X|A)}{P(A)P(X|A)+P(B)P(X|B)+P(C)P(X|C)}\\&=\frac{(0.5)(0.03)}{(0.50)(0.03)+(0.30)(0.04)+(0.20)(0.05)}=\frac{15}{37}\end{aligned}$$

예제 1.35

3사 A_1, A_2, A_3이 동일 제품을 각각 시장의 50%,30%,20%를 생산하고 있다. 과거의 실적에 의하여 불량품의 생산량이 각각 6%,3%,2%임이 알려져 있다. 어떤 소비자가 1개의 제품을 구입했을 때 제품의 상표가 없는 불량품이라고 한다면, 이 불량품이 A_1사의 것일 확률을 구하여라.

풀이

구입한 1개가 A_1사의 제품이라는 사상을 A_j로 나타내고, 그것이 불량품이라는 사상을 B로 나타내면 $A_1 \cup A_2 \cup A_3 = S$이고,

$$P(A_1) = 0.05,\ P(A_2) = 0.30,\ P(A_3) = 0.20$$
$$P(B|A_1) = 0.06,\ P(B|A_2) = 0.03,\ P(B|A_3) = 0.02$$

이므로, Bayes의 정리에 의하여 구하는 확률은

$$P(A_1|B) = \frac{P(A_1)P(B|A_1)}{P(A_1)P(B|A_1) + P(A_2)P(B|A_2) + P(A_3)P(B|A_3)} = \frac{3}{43}$$

예제 1.36

최근에 상품을 개발한 어느 회사에서 상품에 대한 평가단으로 남자 300명, 여자 200명을 선정하였다. 이 평가단이 상품에 대한 평가를 한 결과 남자 중에서 60%, 여자 중에서 50%가 긍정적인 평가를 하였다. 상품 평가단 500명 중에서 임의로 선택한 사람이 상품에 대해 긍정적인 평가를 하였을 때, 이 사람이 남자일 확률은?

풀이

상품에 대해 긍정적인 평가를 할 사건을 A, 그 사람이 남자인 사건을 B라 하면

$$P(B\,|\,A) = \frac{P(A \cap B)}{P(A)} = \frac{0.6 \times 0.6}{0.6 \times 0.6 + 0.4 \times 0.5} = \frac{9}{14}$$

예제 1.37

어느 지방에 독감이 퍼졌는데 감염자 중에서 70%는 A형 독감이고, 나머지는 B형 독감이라고 한다. 어떤 사람이 독감에 감염되어 병원에서 진단을 받았는데 A형 독감을 B형 독감으로 잘못 진단할 가능성이 10%이고, B형 독감을 A형으로 잘못 진단할 가능성이 20%라고 한다. 이 환자가 실제로 A형 독감에 감염되었을 확률의 값을 구하시오.

풀이

A형 독감으로 진단받을 사건을 X라 하고 A형 독감에 감염된 사건을 Y라 하면

$$P(X) = 0.7\times 0.9 + 0.3\times 0.2 = 0.69,\ \ P(X\cap Y) = 0.7\times 0.9 = 0.63$$

따라서, 구하는 확률은

$$P(Y\,|\,X) = \frac{P(X\cap Y)}{P(X)} = \frac{0.63}{0.69} = \frac{21}{23}$$

1.4.2 통계적 독립

2개의 사상 A, B는

$$P(A\cap B) = P(A)P(B)$$

가 성립할 때 통계적 독립(stochastic independent)이라고 한다.

이 경우 사상 A가 일어나느냐 안 일어나느냐는 사상 B가 일어나느냐 안 일어나느냐와 전혀 무관한 것이다. 마찬가지로 $A\cap B$가 일어나느냐 안 일어나느냐가 사상 C가 일어나느냐 안 일어나느냐에 전혀 무관할 때 $A\cap B$와 C는 독립이라고 한다.

사상이 서로 독립이면 4개의 관계식

$$P(A\cap B) = P(A)P(B),\ P(A\cap C) = P(A)P(C),\ P(B\cap C) = P(B)P(C)\text{이고,}$$
$$P(A\cap B\cap C) = P(A)P(B)P(C)$$

이 성립된다.

A_1, A_2가 독립이면 A_1^C와 A_2^C도 독립이다. 왜냐하면

$$\begin{aligned} P(A_1^C \cap A_2^C) &= P\{(A_1 \cup A_2)^C\} = 1 - P(A_1 \cup A_2) \\ &= 1 - \{P(A_1) + P(A_2) - P(A_1 \cap A_2)\} \end{aligned}$$

한편

$$\begin{aligned} P(A_1^C)P(A_2^C) &= \{1 - P(A_1)\}\{1 - P(A_2)\} \\ &= 1 - P(A_1) - P(A_2) + P(A_1)P(A_2) \end{aligned}$$
$$P(A_1 \cap A_2) = P(A_1)P(A_2)$$

이므로

$$P(A_1^C \cap A_2^C) = P(A_1^C)P(A_2^C)$$

따라서 A_1^C와 A_2^C도 독립이다.

일반적으로 $A_1, A_2, \cdots, A_n$이 서로 독립이면 $A_1^C, A_2^C, \cdots, A_n^C$도 분명히 서로 독립이므로

$$\begin{aligned} P(A_1^C \cap A_2^C \cap \cdots \cap A_n^C) &= P(A_1^C)P(A_2^C)\cdots P(A_n^C) \\ &= \{1 - P(A_1)\}\{1 - P(A_2)\}\cdots\{1 - P(A_n)\} \end{aligned}$$

이것을 간단히 표현하면, $A_1, A_2, \cdots, A_n$이 독립일 때

$$P\left(\bigcap_{i=1}^{n} A_i^C\right) = \prod_{i=1}^{n}\{1 - P(A_i)\}$$

또 분명히 $(A_1 \cup A_2 \cup \cdots \cup A_n)^C = A_1^C \cap \cdots \cap A_n^C$인 사실에서 $A_1, A_2, \cdots, A_n$이 독립이면

$$\begin{aligned}P(A_1 \cup A_2 \cup \cdots \cup A_n) &= 1 - P\{(A_1 \cup A_2 \cup \cdots \cup A_n)^C\} \\ &= 1 - P(A_1^C \cap A_2^C \cap \cdots \cap A_n^C) \\ &= 1 - \{1 - P(A_1)\}\{1 - P(A_2)\}\cdots\{1 - P(A_n)\}\end{aligned}$$

이것을 간단히 표현하면

$$P\left(\bigcup_{i=1}^{n} A_i\right) = 1 - \prod_{i=1}^{n}\{1 - P(A_i)\}$$

이 된다. 이 중요한 공식을 사용하면, 서로 독립인 사상 $A_1, A_2, \cdots, A_n$의 적어도 하나가 일어날 확률은 주어진 개개의 확률만으로 계산이 된다. 이 일반식에서 모든 사상 A_i가 같은 확률 p를 갖는 경우는

$$P(A_1 \cup A_2 \cup \cdots \cup A_n) = 1 - (1-p)^n$$

로 주어진다.

예제 1.38

어느 기구의 직육면체의 부품을 깎아낸다. 이 부품은 그 각 모서리의 길이의 설계치에서의 오차가 0.01mm 이내이면 양품으로 본다. 오차가 0.01mm를 넘을 확률은 가로에서 $p_1 = 0.08$, 세로에서 $p_2 = 0.12$, 높이에서 $p_3 = 0.1$이다. 이 확률이 불량품이 될 확률 p를 구하라.

풀이

부품이 불량품이 되는 것은 적어도 하나의 방향(가로,세로,높이)이 불량인 경우이고, 설계치에서의 차가 0.01mm를 넘는 경우는 3개의 사상은 통상 서로 독립이라고 볼 수 있다(이들 사상은 서로 기본적으로 다른 원인에서 발생한다). 따라서 위 공식을 적용하여

$$p = 1 - (1-p_1)(1-p_2)(1-p_3) \fallingdotseq 0.27$$

예제 1.39

한 개의 주사위와 한 개의 동전을 동시에 던질 때, 주사위의 짝수의 눈과 동전의 앞면이 나올 확률을 구하여라.

풀이

주사위의 짝수 눈이 나올 사건을 A, 동전의 앞면이 나올 사건을 B라 하면 사건 A, B는 서로 독립이므로

$$P(A\cap B)=P(A)P(B)=\frac{3}{6}\times\frac{1}{2}=\frac{1}{4}$$

예제 1.40

T군은 샌프란시스코에서 A항공사의 비행기를 타고 시카고에 가서 다시 B항공사의 비행기로 갈아 타고 뉴욕으로 왔다. 이 때 A항공사의 비행기가 시카고 공항에 안전하게 착륙할 확률은 0.95이고, B항공사의 비행기가 뉴욕 케네디 공항에 안전하게 착륙할 확률은 0.98이라고 알려져 있다.

(1) T군이 시카고 공항과 뉴욕 케네디 공항에서 모두 안전하게 착륙할 확률은 얼마인가?

(2) T군이 시카고 공항에서는 안전하게 착륙할 수 있지만, 뉴욕 케네디 공항에서는 안전하게 착륙하지 못할 확률은 얼마인가?

풀이

두 항공사의 비행기에 대한 안정성은 서로 영향을 끼치지 않고 독립적이라고 할 수 있기 때문에

(1) P(시카고와 뉴욕에 모두 안전하게 착륙한다.)·P(뉴욕에 안전하게 착륙한다.)
$=(0.95)(0.98)=0.931$

(2) P(시카고에는 안전하게 착륙하고, 뉴욕에서는 안전하게 착륙하지 못한다.)
=P(시카고와 뉴욕에 모두 안전하게 착륙한다) · P(뉴욕에 안전하게 착륙하지 못한다)
$=(0.95)(1-0.98)=0.019$

연습문제 1.4

1. A의 주머니에 흰 공 3개, 검은 공 2개, B의 주머니에 흰 공 1개, 검은 공 2개가 들어있다. 무심코 한 주머니에서 공 한 개를 꺼낼 때 흰 공일 확률은 얼마인가?

2. 10개 중 3개의 당첨 제비가 들어 있는 제비뽑기에서 두 번째 뽑는 사람이 당첨될 확률은 얼마인가?

3. 7명 중 5명을 뽑아 일렬로 세울 경우 특정한 두 사람이 나란히 서 있게 될 확률은 얼마인가?

4. 어떤 지방에서 남녀별 취업자 및 실업자에 대한 것을 조사한 결과, 표와 같이 되었다고 한다. 그런데 취업자 가운데 36명과 실업자 가운데 12명이 로터리 클럽 회원이라고 한다. 이들 900명 가운데서 한 명을 뽑았더니 로터리 클럽 회원이었다고 한다. 이 사람이 취업자일 확률은 얼마인가?

성별	취업자	실업자	계
남	460	40	500
여	140	260	400
계	600	300	900

5. $P(A) = 0.4$, $P(B) = 0.2$, 그리고 $P(A|B) = 0.6$일 때 $P(B|A)$의 값은 얼마인가?

6. $P(A) = \frac{1}{2}$, $P(B) = \frac{1}{3}$, $P(A \cap B) = \frac{1}{5}$, $P(A \cap B \cap C) = \frac{1}{20}$일 때 $P(C \mid A \cap B)$의 값은 얼마인가?

7. A시에서 환경보호운동에 참여하고 있는 주민은 전체 주민의 20%이며, 이 중에서 여성의 비율은 60%이다. 환경보호운동에 참여하고 있는 A시 주민 중에서 한 명을 뽑을 때, 그 사람이 남자일 확률은?

8. 현재 우리나라에 거주하고 있는 사람의 2% 정도가 결핵에 감염되어 있다고 한다. 이병에 감염된 사람을 대상으로 혈액 검사를 통하여 결핵을 진단할 때 양성 반응(감염된 것으로 판정됨)을 나타낼 확률이 95%, 음성반응(감염되지 않은 것으로 판정됨)을 나타낼 확률이 5%라고 한다. 또한, 결핵에 감염되지 않은 사람을 대상으로 검사하였을 때, 양성 반응을 나타낸 확률이 3%, 음성반응을 나타낼 확률이 96%라고 한다. 이때, 어떤 사람이 혈액 검사를 한 결과 결핵 양성 반응을 나타냈다고 한다. 이 사람이 실제로 결핵에 감염되어 있을 확률은?

9. 볼트를 만드는 어느 공장에서 세 대의 기계 A, B ,C가 각각 전체의 25%, 35%, 40%를 만들며, 또 각각의 제품의 5%, 4%, 2%가 불량품이라 한다. 제품 가운데 임의로 꺼낸 하나의 볼트가 불량품이었다고 할 때, 그것이 기계 A에서 만들어졌을 확률을 구하여라.

10. A, B, C 세 사람의 판매원이 판매에 성공할 확률은 각각 $\frac{5}{8}$, $\frac{3}{8}$, $\frac{1}{3}$이라 할 때 꼭 한 사람이 판매에 성공할 확률은 얼마인가?

11. 한 개의 주사위를 다섯 번 던질 때 3의 배수의 눈이 3회 나올 확률은 얼마인가?

CHAPTER

02

확률변수

구성

2.1 확률변수

2.1.1 확률변수 정의

표본공간 $S=\{e\}$의 표본점 e에 실수치를 대응시키는 사상을 $X=X(e)$으로 나타내고, 실수 x에 대하여 $X(e)\le x$를 만족하는 S의 부분집합을 기호로 $\{X\le x\}$로 나타낸다. 즉

$$\{X\le x\}=\{e\mid X(e)\le x\}$$

이 경우 확률공간(S,P)이 정해져서 $\{X\le x\}$가 S의 확률사상이 $P\{X\le x\}$로 정해질 때, X를 S상의 확률변수라 한다. 예를 들어 1개의 동전을 던져서 표면이 나오는 사상을 H, 뒷면이 나오는 사상을 T로 나타내면 $S=\{H,T\}$가 되고,

$$X=\begin{cases}1, & (H\text{가 나온다})\\ 0, & (T\text{가 나온다})\end{cases}$$

로 정의하고, 동전이 공평하게 던져진다면 $P\{X=1\}=P\{X=0\}=\frac{1}{2}$이 되고,

$$\{e\in S|X(e)\le x\}=\begin{cases}\varnothing, & (x<0)\\ \{T\}, & (0\le x<1)\\ \{T,H\}, & (x\ge 1)\end{cases}$$

이며, $\{X(e)\le x\}$는 확률사상이다. 따라서 X는 확률변수이다.

정의 2.1

$X=X(e)$는 표본공간 S위에서 정의된 실수치 함수일 때, 임의의 실수x에 대하여 사상 $\{X\le x\}$가 확률사상이면, X는 확률변수이다.(확률이 정의되는 사상을 확률사상이라 한다) 더욱 간단히 확률변수 X란, 그 각각의 근원사상 $A_i(i=1,2,\cdots,n)$이 일어날 때에 각각 일정한 값 $x_i(i=1,2,\cdots,n)$를 취하는 변량으로, 이것을 $X(e_i)=x_i$로 나타낸다.

2.1.2 확률분포

확률변수 X가 취하는 값이 이산치만을 취할 때 이 확률변수를 이산확률변수(discrete random variable)라 하고, 연속적인 값을 취할 때 연속확률변수(continuous random variable)라 한다.

정의 2.2

이산확률변수 X에 대하여 확률 $f(x)=P\{X=x\}$를 X의 확률함수(probability function)라 하고, X가 취할 수 있는 값을 $x_{1,}x_2,\cdots$ 이라 하여

$$p(x_i)=p\{X=x_i\} \quad (i=1,2,\cdots)$$

이라 놓고, $\{p(x_i)\}$를 X의 확률분포(probability distribution)라 한다. 그리고

$$F(x)=P\{X\le x\}=P\{e\in S: X(e)\le x\}$$

를 확률변수X의 분포함수(distribution function)라 한다.

X가 이산형이면

$$P\{X=x_i\}=p_i, \quad i=1,2,\cdots \quad p_i>0, \quad \sum p_i=1$$

이고, $F(x)=P\{X\le x\}$는 $x=x_i$에서 점프한다.

이산형인 경우, 확률함수가 주어지면 분포함수가 구해지고, 역으로 분포함수가 주어지면 확률함수가 구해진다. 이산형인 경우 분포함수 $F(x)$는 계단함수이며

$$F(x) = \sum_{\{n|x_i \le x\}} p_i, \quad p_i = P\{X = x_i\}$$

이다(x가 취하는 값이 $x_1, x_2, \cdots, x_n, \cdots$ 이다).

예제 2.1

공평한 동전을 3번 던지는 시행을 한다. 이 경우 표면이 나오는 횟수를 X로 나타낼 때 X의 분포함수를 구하여라.

풀이

$S = \{(HHH), (HHT), (HTH), (HTT), (THH), (THT), (TTH), (TTT)\}$

이고, $X(HHH) = 3, X(HHT) = 2, \cdots, X(TTT) = 0$ $X < 0$일 때$\{X \le x\} = \varnothing$, $0 \le x < 1$때 $\{X \le x\} = \{(TTT)\}$, $1 \le x < 2$일 때 $\{X \le x\} = \{(TTT), (HTT), (THT), (TTH)\}, 2 \le x < 3$ 일 때 $\{X \le x\} = \{(HHT), (HTH), (THH), (HTT), (THT), (TTH), (TTT)\}$, $x \ge 3$일 때 $\{X \le x\} = S$이므로, X의 분포함수는

$$F(x) = \begin{cases} 0, & (x < 0) \\ 1/8, & (0 \le x < 1) \\ 1/2, & (1 \le x < 2) \\ 7/8, & (2 \le x < 3) \\ 1, & (3 \le x) \end{cases}$$

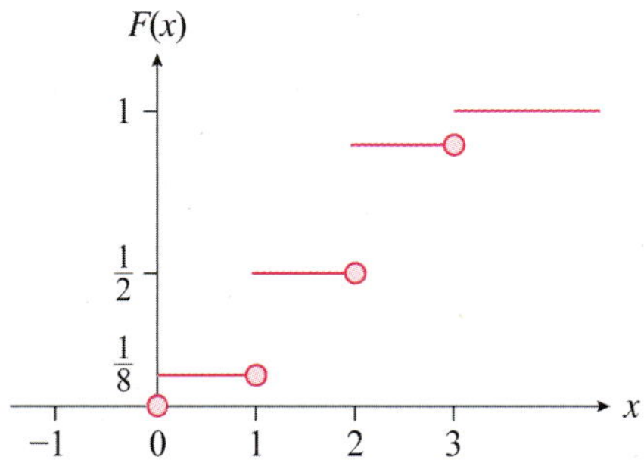

[그림 2.1]

예제 2.2

표면이 나올 확률이 0.6인 동전을 독립적으로 2회 던질 때, 표면의 수를 X이라 하자. X의 확률분포 및 분포함수를 구하고, 또 이들을 그래프로 나타내어라.

풀이

$S=\{HH, HT, TH, TT\}$이고, X의 확률분포는 이항분포

$$p_r = P\{X=r\} = \binom{2}{r}(0.6)^r(0.4)^{2-r} \quad (r=0,1,2)$$

$$P\{X=0\}=0.16, \quad P\{X=1\}=0.48, \quad P\{X=2\}=0.36$$

를 하며, 확률분포는

$$P\{X=x_i\}=p_i,\ i=1,2,\cdots \left(p_i>0,\ \sum_i p_i = 1\right)$$

분포함수 $F(x)$는 실수에 대하여

$$F(x)=P\{X \le x\}$$

이므로

$$F(x)=\begin{cases} P\{X=0\}=0.16, & (0<x<1) \\ P\{X=0\}+P\{X=1\}=0.64, & (1 \le x < 2) \\ P\{X=0\}+P\{X=1\}+P\{X=2\}=1, & (x \ge 2) \end{cases}$$

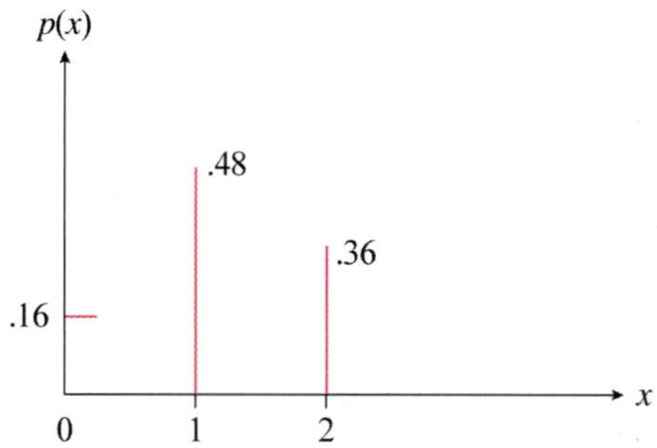

[그림 2.2]

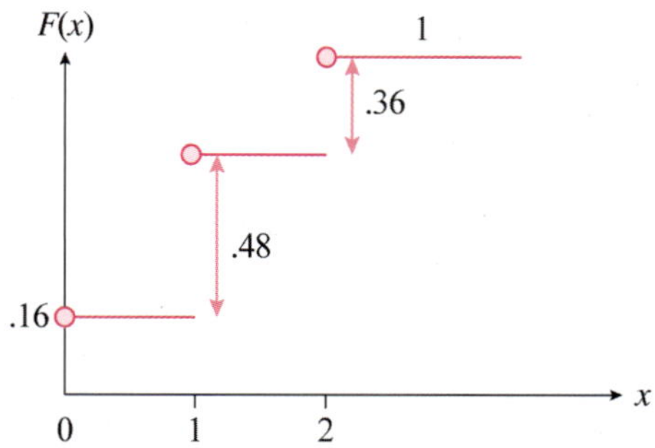

[그림 2.3]

정의 2.3

연속확률변수 X가 있을때, R(실수)의 임의 구간 A에 대하여

$$P\{X \in A\} = \int_A f(x)dx$$

되는 음이 아닌 함수 $F(x)$가 존재할 때, 이 $F(x)$를 X의 확률밀도함수(probability density function) 또는 단지 밀도함수라 한다.

따라서 X가 연속확률변수일 때, X의 분포함수 $F(x)$는

$$F(x) = P\{-\infty < X \leq x\} = \int_{-\infty}^{x} f(y)dy$$

로 나타내어진다. 또한

$$f(x) = \frac{d}{dx}F(x)$$

이고,

$$P\{a < X \leq b\} = \int_a^b f(x)dx \quad (a < b)$$

이며, $\{X \leq b\}$은 배반인 사상 $\{X \leq a\}$와 $\{a < X \leq b\}$의 합사상이므로

$$P\{X \leq b\} = P\{X \leq a\} + P(a < X \leq b)$$

따라서

$$P\{a < b\} = F(b) - F(a)$$
$$= \int_{-\infty}^{b} f(x)dx - \int_{-\infty}^{a} f(x)dx = \int_{a}^{b} f(x)dx$$

정의 2.4

확률변수 X는 그것을 1차원 유크리드(Euclid) 공간 R(실수)에서 정의된 음이 아닌 함수$F(x)$가 있어서 모든 실수 x에 대하여

$$P\{X \leq x\} = F(x) = \int_{-\infty}^{x} f(t)dt$$

일 때, 절대연속이라 한다. 여기서 $f(x)$는 X의 밀도함수이고, $F(x)$는 $x \to \infty$일 때 1에 수렴하므로, $\int_{-\infty}^{\infty} f(x)dx = 1$이 된다.

만일 X가 절대연속이면

$$P\{X = c\} = P\{c \leq X < c\} = \int_{c}^{c} f(x)dx = 0$$

이다. 즉 사상 $\{X = c\}$의 확률은 0이다. 따라서 이 사실 결과로서 다음이 성립한다.

$$P\{a \leq X \leq b\} = P\{a < X \leq b\} = P\{a \leq X < b\}$$
$$= P\{a < X < b\} = \int_{a}^{b} f(x)dx = F(b) - F(a)$$

예제 2.3

지수분포의 밀도함수는

$$f(x)=\begin{cases}\lambda e^{-\lambda x}, & x \ge 0\\ 0, & x<0\end{cases}$$

이다.

(1) 분포함수를 구하고, $P\{1 \le X \le 2\}$를 구하라.

(2) $P\{(X-1)(X-2) \ge 0\}$를 구하여라.

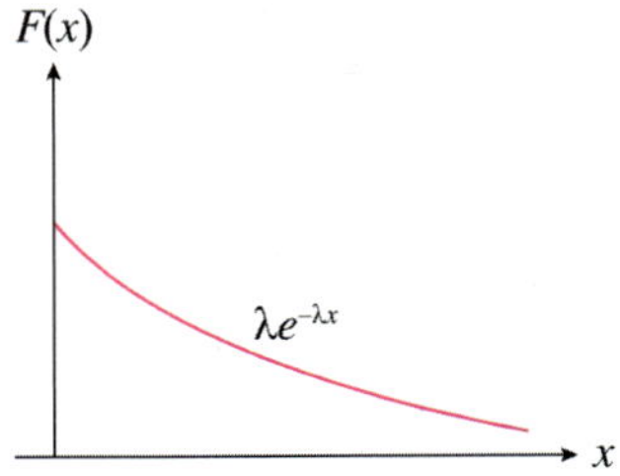

[그림 2.4]

풀이

(1) $F(x)=\int_{-\infty}^{x} f(t)dt$이며, $x<0$일 때,

$F(x)=0$ 이고, $x \ge 0$일 때,

$$F(x)=\int_{-\infty}^{0} f(t)dt+\int_{0}^{x} f(t)dt=\int_{0}^{x}\lambda e^{-\lambda t}dt=1-e^{-\lambda x}$$

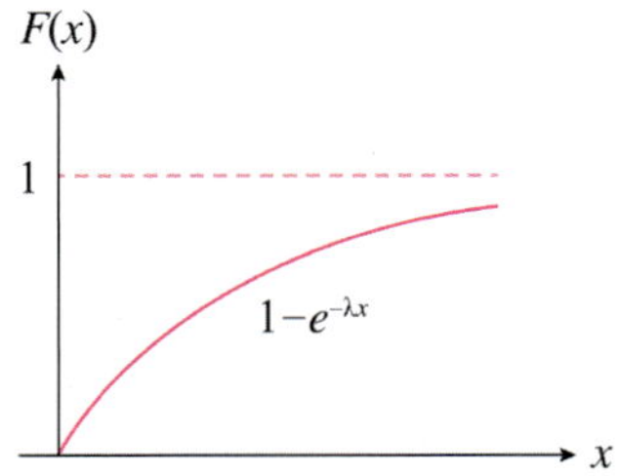

[그림 2.5]

(2) $P\{1 \le X \le 2\}=\int_{1}^{2}\lambda e^{-\lambda x}dx=e^{-\lambda}-e^{-2\lambda}=F(2)-F(1)$

$P\{(X-1)(X-2)\ge 0\}=P\{X \le 1 \text{ 또는 } X \ge 2\}=P\{X \le 1\}+P\{X \ge 2\}$

$$=\int_{0}^{1}\lambda e^{-\lambda x}dx+\int_{2}^{\infty}\lambda e^{-\lambda x}dx=1-e^{-\lambda}+e^{-2\lambda}$$

예제 2.4

밀도함수 $F(x)$가

$$f(x)=\begin{cases} Ax^2(x-2)^2, & (0 \le x \le 2) \\ 0, & (\text{그 밖에서}) \end{cases}$$

일 때,

(1) $F(x)$를 구하여라.

(2) $P\left\{X < \frac{3}{4}\right\}$ 및 $P\left\{X > \frac{1}{4}\right\}$을 구하여라.

풀이

(1) $\int_{-\infty}^{\infty} f(x)dx = \int_0^2 Ax^2(x-2)^2 dx = \frac{16}{15}A = 1$ 에서 $A = \frac{15}{16}$

$$F(x)=\begin{cases} 0, & (x<0) \\ \int_0^x \frac{15}{16}x^2(x-2)^2 dx = \frac{1}{16}x^3(3x^2-15x+20), & (0 \le x < 2) \\ 1, & (x \ge 2) \end{cases}$$

(2) $P\left\{X < \frac{3}{4}\right\} = F\left(\frac{3}{4}\right) = 0.28,\ P\left\{X > \frac{1}{4}\right\} = 1 - F\left(\frac{1}{4}\right) = 1 - 0.02 = 0.98$

정리 2.1

분포함수 $F(x)$는 다음 성질을 지니고 있다. $F(x)$를 임의 확률변수의 분포함수라 할 때, 다음이 성립한다.

(1) $F(x)$는 비감소함수이다. 즉 $a < b$이면 $F(a) \le F(b)$이다.

(2) (i) $\lim_{x \to +\infty} F(x) = 1$ (ii) $\lim_{x \to -\infty} F(x) = 0$

(3) $F(x)$는 오른쪽에서 연속인 함수이다.

증명

증명 생략

예제 2.5

분포함수가 다음과 같다. 확률밀도함수를 구하여라.

$$F(x)=\begin{cases}0, & (x<0)\\ x/2, & (0\le x<2)\\ 1, & (x\ge 2)\end{cases}$$

풀이

$$f(x)=\begin{cases}0, & (x\le 0, x\ge 2)\\ 1/2, & (0<x<2)\end{cases}$$

예제 2.6

변수 X를 a와 b사이에서 임의로 값을 취한다고 하자. 그리고 X가 균등히 분포되어 있다고 가정하자. 즉 X가 구간의 길이 e 안에 떨어질 확률은 e에 의존하고, $[a,b]$ 안에서 구간의 위치에 의존하지 않는다. X의 밀도함수 $f(x)$와 분포함수 $F(x)$를 구하고 이들을 그래프로 나타내어라.

풀이

$a\le x_1<x_2\le b$이라면

$$P\{x_1\le X\le x_2\}=k(x_2-x_1)$$

특히 $x_1=a,\ x_2=b$이면

$$P\{a\le X\le b\}=k(b-a)=1$$

$$\therefore k=\frac{1}{b-a}$$

에서

$$f(x)=k=\frac{1}{b-a}\qquad (a\le x\le b)$$

$x<a$이거나 $x>b$이면

$$f(x)=0$$

$$\therefore f(x)=\begin{cases}\dfrac{1}{b-a}, & (a \le x \le b)\\ 0, & (\text{그밖에서})\end{cases}$$

분포함수 $F(x)$는 $a>x$일 때 0, $a \le x < b$일 때 $\int_a^x \frac{dx}{b-a}$, $x>b$일 때 1이므로

$$F(x)=\begin{cases}0, & (x<a)\\ \dfrac{x-a}{b-a}, & (a \le x < b)\\ 1, & (x \ge b)\end{cases}$$

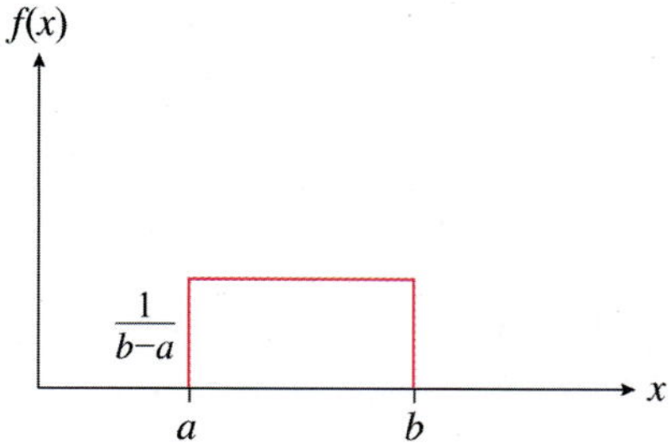

[그림 2.6]

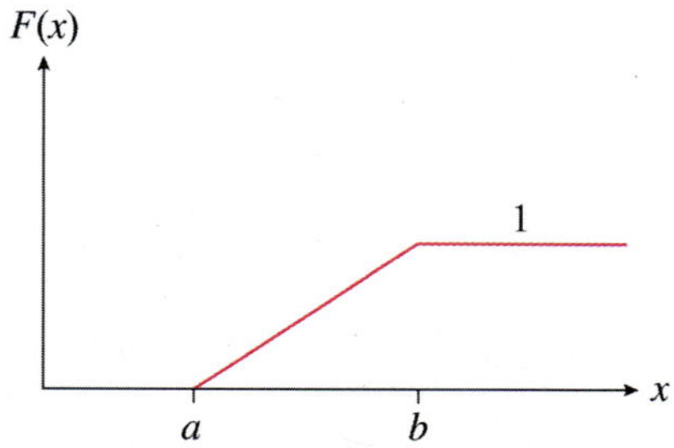

[그림 2.7]

연습문제 2.1

1. 다음의 표는 이산형 확률변수 X의 확률분포를 나타낸다.

x	0	1	2	3	4	5
$P(x)$	.03	.17	.22	.31	.15	.12

다음의 확률을 구하시오.

(1) $P(X=1)$

(2) $P(X \leq 1)$

(3) $P(X \geq 3)$

(4) $P(0 \leq X \leq 2)$

(5) X가 3보다 작을 확률을 구하시오.

(6) X가 3보다 클 확률을 구하시오.

(7) X가 구간 [2 , 4] 안에 속할 확률을 구하시오.

2. 한 소비자보호단체에서는 작은 도시에 살고 있는 2,500의 가구에 대하여 그들이 보유하고 있는 TV의 수에 대한 자료를 수집하였다. 다음의 표는 이 단체에서 수집한 자료에 대한 도수분포표이다.

TV 보유수	0	1	2	3	4
가구 수	120	970	730	410	270

(1) 이 가구들이 보유하고 있는 TV의 수에 대한 확률분포표를 만드시오. 이 확률분포표를 막대그래프로 나타내시오. (1)의 표에 열거된 확률들이 여러 결과들에 대한 정확한 확률인가, 아니면, 근사 확률인가? 설명하시오.

(2) 이 도시에서 임의로 선택된 가구가 소유하고 있을 TV의 수를 X라고 하자. 다음의 확률을 구하시오.

(i) $P(X=1)$ (ii) $P(X > 2)$

(iii) $P(X \leq 1)$ (iv) $P(1 \leq X \leq 3)$

3. 어떤 통신판매를 이용하는 고객의 비율은 다음과 같은 밀도함수를 가지는 연속형 확률변수라고 한다.

$$f(x)=\begin{cases}\dfrac{2(x+2)}{5}, & 0<x<1\\ 0, & \text{기타}\end{cases}$$

(1) $P(0<X<1)=1$이 됨을 보여라

(2) 고객들 중 1/4 이상에서 1/2 이하가 이 통신판매를 이용할 확률을 구하라.

4. $x=2$에서 $x=5$ 사이의 값을 가지게 되는 연속형확률변수 X의 확률밀도함수가 $f(x)=2(1+x)/27$이라 할 때 다음을 구하라

(1) $P(X<4)$

(2) $P(3\leq X<4)$

5. DVD 플레이어의 어느 중요한 부품의 수명은 다음의 밀도함수를 따른다고 한다.

$$f(x)=\begin{cases}\dfrac{1}{2000}exp(\dfrac{-x}{2000}), & x\geq 0\\ 0, & x<0\end{cases}$$

(1) $F(x)$를 구하라.

(2) 부품의 수명이 1000시간 이상일 확률을 구하라.

(3) 부품의 2000시간 이전에 고장 날 확률을 구하라.

연습문제 2.1

6. 세탁기가 고장 날 때까지의 시간(단위 : 년) Y의 확률밀도함수가 다음과 같다 한다.

$$f(y)=\begin{cases}\frac{1}{4}e^{-y/4}, & y \geq 0 \\ 0, & \text{기타}\end{cases}$$

(1) 세탁기가 6년 이내에 고장 나지 않을 확률을 구하라.

(2) 세탁기가 1년 이내에 고장 날 확률은 얼마인가?

2.2 확률변수의 함수의 분포

확률변수 X의 함수 $Y=g(X)$가 연속이거나, 구분적으로 연속이면, Y도 확률변수이다. 여기서는 새로운 확률변수 Y의 분포함수 및 밀도함수에 대하여 알아보자.

(1) 분포함수의 방법

X가 연속형확률변수라면 X의 함수, 즉, $Y=g(X)$도 확률변수이므로 그것의 확률분포를 갖어야 할 것이다. Y의 분포함수가

$$F(y)=P(Y\le y)=P[g(X)\le y]$$

으로 주어지면 확률밀도함수는 $f(y)=F'(y)$이다. 이러한 분포함수기법(distribution function technique)이 다음의 두 예제에 의해 설명된다.

예제 2.7

X의 확률밀도함수가 $f_X(x)=2(1-x)$, $0\le x\le 1$일 때, $Y=3X-1$의 확률밀도함수를 구하여라.

풀이

$P(X\le x)=\int_0^x f(t)dt=\int_0^x 2(1-t)dt=2x-x^2$

$P(Y\le y)=P(3X-1\le y)=P(X\le \frac{y+1}{3})=2(\frac{y+1}{3})-(\frac{y+1}{3})^2=\frac{(y+1)(5-y)}{3}$

따라서 $f_Y(y)=\frac{d}{dy}\frac{(y+1)(5-y)}{3}=-\frac{2}{3}y+\frac{4}{3}$이고 y의 범위는 $0\le x=\frac{y+1}{3}\le 1$이므로 $-1\le y\le 2$이다.

예제 2.8

확률변수 X가 $f(x)=\frac{1}{2}$, $-1<x<1$일 때, $Y=X^2$의 분포함수를 구하여라.

풀이

$-1<x<1$일 때 $0<y<1$이다.

$P(Y\le y)=P(X^2\le Y)=P(-\sqrt{y}\le X\le \sqrt{y})=\int_{-\sqrt{y}}^{\sqrt{y}}\frac{1}{2}dx=\sqrt{y},\ 0<y<1$

따라서 $F_Y(y)=\sqrt{y}$, Y의 밀도함수는 $f_Y(y)=\frac{1}{2\sqrt{y}}, 0<y<1$이다.

(2) 밀도함수의 방법

함수 $g(x)$가 단조증가함수라고 가정하면, $x=g^{-1}(y)$를 구할 수 있다. 가령 $y=g(x)=e^x(-\infty<x<\infty)$의 경우 $x=g^{-1}(y)=\log y\ (y>0)$이고, $y=e^x$ 및 그 역함수 $x=\log y$가 모두 단조증가함수이다. 이와 같이 $y=g(x)$ 및 그 역함수 $x=g^{-1}(y)$가 단조증가함수면

$$P\{X\le x_0\}=P\{g(X)\le g(x_0)\}=P\{Y\le y_0\}$$

가 x_0에 대해, $y_0=g(x_0)$이 성립한다.

$$F_Y(y)=P\{Y\le y\},\quad F_X(x)=P\{X\le x\}$$

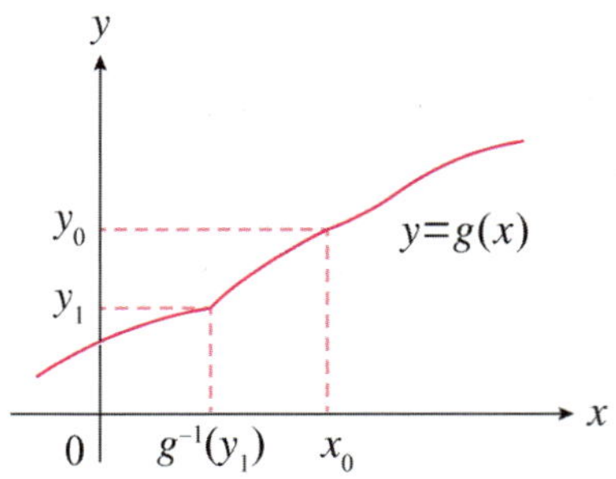

[그림 2.8]

이라면

$$F_X(x_0)=F_Y(y_0)$$

즉

$$\int_{-\infty}^{x_0}f_X(x)dx=\int_{-\infty}^{y_0}f_Y(y)dy \tag{1}$$

이 된다. 등식에서 $g(x)$가 증가함수임에 주의하면서

$$x = g^{-1}(y) \text{ 및 } \frac{dx}{dy} = \frac{dg^{-1}(y)}{dy}$$

를 (1)식에 대입하면, 치환적분의 성질에 의하여

$$\int_{-\infty}^{y_0} f_X\{g^{-1}(y)\}\frac{dg^{-1}(y)}{dy}dy = \int_{-\infty}^{y_0} f_Y(y)dy$$

따라서

$$f_Y(y) = f_X(g^{-1}(y))\frac{dg^{-1}(y)}{dy}$$

이 성립한다.

예제 2.9

$f_X(x) = \lambda e^{-\lambda x}(x > 0);\ = 0\ (x \le 0)$일 때, $Y = g(X) = \sqrt{X}, X > 0$의 $p.d.f.\ f_Y(y)$를 구하여라.

풀이

$x = g^{-1}(y) = y^2,\ \frac{d}{dy}g^{-1}(y) = 2y$

$\therefore f_Y(y) = 2\lambda y e^{-\lambda y^2}\quad (y > 0)\ ;\ = 0\quad (y \le 0)$

$g(x)$가 단조감소함수인 경우
(오른쪽 그림 참조)

$$P\{X \geq x_0\} = P\{g(X) \leq g(x_0)\} = P\{Y \leq y_0\}$$

이므로

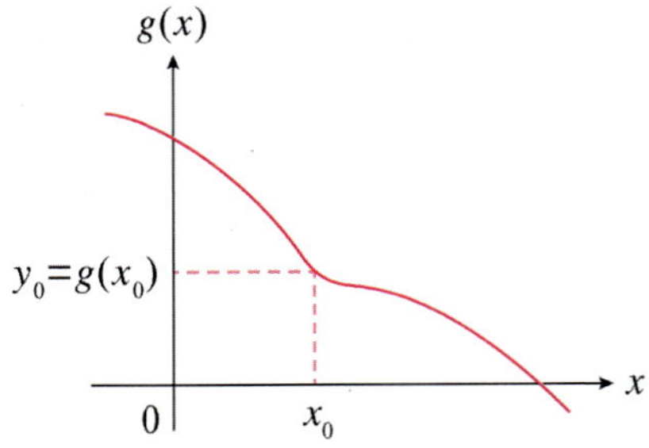

[그림 2.9]

$$\int_{x_0}^{\infty} f_X(x)dx = \int_{-\infty}^{y_0} f_Y(y)dy$$

이 성립한다.

$y = g(x), x = g^{-1}(y)$이라면, 위의 적분은

$$\int_{y_0}^{-\infty} f_X[g^{-1}(y)] \frac{dg^{-1}(y)}{dy} dy = \int_{-\infty}^{y_0} f_Y(y)dy$$

이 된다. g는 감소함수이므로, g^{-1}도 역시 감소함수이고, $\frac{dg^{-1}(y)}{dy} < 0$, 따라서

$$\frac{dg^{-1}(y)}{dy} = -\left| \frac{dg^{-1}(y)}{dy} \right|$$

로 나타낼 수 있다. 따라서

$$\int_{-\infty}^{y_0} f_Y(y)dy = \int_{-\infty}^{y_0} f_X(g^{-1}(y)) \left| \frac{dg^{-1}(y)}{dy} \right| dy$$

이므로

$$f_Y(y) = f_X(g^{-1}(y)) \left| \frac{dg^{-1}(y)}{dy} \right|$$

이상을 종합하면 다음 정리를 얻는다.

정리 2.2

g가 단조함수이고, 미분가능이면 확률변수 $Y=g(X)$의 확률밀도함수는

$$f_Y(y)=f_X(g^{-1}(y))\left|\frac{dg^{-1}(y)}{dy}\right|$$

이 된다.

증명

$y=g(x)$가 다음 그림과 같이 부분적으로 단조증가 및 단조감소인 경우를 살펴보자.

Y가 구간 $[y, y+dy]$ 사이에 들 확률은

$\int_y^{y+dy} f_Y(t)dt \approx f_Y(y)dy$ 변수변환

$Y=X^2$에서 $y=x^2$의 역함수는 $x=g^{-1}(y)$,

다음 그림에서

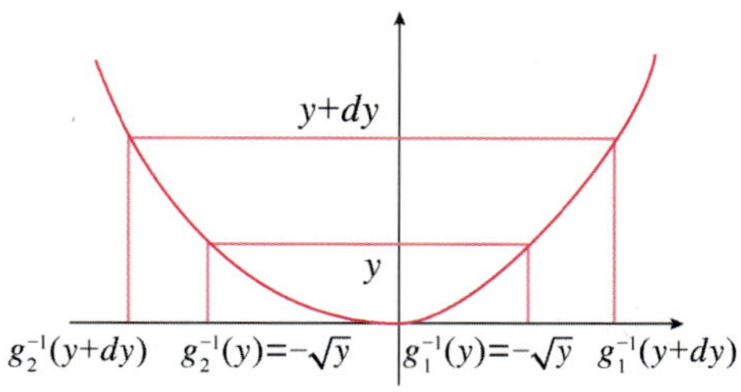

[그림 2.10]

$$g_1^{-1}(y)=\sqrt{y},\quad g_2^{-1}(y)=-\sqrt{y},\quad y\ge 0$$

$$\begin{aligned}\therefore P\{y\le Y\le y+dy\} &= P\{g_1^{-1}(y)\le X\le g_1^{-1}(y+dy)\} \\ &\quad + P\{g_2^{-1}(y+dy)\le X\le g_2^{-1}(y)\} \\ &= f_X(g_1^{-1}(y))\frac{g_1^{-1}(y+dy)-g_1^{-1}(y)}{dy}dy + f_X(g_2^{-1}(y))\frac{g_2^{-1}(y)-g_2^{-1}(y+dy)}{dy}dy\end{aligned}$$

따라서

$$\begin{aligned}f_Y(y) &= f_X(g_1^{-1}(y))\,[g_1^{-1}(y)]' + f_X(g_2^{-1}(y))\,[-g_2^{-1}(y)]' \\ &= f_X(g_1^{-1}(y))\,|[g_1^{-1}(y)]'| + f_X(g_2^{-1}(y))\,|[g_2^{-1}(y)]'|\end{aligned}$$

일반적으로

$$\begin{aligned}f_Y(y) &= f_X[g_1^{-1}(y)]\left|\frac{dg_1^{-1}(y)}{dy}\right| + f_X[g_2^{-1}(y)]\left|\frac{dg_2^{-1}(y)}{dy}\right| \\ &\quad + f_X[g_3^{-1}(y)]\left|\frac{dg_3^{-1}(y)}{dy}\right| + \cdots + f_X[g_n^{-1}(y)]\left|\frac{dg_n^{-1}(y)}{dy}\right|\end{aligned}$$

이 된다.

예제 2.10

연속확률변수 X의 $p.d.f.$가 $f(x)$일 때, $Y=X^2$의 $p.d.f.$ $f_Y(y)$를 구하여라.

풀이

$y=x^2$이라면, $x=\pm\sqrt{y}=g^{-1}(y)$

따라서 단조함수로 2분하여

$g_1^{-1}(y)=-\sqrt{y}\,,g_2^{-1}(y)=\sqrt{y}$ 이라면

$\left|dg_i^{-1}(y)/dy\right|=1/(2\sqrt{y})\quad(i=1,2)$

이므로

$$f_Y(y)=\begin{cases}\dfrac{1}{2\sqrt{y}}\{f(-\sqrt{y})+f(\sqrt{y})\}, & (y>0)\\ 0, & (y\le 0)\end{cases}$$

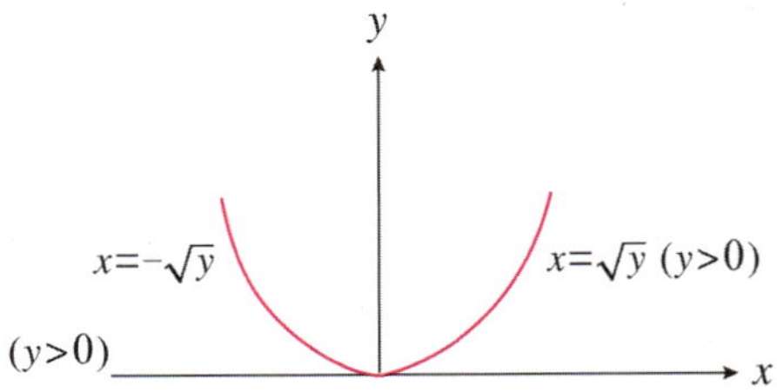

[그림 2.11]

예제 2.11

X의 $p.d.f.$가

$$f(x)=\begin{cases}\dfrac{2}{9}x\,, & (0\le x\le 3)\\ 0, & (\text{그 밖에서})\end{cases}$$

일 때 $Y=(X-1)^2$의 $p.d.f.$ $f_Y(y)$를 구하여라.

풀이

$y=(x-1)^2$ 을 변형하면

$$x=1\pm\sqrt{y}$$

이므로

$$g^{-1}(y)=1\pm\sqrt{y}$$

여기서

$$g^{-1}(y)=1-\sqrt{y}\,,\ g_2^{-1}(y)=1+\sqrt{y}$$

이라면

$$\left|dg_i^{-1}(y)/dy\right| = 1/(2\sqrt{y}) \quad (i=1,2)$$

$0 < y \le 1$인 경우는

$$f_Y(y) = \left\{\frac{2}{9}(1-\sqrt{y}) + \frac{2}{9}(1+\sqrt{y})\right\}\frac{1}{2\sqrt{y}}$$
$$= \frac{2}{9\sqrt{y}}$$

$1 < y \le 4$인 경우는

$$f_Y(y) = \frac{2}{9}(1+\sqrt{y})\frac{1}{2\sqrt{y}} = \frac{1}{9}\left(\frac{1}{\sqrt{y}}+1\right)$$

$y \le 0$ 또는 $y > 4$이면

$$f_Y(y) = 0 \quad (f_X(x) = 0)$$

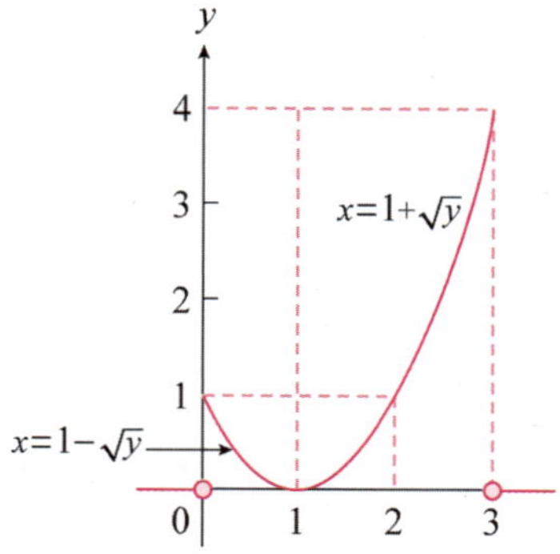

[그림 2.12]

연습문제 2.2

1. X의 밀도함수가 다음과 같이 주어졌다.

   $f_X(x) = 2(1-x),\ 0 \le x \le 1$

   (1) $Y = 2X - 1$의 밀도함수를 구하여라.

   (2) $Y = 1 - 2X$의 밀도함수를 구하여라.

   (3) $Y = X^2$의 밀도함수를 구하여라.

2. $f_X(x) = e^{-x},\ x \ge 0$일 때, $Y = \ln X$의 밀도함수를 구하여라.

3. 다음에 주어진 확률밀도함수에 대하여 $Y = e^x$의 확률 밀도함수를 구하여라.

   $f(x) = 2e^{-2x}\ (0 < x < \infty)$

4. 확률변수 X가 평균 1인 지수분포 $f_X(x) = e^{-x}$에 따를 때 $Y = \sqrt{X}$의 밀도함수를 구하여라.

5. X는 다음과 같은 확률분포를 따르는 확률변수이다.

$$f(x)=\begin{cases}\dfrac{1+x}{2}, & -1<x<1\\ 0, & \text{그밖에}\end{cases}$$

확률변수 $Y=X^2$의 확률분포를 구하라.

6. 확률밀도함수 $f(x)=\dfrac{1}{\pi}\dfrac{1}{1+x^2},\ -\infty<x<\infty$에 대하여 $Y=X^2$의 확률밀도함수를 구하여라.

7. 임의의 양수 λ에 대하여 확률밀도함수 $f(x)=\lambda e^{-\lambda x},\ x>0$를 생각하자.

(1) $Y=\dfrac{1}{X+1}$의 확률밀도함수와 분포함수를 구하여라.

(2) $Y=X^2$의 확률밀도함수를 구하여라.

(3) $Y=1-e^{-\lambda}$의 확률밀도함수를 구하여라.

(4) $Y=\dfrac{1}{\sqrt{X}}$의 확률밀도함수를 구하여라.

연습문제 2.2

8. 확률밀도함수

$$f(z)=\frac{1}{\sqrt{2\pi}}e^{-\frac{z^2}{2}},\ -\infty<z<\infty$$ 에 대하여

(1) $X=\frac{1}{3}Z^2$의 확률밀도함수를 구하여라.

(2) $X=\sigma Z+\mu$의 확률밀도함수를 구하여라. 단, $\sigma>0,\ -\infty<\mu<\infty$이다.

9. X의 밀도함수 f_X이 다음 그림에서 주어진 바와 같이 절대연속인 확률변수라 하자. $Y=X^2$ 즉 $Y(e)=X^2(e),\ e\in S$이라 할 때, Y의 분포함수와 밀도함수를 구하여라.

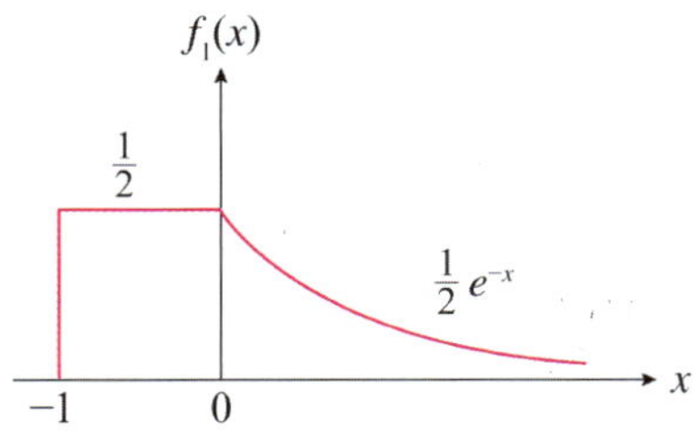

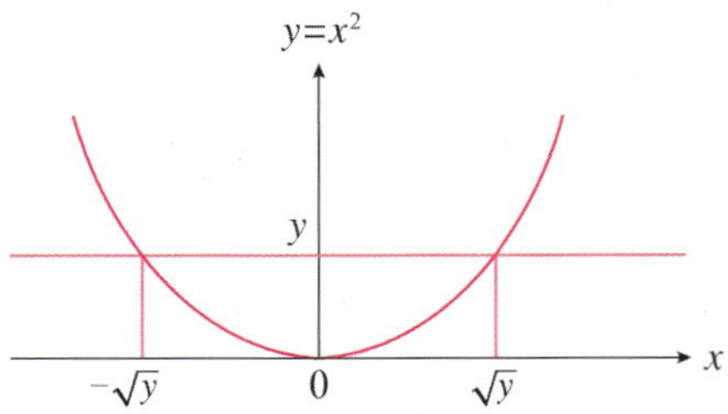

2.3 결합밀도함수와 분포함수

정의 2.5

X, Y가 이산확률변수이면, X와 Y의 결합확률함수(joint probability function)는

$$f(x,y) = P\{X=x, Y=y\} \quad (x, y \text{는 실수})$$

로 정의된다.

Y의 가능한 값이 $y_1, y_2, \cdots$ 이라면

$$\{X=x\} = \{X=x, Y=y_1\} \cup \{X=x, Y=y_2\} \cup \cdots$$

사상 $\{Y=y_i\}, i=1,2,\cdots$ 은 서로 배반이고, X의 확률함수는

$$f_X(x) = P\{X=x\} = \sum_y f(x,y)$$

로 주어진다. 마찬가지로 Y의 확률함수는

$$f_Y(y) = P\{Y=y\} = \sum_x f(x,y)$$

로 주어진다. 이와 같이 구해진 $f_X(x), f_Y(y)$를 각각 $f(x,y)$에서 정해지는 X, Y의 주변확률분포(marginal probability function)라 한다.

마찬가지로 더 높은 차원에서도 유사한 공식이 얻어진다. 예를 들면

$$f(x,y) = \sum_z f(x,y,z)$$
$$f_Y(y) = \sum_{x,z} f(x,y,z)$$

$$\text{단, } f(x,y,z) = P\{X=x, Y=y, Z=z\}$$

다음은 (X, Y)가 결합밀도 $f(x,y)$를 가지는 경우, X, Y의 각 밀도함수 f_X, f_Y를 $f(x,y)$의 식을 써서 구하는 일을 살펴보자.

임의의 x_0에 대하여 근사적으로

$$P\{x_0 \le X \le x_0 + dx_0\} \approx f_X(x_0)dx_0$$

이고, 또한

$$\begin{aligned} P\{x_0 \le X \le x_0 + dx_0\} &= P\{x_0 \le X \le x_0 + dx_0, \ -\infty < Y < \infty\} \\ &= \int_{x_0}^{x_0+dx_0} dx \int_{-\infty}^{\infty} f(x,y)dy \approx dx_0 \int_{-\infty}^{\infty} f(x_0,y)dy \end{aligned}$$

이다. 위 두 식에서 (x_0를 x로 바꾸어서)

$$f_X(x) = \int_{-\infty}^{\infty} f(x,y)dy$$

을 얻는다. X 및 Y의 분포함수를 써서 X 및 Y의 밀도함수를 유도해 보자.

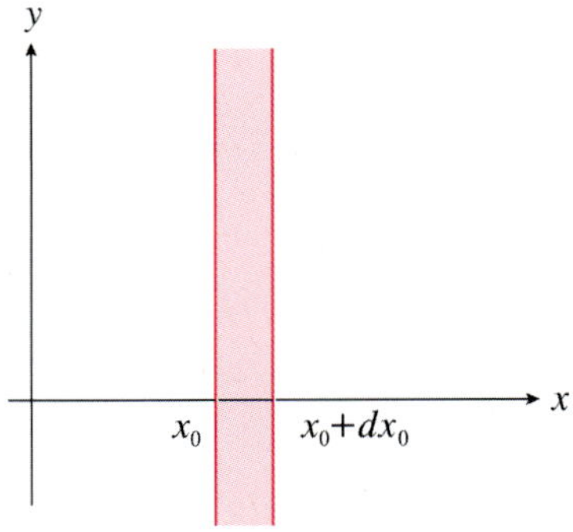

[그림 2.13]

$$\begin{aligned} F(x_0) &= P\{X \le x_0\} = P\{x \le x_0, \ -\infty < Y < \infty\} \\ &= \int_{x=-\infty}^{x_0} \left[\int_{y=-\infty}^{\infty} f(x,y)dy \right] dx \end{aligned}$$

이므로 X는 밀도함수가

$$f_X(x) = \int_{-\infty}^{\infty} f(x,y)dy$$

이고, 연속이다. 마찬가지로 Y의 밀도함수는

$$f_Y(y) = \int_{-\infty}^{\infty} f(x,y)dx$$

이와 같이 X, Y의 결합밀도함수에서 구한 X, Y의 밀도함수를 X, Y의 주변밀도함수(marginal density function)라 한다.

예제 2.12

$f(x,y)=\begin{cases} 8xy, & 0 \le y \le x \le 1 \\ 0, & \text{그밖에서} \end{cases}$ 일 때,

X, Y의 밀도함수를 구하여라.

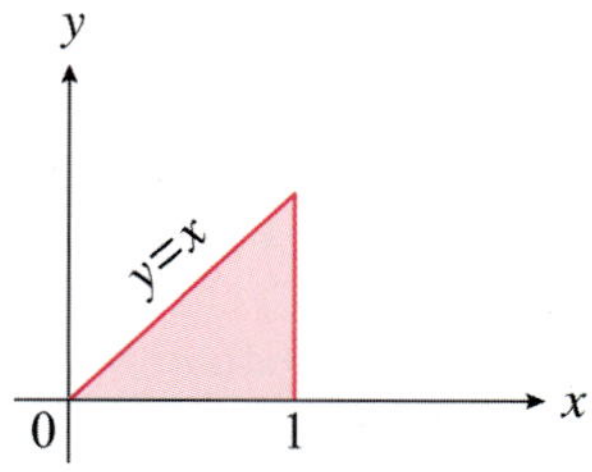

[그림 2.14]

풀이

$$f_X(x)=\begin{cases} \displaystyle\int_0^x 8xydy = 4x^3, & (0 \le x \le 1) \\ 0, & (x < 0 \text{ 또는 } x > 1) \end{cases}$$

이고,

$$f_Y(y)=\begin{cases} \displaystyle\int_y^1 8xydx = 4y(1-y^2) & (0 \le y < 1) \\ 0, & (y < 0 \text{ 또는 } y > 1) \end{cases}$$

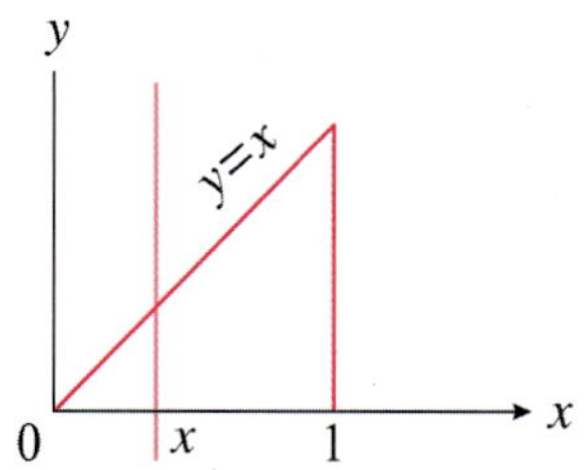

[그림 2.15]

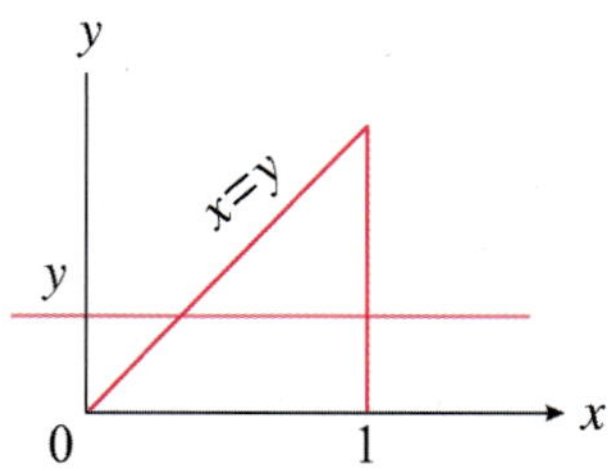

[그림 2.16]

예제 2.13

(X, Y)의 동시밀도함수가 다음과 같을 때, X, Y의 각 밀도함수를 구하여라.

$$f(x,y)=\begin{cases}\frac{1}{4}(1+xy), -1 \le x \le 1, -1 \le y \le 1 \\ 0, \quad 그밖에서\end{cases}$$

풀이

$$f_X(x)=\int_{-\infty}^{\infty} f(x,y)dy=\begin{cases}\frac{1}{4}\int_{-1}^{1}(1+xy)dy=\frac{1}{2}, -1 \le x \le 1 \\ 0, \quad 그밖에서\end{cases}$$

$$f_Y(y)=\begin{cases}\frac{1}{4}\int_{-1}^{1}(1+xy)dx=\frac{1}{2}, -1 \le y \le 1 \\ 0, \quad 그밖에서\end{cases}$$

예제 2.14

다음 $f(x,y)$가 2차원 확률변수 (X, Y)의 결합밀도함수가 되도록 상수 a를 정하고, 또한 각각의 주변밀도함수를 구하여라.

풀이

$$f(x,y)=\begin{cases}ae^{-x-y}, (x \ge 0, y \ge 0) \\ 0, \quad (그밖에서)\end{cases} 에서 \int_{-\infty}^{\infty}\int_{-\infty}^{\infty} f(x,y)dxdy=1$$

에 의하여

$$\int_0^{\infty}\int_0^{\infty} ae^{-x-y}dxdy=a\int_0^{\infty}e^{-x}dx\int_0^{\infty}e^{-y}dy=a\left[-e^{-x}\right]_0^{\infty}\left[-e^{-y}\right]_0^{\infty}=a$$

$$\therefore a=1$$

$$f_X(x)=\int_{-\infty}^{\infty}F(x,y)dy=\int_0^{\infty}e^{-x-y}dy=e^{-x}\int_0^{\infty}e^{-y}dy=e^{-x}$$

$$f_Y(y)=\int_{-\infty}^{\infty}f(x,y)dx=\int_0^{\infty}e^{-x-y}dx=e^{-x}\int_0^{\infty}e^{-x}dx=e^{-y}$$

예제 2.15

다음과 같은 결합밀도함수의 주변밀도를 구하여라.

(1) $f(x,y)=\begin{cases} 2-x-y, & (0<x<1, 0<y<1) \\ 0, & (\text{그밖에서}) \end{cases}$

(2) $f(x,y)=\begin{cases} \frac{1}{2}xy, & (0<x<2, 0<y<x) \\ 0, & (\text{그밖에서}) \end{cases}$

풀이

(1) $f_X(x)=\int_0^1 (2-x-y)dy=\left[2y-xy-\frac{y^2}{2}\right]=\frac{3}{2}-x \quad (0<x<1)$

$f_Y(y)=\int_0^1 (2-x-y)dx=\left[2x-\frac{x^2}{2}-xy\right]=\frac{3}{2}-y \quad (0<y<1)$

(2) 표본공간은 다음 그림의 3각형 내부이다.

$f_X(x)=\int_0^x \frac{1}{2}xydy=\frac{x^3}{4} \quad (0<x<2)$

$f_Y(y)=\int_y^2 \frac{1}{2}xydx=\frac{1}{4}y(4-y^2) \quad (0<y<2)$

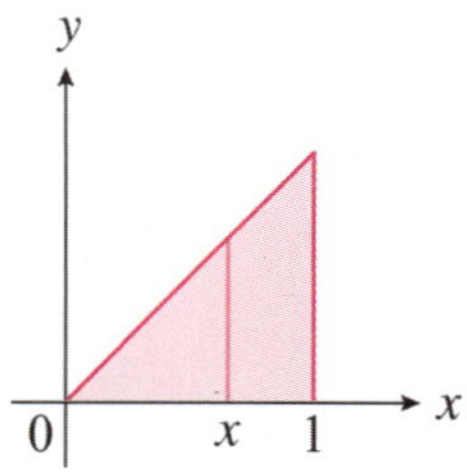

[그림 2.17]

다음은 확률변수의 독립성에 대하여 살펴보자.

정의 2.6

$X_1,\cdots,X_n$을 확률공간상에서 확률변수라 할 때, R의 부분집합 $A_1,\cdots,A_n$에 대하여

$$P\{X_1\in A_1,\cdots,X_n\in A_n\}=P\{X_1\in A_1\}\cdots P\{X_n\in A_n\}$$

이 성립할 때, $X_1,X_2,\cdots,X_n$은 독립이라고 한다.

정리 2.3

$X_1, X_2, \cdots, X_n$을 주어진 확률공간상에서 독립인 확률변수라 하자. 각 X_i가 밀도함수 f_i를 가지고, 절대연속이라면 $(X_1, X_2, \cdots, X_n)$은 절대연속이고, 또한 모든 $x_1, x_2, \cdots x_n$에 대하여

$$f_{12\cdots n}(x_1, x_2, \cdots, x_n) = f_1(x_1) f_2(x_2) \cdots f_n(x_n)$$

이 성립된다. 즉 결합밀도함수는 주변밀도함수의 곱과 같다.

증명

$X_1, X_2, \cdots, X_n$의 결합분포함수는 다음과 같이 된다.

$$\begin{aligned} F_{12\cdots n}(x_1, x_2, \cdots, x_n) &= P\{X_1 \le x_1, \cdots, X_n \le x_n\} \\ &= P\{X_1 \le x_1\} \cdots P\{X_n \le x_n\} \text{ (독립이므로)} \\ &= \int_{-\infty}^{x_1} f_1(u_1) du_1 \cdots \int_{-\infty}^{x_n} f_n(u_n) du_n \\ &= \int_{-\infty}^{x_1} \cdots \int_{-\infty}^{x_n} f_1(u_1) \cdots f_n(u_n) du_1 \cdots du_n \end{aligned}$$

따라서, $X_1, \cdots, X_n$은 절대 연속이고, 결합밀도는

$$f(x_1, x_2, \cdots, x_n) = f_1(x_1) \cdots f_n(x_n)$$

이 된다. 특히 X, Y가 독립이면

$$f(x, y) = f_X(x) f_Y(y)$$

일반적으로 $X_1, \cdots, X_n$이 독립이고, A가 n차원 집합이고 X_i의 밀도함수를 f_i라면

$$P\{(X_1, \cdots, X_n) \in A\} = \int \cdots \int f_1(x_1) \cdots f_n(x_n) dx_1 \cdots dx_n$$

예제 2.16

(X, Y)의 결합밀도함수가 $f(x,y)=c(xy^2+e^x),\ 0<x<1,\ 0<y<1$일 때,

(1) c의 값을 구하여라.

(2) X의 주변밀도함수 $f(x)$를 구하여라.

(3) X와 Y는 독립인가?

풀이

(1) $$\int_0^1\int_0^1 c(xy^2+e^x)dxdy = c\int_0^1\left[\frac{1}{2}x^2y^2+e^x\right]_0^1 dy$$
$$=c\int_0^1\left(\frac{1}{2}y^2+e-1\right)dy=c\left[\frac{y^3}{6}+ey-y\right]_0^1=c\left(\frac{1}{6}+e-1\right)$$
$$=\frac{6e-5}{6}c=1$$

$$\therefore c=\frac{6}{6e-5}$$

(2) $$f_X(x)=\int_0^1\frac{6}{6e-5}(xy^2+e^x)dy=\frac{6}{6e-5}\left[\frac{xy^3}{3}+e^xy\right]_0^1$$
$$=\frac{6}{6e-5}\left(\frac{x}{2}+e^x\right)$$

(3) y의 주변밀도를 $f_Y(y)$이라면

$$f_Y(y)=\int_0^1\frac{6}{6e-5}(xy^2+e^x)dx=\frac{6}{6e-5}\left[\frac{x^2y^2}{2}+e^x\right]_0^1=\frac{6}{6e-5}\left(\frac{y^2}{2}+e\right)$$
$$f_X(x)\cdot f_Y(y)=\frac{6}{6e-5}\left(\frac{x}{3}+e^x\right)\frac{6}{6e-5}\left(\frac{y^2}{2}+e\right)=\left(\frac{6}{6e-5}\right)^2\left(\frac{xy^2}{6}+\frac{x}{3}e+\frac{y^2}{2}e^x+e^{x+1}\right)$$

따라서

$$f(x,y)\neq f_X(x)f_Y(y)$$

이므로 X와 Y는 독립이 아니다.

정의 2.7

X, Y를 같은 표본공간 S의 확률변수라 할 때, 이것에 관하여

$$F(x,y) = P\{X \le x,\ Y \le y\}$$

로 정의되는 함수 $f(x,y)$를 결합분포함수(joint distribution function)라 한다.

정리 2.4

(1) $x < x', y < y'$ 이면, $F(x,y) \le F(x',y')$

(2) (i) $\lim_{x \to \infty} F(x,y) = F_Y(y)$, (ii) $\lim_{y \to \infty} F(x,y) = F_X(x)$

증명

(1) $\{e|X(e) \le x, Y(e) \le y\} \subset \{e|X(e) \le x', Y(e) \le y\} \cup \{e|X(e) \le x, Y(e) \le y'\}$

$$\subseteq \{e|X(e) \le x', Y(e) \le y'\}$$

$A \subset B$이면) $P(A) \le P(B)$이므로 (1)이 성립한다.

(2) (i) $\lim_{x \to \infty} F(x,y) = \lim_{x \to \infty} P\{e|X(e) \le x, Y(e) \le y\}$

$$= P\left(\lim_{x \to \infty}\{e|X(e) \le x\} \cap \{e|Y(e) \le y\}\right)$$

$$= P(S \cap \{e|Y(e) \le y\}) = P\{e|Y(e) \le y\} = F_Y(y)$$

(ii) (i)과 마찬가지로 증명된다.

(2)의 $(i), (ii)$에서 정해진 $F_X(x), F_Y(y)$를 각각, X, Y의 주변분포함수(marginal distribution function)라 한다. 마찬가지로 $\lim_{x,y \to \infty} F(x,y) = 1$ 및 $\lim_{x \to -\infty} F(x,y) = 0$, $\lim_{y \to -\infty} F(x,y) = 0$을 얻는다.

정의 2.8

임의의 실수의 순서쌍(x,y)에 대하여

$$F(x,y)=\int_{-\infty}^{x}\int_{-\infty}^{y} f(x,y)dxdy$$

인 함수 $f(x,y)$가 존재할 때, X, Y는 결합절대연속분포를 갖는다고 하고 이 경우 $f(x,y)$를, X, Y의 결합밀도함수 결합절대연속분포(joint density function)라 한다.

1변수인 경우와 마찬가지로 $f(x,y)$가 연속인 2차원 유크리드(Euclid) 공간의 점 (x,y)에서

$$\frac{\partial^2}{\partial x \partial y}F(x,y)=f(x,y)$$

가 성립한다. 이 정의식에서 X, Y 의 주변분포함수는 각각

$$P\{X \le x\}=F_X(x)=\int_{-\infty}^{x}\int_{-\infty}^{\infty} f(x,y)dydx$$

$$P\{Y \le y\}=F_Y(y)=\int_{-\infty}^{y}\int_{-\infty}^{\infty} f(x,y)dxdy$$

로 정의된다. 이들 2식을 각각 미분하면

$$f_X(x)=\int_{y=-\infty}^{\infty} f(x,y)dy \text{ 및 } f_Y(y)=\int_{x=-\infty}^{\infty} f(x,y)dx$$

로 X, Y의 주변밀도함수를 얻는다. 1변수에서와 마찬가지로 (X, Y)가 절대연속이면

$$P\{(X, Y)\in A\}=\int\int_A f(x,y)dxdy$$

이 성립한다. 또 1변수에서와 같이

$$\int_{-\infty}^{\infty}\int_{-\infty}^{\infty} f(x,y)dxdy = 1$$

예제 2.17

다음 결합밀도함수

$$f(x,y) = \begin{cases} kxy, & 0 < x < 1, 0 < y < 1 \\ 0, & \text{그 밖에서} \end{cases}$$

이라 하자.

(1) $f(x,y)$가 확률변수 X, Y의 결합밀도함수일 때, k의 값을 구하여라.

(2) $P(X \leq 0.5, Y \leq 0.5)$를 구하여라.

풀이

(1) $\int_{-\infty}^{\infty}\int_{-\infty}^{\infty} f(x,y)dxdy = 1$

$$\int_{-\infty}^{\infty}\int_{-\infty}^{\infty} f(x,y)dxdy = \int_0^1\int_0^1 kxydxdy$$

$$= k\int_0^1\left[\frac{x^2}{2}y\right]dy = k\int_0^1 \frac{y}{2}dy = k\left[\frac{y^2}{4}\right]_0^1 = \frac{k}{4} = 1$$

$\therefore k = 4$

(2) $P(X \leq 0.5, Y \leq 0.5) = \int_0^{0.5}\int_0^{0.5} 4xydxdy = 4\int_0^{0.5}\left[2x^2y\right]_0^{0.5}dy$

$$= 4\int_0^{0.5}\frac{1}{2}ydy = 2\int_0^{0.5} ydy = \left[y^2\right]_0^{0.5} = 0.25$$

예제 2.18

$f(x,y)=e^{-(x+y)}\ (-\infty < x,y < \infty)$를 X, Y의 결합밀도함수라 하자.

$P\{1 \le X \le 2, 0 \le Y \le 2\}$를 구하여라.

풀이

$$P\{1 < X \le 2, 0 < Y \le 2\} = \int_1^2 \int_0^2 e^{-(x+y)} dy dx$$
$$= \int_1^2 e^{-x} dx \cdot \int_0^2 e^{-y} dy = (e^{-1} - e^{-2})(1 - e^{-2})$$

예제 2.19

$f(x,y)=e^{-(x+y)},\ x>0, y>0$일 때, 다음 사상의 확률을 구하여라.

(1) $X < 2$ (2) $X < Y$

(3) $X + Y < 2$

풀이

(1) X에 관한 주변밀도함수를 구하면

$$f_X(x) = \int_0^\infty e^{-(x+y)} dy = \left[-e^{-(x+y)}\right]_0^\infty = e^{-x}$$

따라서

$$P\{X < 2\} = \int_0^2 e^{-x} dx = \left[-e^{-x}\right]_0^2 = 1 - e^{-2}$$

(2) $P\{X < Y\} = \int_0^\infty \int_x^\infty e^{-(x+y)} dy dx$

$$= \int_0^\infty \left[-e^{-(x+y)}\right]_x^\infty dx = \int_0^\infty e^{-2x} dx$$
$$= \left[-\frac{1}{2} e^{-2x}\right]_0^\infty = \frac{1}{2}$$

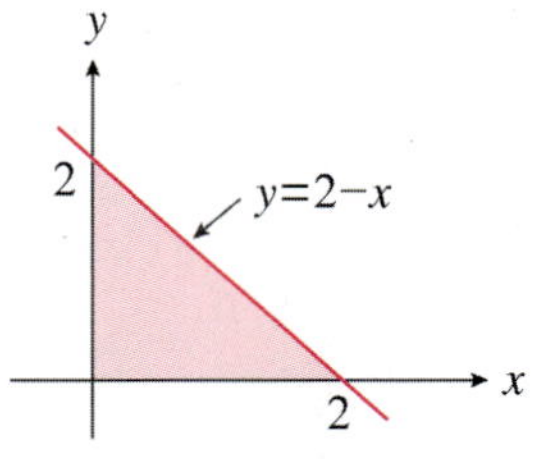

{x+y<2}의 영역

[그림 2.18]

(3) $P\{X+Y<2\}=\int_0^2\int_0^{2-x} e^{-(x+y)}dydx=\int_0^2\left[-e^{-(x+y)}\right]_0^{2-x}dx$

$$=\int_0^2 e^{-x}-e^{-2}dx=\left[-e^{-x}-e^{-2}x\right]_0^2=1-e^{-2}-2e^{-2}=1-3e^{-2}$$

예제 2.20

X, Y의 결합밀도함수 $f(x,y)$가

$$f(x,y)=\begin{cases}1,(0\le x\le 1, 0\le y\le 1)\\0,(\text{그밖에서})\end{cases}$$

일 때,

$$P\left\{\frac{1}{2}\le X+Y\le\frac{3}{2}\right\} \text{ 및 } P\left\{\frac{1}{2}\le X\le\frac{3}{4}, 0\le Y\le\frac{1}{2}\right\}$$

을 구하여라.

풀이

$\left\{\frac{1}{2}\le X+Y\le\frac{3}{2}\right\}=\left\{(x,y)\mid\frac{1}{2}\le x+y\le\frac{3}{2}\right\}$

이 영역을 도시하면 오른쪽 그림과 같다. 따라서

$$P\left\{\frac{1}{2}\le X+Y\le\frac{3}{2}\right\}=\iint_{1/2\le x+y\le 3/2} f(x,y)dxdy$$
$$=\iint_{\text{빗금친 면적}} 1dxdy$$
$$=1-2\left(\frac{1}{8}\right)=\frac{3}{4}$$

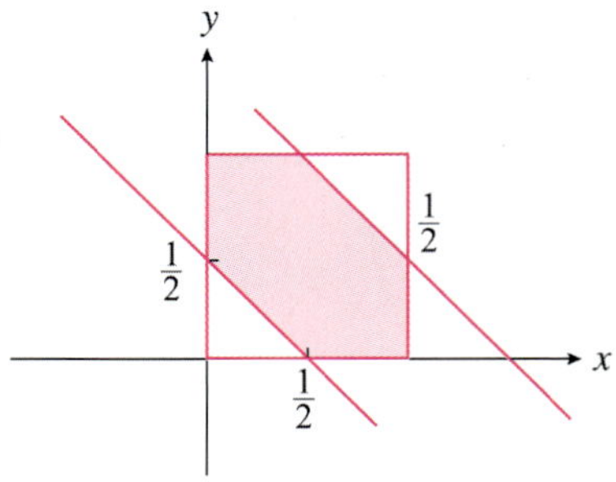

[그림 2.19]

다음 $\frac{1}{2}\le X\le\frac{3}{4}$이고, $0\le Y\le\frac{1}{2}$ 될 확률은

$$P\left\{\frac{1}{2}\le X\le\frac{3}{4}, 0\le Y\le\frac{1}{2}\right\}=\int_{1/2}^{3/4}\int_0^{1/2} 1dxdy$$
$$=\frac{1}{2}\left(\frac{1}{4}\right)=\frac{1}{8}$$

예제 2.21

다음과 같은 결합밀도함수를 가지는 경우 $X \geq Y \geq 2$될 확률을 구하여라.

$$f(x,y)= \begin{cases} e^{-(x+y)}, & x,y \geq 0 \\ 0, & \text{그밖에서} \end{cases}$$

풀이

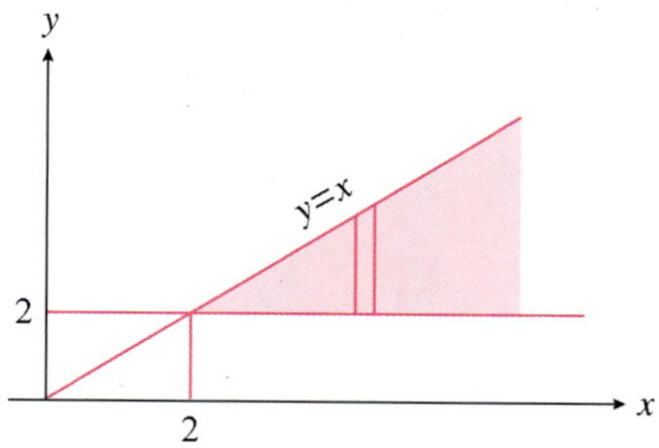

[그림 2.20]

$$P\{X \geq Y \geq 2\} = \iint_{x \geq y \geq 2} f(x,y)\,dxdy$$

$$= \int_2^{\infty} e^{-x} dx \int_2^{x} e^{-y} dy$$

$$= \int_2^{\infty} e^{-x}(e^{-2} - e^{-x})dx = e^{-4} - \frac{1}{2}e^{-4} = \frac{1}{2}e^{-4}$$

연습문제 2.3

1. 다음 2변수함수 $f(x,y)=\begin{cases}2e^{-(x+xy)}, & (0 \le x, y) \\ 0, & (\text{다른곳에서})\end{cases}$ 에 대하여

(1) $f(x,y)$는 확률밀도함수임을 보여라.

(2) X, Y의 주변확률밀도함수를 구하여라.

(3) X, Y의 주변분포함수를 구하여라.

(4) X, Y의 결합분포함수를 구하여라.

2. 다음 결합확률밀도함수 $f(x,y)=\begin{cases}cx^2y, & (0<x<2,\ 0<y<2-x) \\ 0, & (\text{그 밖에서})\end{cases}$ 에 대하여

(1) $f(x,y)$가 결합확률밀도함수가 되기 위한 상수 c를 구하여라.

(2) X, Y의 주변확률밀도함수 $f_X(x)$, $f_Y(y)$를 구하여라.

(3) $f(x,y)=f_X(x)f_Y(y)$가 성립하는지 조사하여라.

3. X와 Y는 다음 결합밀도를 가지는 확률변수이다.

$$f(x,y)=\begin{cases}\frac{1}{4}, & (-1 \le x \le 1 \text{그리고} -1 \le y \le 1) \\ 0, & (\text{그밖에서})\end{cases}$$

다음 각 사상의 확률을 구하여라. 단 X, Y는 독립적으로 취해진 −1과 +1 사이에서 균등히 분포된 확률변수이다.

(1) $\left\{X+Y \le \frac{1}{2}\right\}$

(2) $\left\{X - Y \leq \frac{1}{2}\right\}$

(3) $\left\{X \times Y \leq \frac{1}{4}\right\}$

(4) $\left\{\frac{X}{Y} \leq \frac{1}{2}\right\}$

(5) $\left\{\frac{X}{Y} \leq \frac{1}{2}\right\}$

(6) $\{|X| + |Y| \leq 1\}$

(7) $\{|Y| \leq e^X\}$

4. X, Y가 $x^2 + y^2 \leq 1$의 원내에서 균등분포를 할 때, 다음 확률을 구하여라.

(1) $P\{Y < X\}$

(2) $P\left\{X^2 + Y^2 < \frac{1}{2}\right\}$

(3) $P\{Y < aX\}, \quad a > 0$

5. X, Y의 결합밀도함수가 $f(x,y) = 1, 0 < x < 1, 0 < y < 1$일 때, 다음 사상의 확률을 구하여라.

(1) $X > 0.4$이고 $Y < 0.6$

(2) $X > 0.4$

(3) $X > Y$

(4) $X = Y$

(5) $6X + Y < 2$

(6) $X^2 + Y^2 < 1$

연습문제 2.3

6. X, Y의 결합밀도함수가

$$f(x,y)=\begin{cases} 6(1-x-y), & (x>0,\ 0<y<1-x) \\ 0, & (\text{그밖에서}) \end{cases}$$

일 때, Y의 주변밀도함수 $f_Y(y)$를 구하여라.

7. X, Y가 꼭지점 (1,1), (1,−1), (−1,1), (−1,−1)의 정사각형 내에서 균등분포를 이룰 때, 다음 사상의 확률을 구하여라.

(1) $X+Y<1$

(2) $X^2+Y^2<1$

(3) $|X+Y|<1$

CHAPTER

03

확률분포

구성

3.1 이항분포

n회의 반복시행이 독립적인 것을 베루누이(Bernoulli)시행이라 한다. 이 시행에서 서로 배반인 사상 S, F의 하나가 각 시행의 결과로서 일어나므로, 표본공간 $S=\{e|e=(e_1, e_2, \cdots, e_n), i=1,2,\cdots,n\}$에 대하여 $e_i = S$ 또는 $F\}$이다. 확률변수 X를 n회의 시행에서 S가 일어나는 회수이라면, n회의 시행에서 S가 x회 일어나는 경우의 수는 $\binom{n}{x}$가지이므로, $P(S)=p,\ \ P(F)=1-p$라 할 때

$$P(X=x)=\binom{n}{x}p^x(1-p)^{n-x},\ x=1,2,\cdots,n$$

이다. 이것을 이항분포(Binomial distribution)라 하고, $B(n,p)$로 나타낸다.

$$\sum_{x=0}^{n}\binom{n}{x}p^x(1-p)^{n-x}=(p+1-p)^n=1$$

이므로, 분명히 확률분포가 된다. X의 분포함수 $F(x)$는

$$F(x)=P\{X \le x\}=\sum_{k=0}^{\lfloor x \rfloor}\binom{n}{k}p^k(1-p)^{n-k}$$

여기서 $[x]$는 x를 넘지 않는 최대의 정수를 나타낸다.

예제 3.1

한 개의 동전을 4회 던져서 표면이 나오는 횟수를 확률변수 X로 나타낼 때, X의 확률분포 및 분포함수를 구하라.

풀이

$$P\{X=x\}=\binom{4}{x}\left(\frac{1}{2}\right)^{x}\left(\frac{1}{2}\right)^{4-x}=\binom{4}{x}\left(\frac{1}{2}\right)^{4}$$

이므로

$$P\{X=0\}=(1/2)^4=1/6$$
$$P\{X=1\}=4(1/2)^3(1/2)=1/4$$
$$P\{X=2\}=6(1/2)^2(1/2)^2=3/8$$
$$P\{X=3\}=4(1/2)(1/2)^3=1/4$$
$$P\{X=4\}=(1/2)^4=1/16$$

분포함수 $F(x)=\sum_{k=0}^{[x]}P(X=k)$를 구체적으로 나타내면

$$F(x)=\begin{cases} 0 & (x<0) \\ \dfrac{1}{16} & (0\le x<1) \\ \dfrac{5}{16} & (1\le x<2) \\ \dfrac{11}{16} & (2\le x<3) \\ \dfrac{15}{16} & (3\le x<4) \\ 1 & (4\le x) \end{cases}$$

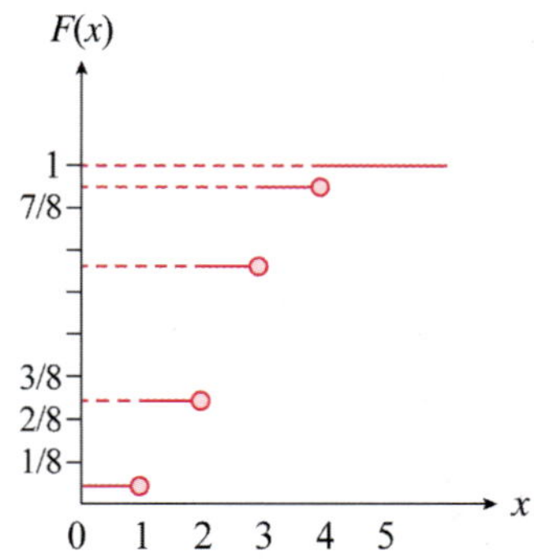

[그림 3.1]

예제 3.2

어느 대형 백화점이 전자장비를 제조업자로부터 납품받으려고 한다. 제조업자는 이 장비의 불량률이 2%라고 밝히고 있다.R

(1) 납품된 제품 중 20개를 임의로 선택했을 때, 이 20개 중 적어도 한 대의 불량품이 있을 확률은 얼마인가?

(2) 한 달에 10번의 납품을 받고, 납품 시마다 20개의 장비를 검사한다고 하자. 적어도 한 대의 불량품이 포함된 납품이 2번 있을 확률은 얼마인가?

풀이

(1) $P(X \geq 1) = 1 - P(X=0) = 1 - 0.02^0(1-0.02)^{20-0} = 0.3324$

```
> #3.2
> #(1)
> 1-pbinom(0,20,0.02) #pbinom(0,20,0.02,lower.tail=FALSE)
[1]0.332392
```

(2) $P(X=2) = \binom{10}{2}(0.3324)^2(1-0.3324)^8 = 0.1963$

```
> #(2)
> p=1-pbinom(0,20,0.02) #pbinom(0,20,0.02,lower.tail=FALSE)
> dbinom(2,10,p)
[1] 0.196194
```

예제 3.3

10건의 교통사고 중 6건이 속도위반에 의해 일어난다고 한다. 8건의 교통사고 중에서 6건이 속도위반일 확률을

(1) 이항분포의 공식을 이용하여 구하라.

(2) 이항분포표를 이용하여 구하라.

풀이

$n=8,\ p=0.60$

(1) $P(X=6)=\binom{8}{6}(0.6)^6(0.4)^2 = 0.2090$

(2) $P(X=6) = P(X \leq 6) - P(X \leq 5)$

$= 0.8936 - 0.6846 = 0.2090$

연습문제 3.1

1. 동전 5개를 동시에 던질 때, 표면이 나오는 회수를 X라 할 때, $P\{X=i\}, i=0, 1, \cdots, 5$를 구하여라.

2. A사에서 제작되는 나사는 0.01의 확률로서 불량품이 나오고, 10개씩이 한 상자에 포장된다. 어느 한 상자를 취할 때, 나사의 불량품이 적어도 2개 있을 확률을 구하여라. R

3. 화학공학학술지에 의하면 화학공장에서 발생하는 파이프 작업사고의 30%가 작업자 실수로 일어난다고 한다. R

   (1) 추후 발생하는 20번의 파이프 작업사고 중 최소한 10번이 작업자 실수에 의해 발생할 확률은 얼마인가?

   (2) 20번의 사고 중 4번 이하가 작업자 실수에 의해 발생할 확률은 얼마인가?

   (3) 어떤 공장의 경우 20번의 사고 중 5번만이 작업자 실수로 발생할 확률은?

3.2 기하분포

확률변수 X가 취하는 값이 0,1,2,⋯⋯ 이고,

$$P\{X=x\}=q^{x}p,\ \ x=0,1,2,\cdots,\ \ 0<p=1-q<1$$

일 때, X는 기하분포(geometric distribution)를 한다고 한다.

이것은 베루누이(Bernoulli) 시행의 무한열에서 X는 F(실패)가 계속적으로 일어나는 시행횟수를 나타내는 것이다.

$$|q|<1\text{이면 } \sum_{x=0}^{\infty} q^{x}=\frac{1}{1-q}$$

을 사용하면

$$\sum_{x=0}^{\infty} P\{X=x\}=\sum_{x=0}^{\infty} q^{x}p=p(1-q)^{-1}=1$$

임으로 $P\{X=x\}$는 분명히 확률분포이다.

예제 3.4

어떤 제조공정에서 100개의 제품마다 평균적으로 한 개의 불량품이 들어 있다고 알려져 있다. 제품을 하나씩 검사할 때 첫 번째 불량품이 일곱 번째 검사에서 발견될 확률은?

풀이

$P(X=7)=(0.01)(0.99)^{6}=0.0094$

예제 3.5

조종사 후보생이 면허시험에 통과할 확률이 0.7이라고 할 때, 다음과 같은 경우의 확률을 계산하라. **R**

(1) 세 번째 시도에서 시험에 통과할 확률

(2) 네 번째 미만의 시도에서 시험에 통과할 확률

풀이

기하분포를 사용하면

(1) $P(X=3)=(0.7)(0.3)^2=0.0630$

```
> #3.5
> #(1)
> dgeom(2,0.7) #실패횟수, 성공확률
[1] 0.063
```

(2) $P(X<4)=\sum_{x=1}^{3}(0.7)(0.3)^{x-1}=0.9730$

```
> #(2)
> pgeom(2,0.7) #실패횟수(누적), 성공확률
[1] 0.973
```

연습문제 3.2

1. 주사위를 계속 던진다. 1의 눈이 $x+1$번째 비로서 나올 확률을 구하여라.

2. 전화통화가 폭주하는 시간대에 한 번의 시도로 상대방과 통화할 수 있는 가능성은 $p=0.05$라고 할 때, 네 번째 시도에서 상대방과 통화할 수 있는 확률을 구하라.R

3. 주머니 안에 백구가 r개, 흑구가 s개 들어 있다. 흑구가 나올 때까지 복원추출로 1개씩 추출할 때

(1) n번째에 흑구가 나올 확률을 구하여라.

(2) 적어도 k회 추출해야 흑구가 나올 확률을 구하여라.

4. X, Y가 독립이고, 같은 기하분포(1)를 따를 때, 다음 확률을 구하여라.

(1) $P\{X=Y\}$

(2) $P\{X \geq Y\}$

3.3 음이항분포

성공할 확률이 p인 독립시행에서 r회 성공할 때까지 시행을 반복할 때, X를 시행이 요구되는 횟수라면,

$$P\{X=n\}=\binom{n-1}{r-1}p^{r}(1-p)^{n-r},\ \ n=r,\ r+1,\cdots \qquad (1)$$

(1)식은 n-1회까지 r-1회의 성공을 하고 n번째에서 성공할 확률로서 $P\{X=n\} = \binom{n-1}{r-1}p^{r-1}(1-p)^{n-r}p$에서 얻어진 것이다.

이것이 확률분포가 되는지는

$$\sum_{n=r}^{\infty}P\{X=n\}=\sum_{n=r}^{\infty}\binom{n-1}{r-1}p^{r}(1-p)^{n-r}=1$$

에서 분명하다.

(1)식으로 주어지는 확률분포를 음이항분포(negative binomial distribution)라 한다. X가 음이항분포에 따를 때, $n\to\infty$에 대하여 $np\to\lambda$되는 p를 작게 취하면, X의 극한분포는 다음에 나오는 평균이 λ인 포아송(Poisson) 분포가 된다.

예제 3.6

어떤 사람이 동전 3개를 던지는데 5번째에 두 번째로 모두 앞면이 나올 확률을 구하여라.

풀이

음이항분포를 이용하면 $x=5, k=2$ 그리고 $p=1/4$이다. 따라서

$$P(X=2)=\binom{4}{1}\left(\frac{1}{4}\right)^{1}\left(\frac{3}{4}\right)^{3}\left(\frac{1}{4}\right)=\binom{4}{1}\left(\frac{1}{4}\right)^{2}\left(\frac{3}{4}\right)^{3}=\frac{4!}{1!3!}\frac{3^3}{4^5}=\frac{27}{256}$$ 이다.

예제 3.7

NBA 결승전은 7선4선승제로 벌어진다. 결승전에서 만난 두 팀 A와 B의 한 경기에서 A팀이 B팀을 이길 확률이 0.55라고 하자.R

(1) A팀이 6게임 째에서 우승할 확률은 얼마인가?

(2) A팀이 우승할 확률은 얼마인가?

(3) 이 두 팀이 5전3선승제인 플레이오프에서 만났다면 A팀이 플레이오프에서 우승할 확률은 얼마인가?

풀이

(1) $P(X=4)=\binom{5}{3}(0.55)^3(1-0.55)^{5-3}\cdot 0.55=\binom{5}{3}(0.55)^4(1-0.55)^2=0.1853$

```
> #3.7
> #(1)
> dbinom(3,5,0.55)*0.55
[1] 0.1853002
> dnbinom(2,4,0.55)  #진횟수, 이긴횟수, 이길확률
[1] 0.1853002
```

(2) $P(A\text{팀이 } NBA \text{ 우승})$

$=P(X=4)+P(X=5)+P(X=6)+P(X=7)$

$={}_4C_4 0.55^4+{}_4C_3 0.55^3 0.45^1\cdot 0.55+{}_5C_3 0.55^3 0.45^2\cdot 0.55$

$\quad+{}_6C_3 0.55^3 0.45^3\cdot 0.55$

$=0.0915+0.1647+0.1853+0.1668=0.6083$

```
> #(2)
> pnbinom(3,4,0.55)  #진횟수(누적), 이긴횟수, 이길확률
[1] 0.6082878
```

(3) $P(A\text{팀이 플레이오프로 우승})$

$=P(X=3)+P(X=4)+P(X=5)=0.593$

```
> #(3)
> pnbinom(2,3,0.55)  #진횟수(누적), 이긴횟수, 이길확률
[1] 0.5931269
```

연습문제 3.3

1. $X \sim NB(4,\ 0.6)$에 대하여, 다음 확률을 구하여라.R

   (1) $P(X=6)$

   (2) $P(6 \leq X \leq 8)$

2. 신용카드 한 장을 판매할 확률이 0.1인 카드 외판원이 하루 동안 3장의 카드를 판매할 때까지 예상 구매자를 방문한다고 하자. 이때 외판원이 만난 예상 구매자 수를 확률변수 X라 하고, 다음을 구하여라.

   (1) 확률변수 X의 확률질량함수를 구하여라.

   (2) 3번째에서 처음으로 구매자를 만날 확률을 구하여라.R

   (3) 10번째에서 3장의 카드를 모두 판매할 확률을 구하여라.R

3. 컴퓨터 시뮬레이션을 통하여 0에서 9까지의 숫자를 무작위하게 선정하며, 각 숫자가 선정될 가능성은 동일하다고 한다.

   (1) 처음으로 숫자 0이 나올 때까지 시뮬레이션을 반복한 횟수에 관한 확률분포를 구하여라.

   (2) 시뮬레이션을 10번 실시해서야 비로소 4번째 0이 나올 확률을 구하여라.

3.4 초기하분포

모집단의 크기가 N이고, 이 안에 불량품이 k개 들어 있다 하자. 여기서 크기 n인 표본을 추출한다 하자. 이 표본에 포함된 불량품의 개수를 확률변수 X로 나타낼 때 표본 내의 불량품의 개수가 x개일 확률은

$$P\{X=x\}=\binom{k}{x}\binom{N-k}{n-x}/\left\{\begin{matrix}N\\n\end{matrix}\right\},\ \ x=0,1,2,\cdots,\min(k,n)$$

이다. 이것을 초기하분포(hypergeometric distribution)라 하고, 기호 $H(N,k,n)$로 나타낸다. 우선 위에서 정의한 분포가 $\sum P\{X=x\}=1$임을 밝혀 본다.

$$\sum\binom{k}{x}\binom{N-k}{n-x}$$

는

$$(1+t)^k(1+t)^{N-k}=(1+t)^N$$

에서 $t^x t^{n-x}=t^n$의 계수와 같으므로

$$\sum\binom{k}{x}\binom{N-k}{n-x}=\binom{N}{n}$$

따라서

$$\sum P\{X=x\}=1$$

이다.

정리 3.1

모집단의 불량률 $k/N \to p$(일정)되게 $N \to \infty$로 하면

$$H(N,k,n) \;\to\; B(n,p)\text{(이항분포)}$$

이 된다.

증명

$$H(N,k,n) = \frac{k!}{x!(k-x)!}\,\frac{(N-k)!}{(n-x)!(N-k)-(n-x)!}\,\frac{n!(N-n)!}{N!}$$

$$= \frac{n!}{x!(k-x)!}\,\frac{k(k-1)\cdots(k-x+1)(N-k)(N-k-1)\cdots\{N-k-(n-x-1)\}}{N(N-1)\cdots(N-n-1)}$$

$$= \binom{n}{x}\frac{p\left(p-\frac{1}{N}\right)\cdots\left(p-\frac{x-1}{N}\right)(1-p)\left(1-p-\frac{1}{N}\right)\cdots\left(1-p-\frac{n-x-1}{N}\right)}{\left(1-\frac{1}{N}\right)\cdots\left(1-\frac{n-1}{N}\right)}$$

$$\to \binom{n}{x}p^x(1-p)^{n-x} = B(n,p)\quad (N\to\infty)$$

또한 이항분포는 포아송(Poisson)분포 $P(x;\lambda) = \lambda^x e^{-\lambda}/x!\quad (x=0,1,2,\ \cdots\ ;\lambda = np)$에 근사한다.

예제 3.8

만약 세 명의 관리자와 여섯 명의 고용자들로 구성된 그룹에서 두 명의 위원회를 무작위로 뽑는다면, 그 위원회가 정확히 한 명의 관리자와 한 명의 고용자로 이루어질 확률은 얼마인가?**R**

풀이

실제 확률은 $P(X=1) = \dfrac{\binom{3}{1}\binom{6}{1}}{\binom{9}{2}} = \dfrac{18}{36} = .5$

```
> #3.8
> dhyper(1,2,6,2)  #x, m, n, k
[1] 0.5
```

예제 3.9

4명의 의사와 2명의 간호사 중에서 임의로 3명을 뽑아 위원회를 구성하였다. 위원들 중에서 의사의 수를 나타내는 확률변수 X의 확률분포를 구하라. $P(2 \leq X \leq 3)$을 계산하라.

풀이

$$P(X=x)=\frac{\binom{4}{x}\binom{2}{3-x}}{\binom{6}{3}}, \quad x=1,2,3$$

$$P(2 \leq X \leq 3)=P(X=2)+P(X=3)=\frac{4}{5}$$

연습문제 3.4

1. 주머니에 청색공 6개와 적색공 4개가 들어 있다. 1개씩 꺼내서 색을 보고 다시 넣지 않는 시행을 5회 행할 때, 청색공이 3개 나올 확률을 구하여라.R

2. 상자 안에 30개의 전구가 들어 있고 그 안에 불량품이 4개 들어 있다. 이 상자 안에서 임의로 5개를 꺼낼 때, 여기에 불량품이 꼭 2개 있을 확률을 구하여라.

3. 어느 기업에서 컴프레서를 구입할 때 15개의 제품 중 5개를 임의로 골라 검사하는 방법을 사용하고 있다. 15개 제품 중 2개가 불량이라고 한다.R

   (1) 표본에 1개의 불량품이 들어 있을 확률은?

   (2) 표본에 2개의 불량품이 모두 들어 있을 확률은 얼마인가?

4. 정부에서는 어떤 기업들이 공해관리규정을 위반하고 있는 것으로 의심하고 있다. 20개의 기업이 의심대상에 올라 있으나 모두 조사할 수는 없다고 한다. 의심대상기업 중 실제로 3개의 기업이 규정을 위반하고 있다고 가정하자.

   (1) 5개 기업을 조사했을 때 모두 규정위반기업이 아닐 확률을 구하라.

   (2) 5개 기업을 조사했을 때 2개의 위반기업이 포함될 확률을 구하라.

3.5 포아송 분포

확률변수 X가 취하는 값이 0,1,2,……이고,

$$P\{X=x\}=e^{-\lambda}\lambda^{x}/x!, \qquad x=0,1,2,\ \cdots\ ;\ \lambda>0$$

일 때, X는 포아송(Poisson) 분포를 한다고 한다. 이 분포는 이항분포 $B(n,p)$의 극한으로 유도된다.

≫ 정리 3.2

베루누이(Bernoulli) 시행에서 S가 일어나는 확률 p이라면 $np=\lambda>0$(일정)인 조건에서 $n\to\infty$ 일때, 이항분포는 포아송(Poisson)분포에 수렴한다.

증명

$$\begin{aligned}B(n,p)&=\binom{n}{x}p^{x}(1-p)^{n-x}=\binom{n}{x}\left(\frac{\lambda}{x}\right)^{x}\left(1-\frac{\lambda}{x}\right)^{n-x}\\&=\frac{n(n-1)\cdots(n-x+1)}{x!}\left(\frac{\lambda}{n}\right)\left(1-\frac{\lambda}{n}\right)\\&=\frac{\lambda^{x}}{x!}\left(1-\frac{1}{n}\right)\cdots\left(1-\frac{x-1}{n}\right)\left(1-\frac{\lambda}{n}\right)^{n}\left(1-\frac{\lambda}{n}\right)^{-x}\end{aligned}$$

$e=\lim\limits_{x\to\infty}(1+x)^{1/x}$로 이용하면

$$\lim_{n\to\infty}\left(1+\frac{\lambda}{n}\right)^{n}=\left\{\lim_{n\to\infty}\left(1+\frac{-\lambda}{n}\right)^{n/(-\lambda)}\right\}^{-\lambda}=e^{-\lambda}$$

이므로

$$\lim_{n\to\infty}B(n,p)=\frac{e^{-\lambda}\lambda^{x}}{x!}$$

예제 3.10

X는 평균이 λ인 포아송(Poisson) 분포 $P(X=x)=\dfrac{e^{-\lambda}\lambda^{x}}{x!}$에 따르는 확률분포일 때, 다음 식이 성립함을 밝혀라.

$$\frac{P\{X=x+1\}}{P\{X=x\}}=\frac{\lambda}{x+1}$$

풀이

$$\frac{P\{X=x+1\}}{P\{X=x\}}=\frac{e^{-\lambda}\lambda^{x+1}/(x+1)!}{e^{-\lambda}\lambda^{x}/x!}=\frac{\lambda}{x+1}$$

예제 3.11

어떤 은행에서는 오전 11시부터 12시 사이에 평균 60명의 손님이 방문하고 있다. 따라서 1분간 평균 1명씩 도착한다고 볼 수 있다. 그러므로 $\lambda=1$이다.**R**

(1) 오전 11시부터 12시 사이의 어느 1분 동안 두 손님이 도착할 확률은 얼마인가?

(2) 어느 1분 동안에 3명 이하의 손님이 도착할 확률을 계산하여라.

풀이

(1) $P(X=2)=\dfrac{e^{-1}(1)^{2}}{2!}=\dfrac{1}{2e}$

$$P(X=2)=\frac{1}{2(2.7183)}=0.183$$

```
> #(1)
> dpois(2,1)   #x, lambda
[1] 0.1839397
```

(2) $P(X\le 3)=P(X=0)+P(X=1)+P(X=2)+P(X=3)$

$$=\frac{e^{-1}(1)^{0}}{0!}+\frac{e^{-1}(1)^{1}}{1!}+\frac{e^{-1}(1)^{2}}{2!}+\frac{e^{-1}(1)^{3}}{3!}$$

$$=0.3679+0.3679+0.1829+0.0613$$

$$=0.98$$

```
> #(2)
> ppois(3,1)   #x(누적), lambda
[1] 0.9810118
```

이 된다.

예제 3.12

어느 회사에 오전 9시부터 11시 사이에 1분당 평균 0.4회의 전화가 걸려온다고 하며, 전화가 걸려오는 횟수가 포아송 분포의 특성을 갖는다고 하면, 1분에 2회의 전화가 걸려올 확률은 얼마인가?

풀이

$$P(X=2)=\frac{e^{-0.4}(0.4)^2}{2!}=0.0536$$

즉, 약 5%의 확률을 갖는다.

연습문제 3.5

1. 새벽 1시와 3시 사이 서울 강남구에서 일어나는 범죄는 1시간당 평균 0.2건이다. 범죄발생 수의 분포가 포아송 분포를 따른다면, 오늘 새벽 1시와 2시 사이에 범죄발생이 전혀 없을 확률은 얼마인가?**R**

2. 어느 건설현장에서는 사고가 종종 발생하는데, 어느 날 사고가 일어날 확률은 0.005이고, 사고들은 서로 독립적이라고 알려져 있다.

   (1) 400일 동안 사고가 한 건 발생할 확률을 구하라.

   (2) 사고일이 많아야 3일일 확률을 구하라.

3. 어떤 교차로에서는 매달 평균 3건의 교통사고가 일어난다. 이 교차로에서 한 달 동안 일어난 교통사고에 대해서 다음 확률을 구하여라.**R**

   (1) 정확히 5건이 일어날 확률

   (2) 3건 미만이 일어날 확률

3.6 다항분포

사상 $A_1, A_2, \cdots, A_k$의 어느 하나가 반드시 일어나고, 각각 일어날 확률이 $p_1, p_2, \cdots, p_k$이라는 시행을 A라고 하자. A를 독립으로 n회 시행했을 때, $A_1, A_2, \cdots, A_k$ 등이 일어나는 횟수$(X_1, X_2, \cdots, X_k)$는 k변수의 확률변수이고, 그 확률분포는

$$P\{(X_1, X_2, \cdots, X_k) = (x_1, x_2, \cdots, x_k)\} = \frac{n!}{x_1!x_2! \cdots x_k!} p_1^{x_1} p_2^{x_2} \cdots p_k^{x_k}$$

이다. 단, $x_1 + x_2 + \cdots + x_k = n, p_1 + p_2 + \cdots p_k = 1$이다. 이 확률분포를 다항분포(multinomial distribution)라 한다.

예제 3.13

어떤 과일은 상,중,하 불합격의 4종류로 분류된다. 상은 25%, 중은 40%, 하는 25%, 불합격은 10%의 비율이라 할 때, 임의로 20개를 취하는 경우, 상, 중, 하, 불합격이 각각 5, 8, 4, 3개 포함될 확률을 구하여라. **R**

풀이

$$\frac{20!}{5!8!4!3!}\left(\frac{1}{4}\right)^5\left(\frac{2}{5}\right)^8\left(\frac{1}{4}\right)^4\left(\frac{1}{10}\right)^3$$

```
> #3.13
> dmultinom(c(5,8,4,3),20,c(0.25,0.4,0.25,0.1)) #x집합, 총횟수, 확률집합
[1] 0.008729721
```

예제 3.14

한 실험의 결과는 $1, 2, 3, 4$로 표현되는 4가지 속성 중 하나로 나타나며 각각의 속성이 나타날 확률이 순서대로 $\frac{1}{10}, \frac{2}{10}, \frac{3}{10}, \frac{4}{10}$이라고 한다. 이 실험에서 관측한 20개의 값에 있어서 각 속성의 관측치가 $1, 4, 7, 8$일 확률을 구하여라.

풀이

X_1, X_2, X_3, X_4를 각각의 속성이 관측된 수를 의미하는 확률변수라고 할 때, 각각의 속성이 나타날 확률이 $\frac{1}{10}, \frac{2}{10}, \frac{3}{10}, \frac{4}{10}$이므로,

$$P(X_1 = 1, X_2 = 4, X_3 = 7, X_4 = 8) = \frac{20!}{1!4!7!8!}\left(\frac{1}{10}\right)^1\left(\frac{2}{10}\right)^4\left(\frac{3}{10}\right)^7\left(\frac{4}{10}\right)^8$$

연습문제 3.6

1. 주사위를 6회 던져서 1 또는 2의 눈이 1회, 6의 눈이 2회, 3,4 또는 5의 눈이 3회 나올 확률을 구하여라.R

2. 어느 공항의 항공기 이착륙 상황에 대한 이상적인 조건을 알아보기 위해 컴퓨터 시뮬레이션이 수행되었다. 3개의 활주로가 있는 이 공항에서 각 활주로가 사용될 확률은 다음과 같이 알려져 있다.

활주로 1 ; p_1=2/9, 활주로 2 ; p_2=1/6, 활주로 3 ; p_3=11/18

임의로 도착하는 6대의 비행기가 다음과 같이 활주로에 도착할 확률은 얼마인가?

활주로 1 : 3대, 활주로 2 : 1대, 활주로 3 : 2대

3. 어떤 과일은 상, 중, 하, 불합격의 4종류로 분류된다. 상은 25%, 중은 40%, 하는 25%, 불합격은 10%의 비율이라 할때 , 임의로 20개를 취하는 경우, 상, 중, 하 불합격이 각각 5, 8, 4, 3개 포함된 확률을 구하여라.R

4. 어떤 급품은 1급품이 40%, 2급품이 40%, 3급품이 20%라고 한다. 여기서 임의로 4개를 취할 때, 4개가 모두 1급품이거나, 2급품이거나, 3급품일 확률을 구하여라.

3.7 균등분포

X가 2점 $a, b(a<b)$ 사이의 모든 값을 균등확률로 취할 때, X의 $p.d.f.$ $f(x)$는

$$f(x)=\begin{cases}\dfrac{1}{b-a}, & (a<x<b)\\ 0, & (x\le a, x\ge b)\end{cases}$$

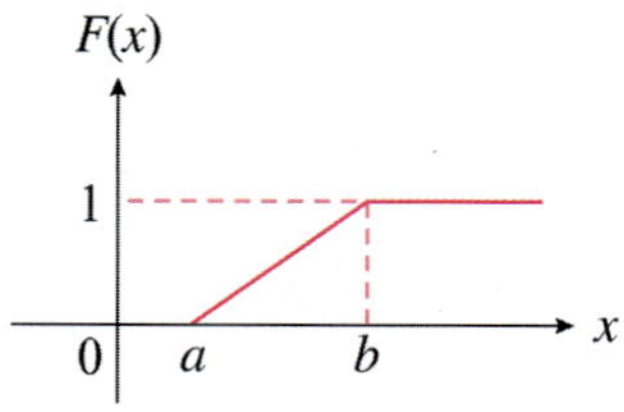

[그림 3.2]

이고, 분포함수 $F(x)$는

$$F(x)=\begin{cases}0, & (x\le a)\\ (x-a)/(b-a), & (a<x<b)\\ 1, & (x\ge b)\end{cases}$$

이 된다. 이 분포를 균등분포(uniform distribution) 또는 일량분포라고 한다.

예제 3.15

X가 구간$(0,10)$에서 균등분포를 하는 확률변수일 때, 다음 확률을 구하여라.R

(1) $P\{X<3\}$ (2) $P\{X>6\}$

(3) $P\{3<X<8\}$

풀이

(1) $P\{X<3\}=\int_0^3 \frac{1}{10}dx=\frac{3}{10}$

```
> #(1)
> punif(3,0,10)  #1-punif(3,0,10,lower.tail=FALSE)
[1] 0.3
```

(2) $P\{X>6\}=\int_6^{10} \frac{1}{10}dx=\frac{4}{10}$

```
> #(2)
> 1-punif(6,0,10)  #punif(6,0,10,lower.tail=FALSE)
[1] 0.4
```

(3) $P\{3 < X < 8\} = \int_3^8 \frac{1}{10} dx = \frac{1}{2}$

```
> #(3)
> punif(8,0,10)-punif(3,0,10)
[1] 0.5
```

예제 3.16

버스가 정류소 A에서 7시, 7시 15분, 7시 30분, 7시 45분에 정차한다. 어떤 사람이 7시~7시 30분 사이에 임의로 정류소 A에 도착한다.

(1) 버스를 5분 미만 기다려야 할 확률을 구하여라.

(2) 버스를 10분 이상 기다려야 할 확률을 구하여라.

풀이

X가 손님이 7시 이후 정류소 A에 도착하는 분(시간)이라 하자. 그러면 X는 (0,30)에서 균등분포를 한다.

(1) 5분 미만 기다리는 경우는 7:10~7:15 및 7:25~7:30 사이에 도착하는 경우이므로 구하는 확률은

$$P\{10 < X < 15\} + P\{25 < X < 30\} + \int_{10}^{15} \frac{1}{30} dx + \int_{25}^{30} \frac{1}{30} dx = \frac{1}{3}$$

(2) 10분 이상 기다려야 할 경우는 7:00~7:05, 7:15~7:20 사이에 정류소에 도착하는 경우이므로 구하는 확률은

$$P\{0 < X < 5\} + P\{15 < X < 20\} = \frac{1}{3}$$

연습문제 3.7

1. 다음을 구하여라.

(1) X가 $-2 \le x \le 2$에서 균등분포를 할 때, 다음을 구하여라.

(a) $P\{X<1\}$

(b) $P\left\{|X-1| \ge \frac{1}{2}\right\}$

(2) X, Y가 균등분포이고, 구간 (0,1)에서 균등분포를 이룰 때,

$P\left\{|X-Y| \ge \frac{1}{2}\right\}$

2. 버스정류장에 10분 간격으로 버스가 도착한다. 승객이 버스를 기다리는 시간은 연속형 균등분포를 따른다고 한다.R

(1) 승객이 7분 이상 기다릴 확률은 얼마인가?

(2) 승객의 대기시간이 2분에서 7분 사이일 확률은 얼마인가?

3. 어느 건전지 제조회사에서 만들어진 1.5볼트 건전지는 실제 1.45볼트에서 1.65볼트 사이에서 균등분포를 이룬다고 한다.

(1) 건전지 전압의 분포함수를 구하여라.

(2) 건전지 전압이 1.5볼트보다 작을 확률을 구하여라.

(3) (2)에서 1.5볼트보다 낮은 전압을 가진 건전지가 10개 이상 들어 있을 확률을 구하여라.

3.8 정규분포

확률변수 X의 $p.d.f.$ $f(x)$가

$$f(x) = \frac{1}{\sqrt{2\pi} \cdot \sigma} e^{-(x-\mu)^2/2\sigma^2} \qquad (-\infty < x < \infty)$$

일 때, X는 정규분포(Normal distribution)에 따른다고 한다. 이 분포를 $N(\mu, \sigma^2)$으로 나타낸다. 정규밀도함수의 곡선은 다음과 같다.

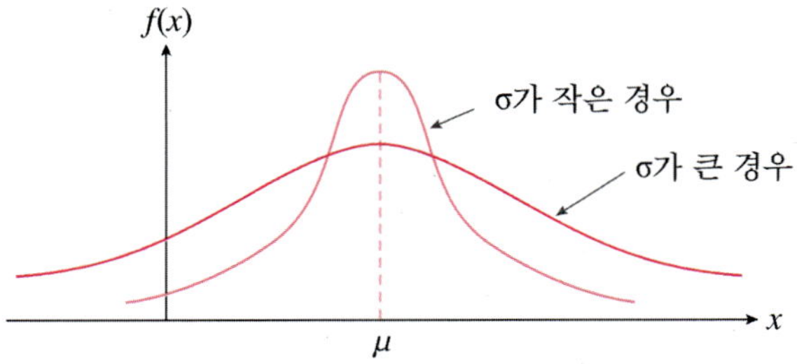

[그림 3.3]

곡선 $y = f(x)$하의 면적(x축상부)이 1일 됨을 밝혀보자.

$$I = \int_{-\infty}^{\infty} e^{-x^2} dx$$

이라면

$$I^2 = \int_{-\infty}^{\infty} e^{-x^2} dx \int_{-\infty}^{\infty} e^{-y^2} dy = \int_{-\infty}^{\infty} \int_{-\infty}^{\infty} e^{e^{-(x^2+y^2)}} dx\, dy$$

$x = r\cos\theta$, $y = r\sin\theta$인 극한분포로 변수변환하면

$$I^2 = \int_0^{2\pi} d\theta \int_0^{\infty} re^{-r^2} dr = \pi$$

따라서 $I=\int_{-\infty}^{\infty} e^{-x^2}dx=\sqrt{\pi}$

$y=\dfrac{x-\mu}{\sqrt{2}\,\sigma}$ 이라면

$$\int_{-\infty}^{\infty}\frac{1}{\sqrt{2\pi}\,\sigma}e^{-(x-\mu)^2/2\sigma^2}dx=\int_{-\infty}^{\infty}\frac{1}{\sqrt{\pi}}e^{-y^2}dy=1$$

따라서 $f(x)$는 분명히 확률밀도함수이다.

예제 3.17

X가 $N(\mu,\sigma^2)$에 따를 때, $Y=aX+b\,(a>0)$의 $p.d.f.$를 구하고, $Z=(X-\mu)/\sigma$의 $p.d.f.$를 구하여라.

풀이

X의 $p.d.f.$는

$$f(x)=\frac{1}{\sqrt{2\pi}\,\sigma}exp\left(-\frac{(x-\mu)^2}{2\sigma^2}\right)$$

이다. $y=ax+b$의 역함수는 $x=\dfrac{y-b}{a}$이므로, Y의 $p.d.f.$는

$$\begin{aligned}g(y)&=\frac{1}{a}f\left(\frac{x-b}{a}\right)=\frac{1}{a\sqrt{2\pi}\,\sigma}\exp\left\{-\frac{\left(\frac{y-b}{a}-\mu\right)^2}{2\sigma^2}\right\}\\&=\frac{1}{\sqrt{2\pi}\,(a\sigma)}\exp\left(-\frac{\{y-(a\mu+b)\}^2}{2(a\sigma)^2}\right)\end{aligned}\qquad ①$$

분포함수 방법에 의하면 분포함수가 $G(y)$라면

$$\begin{aligned}G(y)&=P(Y\le y)=P(aX+b\le y)=P\left(X\le\frac{y-b}{a}\right)\\&=\int_{-\infty}^{(y-b)/a}\frac{1}{\sqrt{2\pi}\,\sigma}\exp\left(-\frac{(x-\mu)^2}{2\sigma^2}\right)dx\end{aligned}$$

$$g(y) = G'(y) = \frac{1}{\sqrt{2\pi}\,\sigma} \exp\left(-\frac{\left(\frac{y-b}{a}-\mu\right)^2}{2\sigma^2}\right)\frac{d}{dy}\left(\frac{y-b}{a}\right)$$
$$= \frac{1}{\sqrt{2\pi}\,(a\sigma)} \exp\left(-\frac{\{y-(a\mu+b)\}^2}{2(a\sigma)^2}\right)$$

특히 $a = 1/\sigma > 0,\ b = -\mu/\sigma$이라 놓으면, $Z = (X-\mu)/\sigma$의 $p.d.f.\ h(z)$는 ①에서 $a\sigma = 1,\ a\mu + b = 0$이므로

$$h(z) = \frac{1}{\sqrt{2\pi}} e^{-z^2/2}$$

이 경우 Z는 N(0,1)에 따르며, $h(z)$를 표준정규분포라고 한다. $N(0,1)$을 가지는 확률변수 X에 대하여

$$P\{0 \le X \le x_0\} = \frac{1}{\sqrt{2\pi}} \int_0^{x_0} e^{-t^2/2} dt$$

의 값을 각 x_0에 대하여 구한 값을 표로 나타낸 것을 정규분포라 한다(부록 참조).

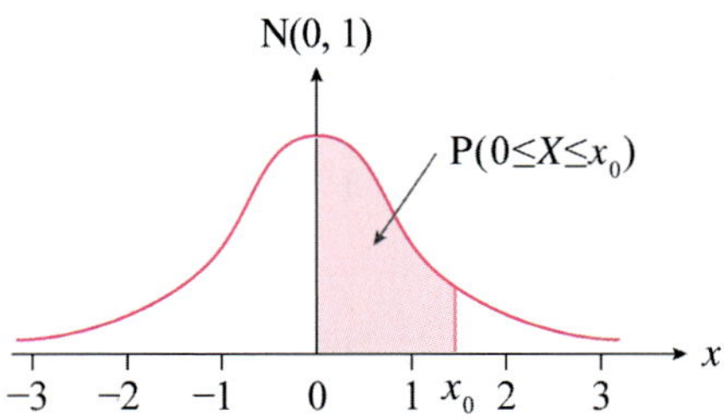

[그림 3. 4]

예제 3.18

다음을 구하여라.R

(1) X가 N(0,1)에 따를 때, $P\{-3 \le X \le 3\}$을 구하여라.

(2) X가 N(2,25)에 따를 때, $P\{-3 \le X \le 8\}$을 구하여라.

풀이

(1) $P\{-3 \le X \le 3\} = 2P\{0 \le X \le 3\} = 2 \times 0.4987 = 0.9974$

```
#(1)
> pnorm(3)-pnorm(-3)  #pnorm(3,0,1)-pnorm(-3,0,1)
[1] 0.9973005
```

(2) $P\{-3 \le X < 8\} = P\left\{\frac{-3-2}{5} \le \frac{X-2}{5} \le \frac{8-2}{5}\right\} = P\left\{-1 \le \frac{X-2}{5} \le 1.2\right\}$

$= P\{0 \le z \le 1\} + P\{0 \le z \le 1.2\}$

$= 0.3412 + 0.3849 = 0.7262$

```
#(2)
> pnorm(8,2,5)-pnorm(-3,2,5)
[1] 0.7262751
```

예제 3.19

표준정규분포표를 이용하여 다음 확률을 구하여라.

(1) $P(0 < Z < 1.54)$

(2) $P(-1.10 < Z < 1.10)$

(3) $P(Z < -1.78)$

(4) $P(Z > -1.23)$

풀이

(1) $P(0 < Z < 1.54) = P(Z < 1.54) - 0.5 = 0.9382 - 0.5 = 0.4382$

(2) $P(-1.10 < Z < 1.10) = 2P(0 < Z < 1.10) = 2[P(Z < 1.10) - 0.5]$

$= 2(0.8643 - 0.5) = 0.7286$

(3) $P(Z < -1.78) = P(Z > 1.78) = 1 - P(Z < 1.78) = 1 - 0.9625 = 0.0375$

(4) $P(Z > -1.23) = P(Z < 1.23) = 0.8907$

예제 3.20

표준정규분포에서 다음과 같을 때 k값을 구하라.R

(1) $P(Z < k) = 0.0427$ (2) $P(Z > k) = 0.2946$

(3) $P(-0.93 < Z < k) = 0.7235$

풀이

(1) 분포표에 따르면

$k = -1.72$

```
> #(1)
> qnorm(0.0427)
[1] -1.720178
```

(2) $P(Z > k) = 0.2946$이다. 따라서

$P(Z < k) = 0.7054$이다. 따라서 분포표에 따르면,

$k = 0.54$

```
> #(2)
> qnorm(1-0.2946)  #qnorm(0.2946, lower.tail=FALSE)
[1] 0.5399957
```

(3) $P(Z < -0.93) = 0.1762$

$0.1762 + 0.7235 = 0.8997$이다. 따라서

$k = 1.28$

```
> #(3)
> p=pnorm(-0.93)  #-0.93 pnorm
> qnorm(0.7235+p)
[1] 1.279762
```

연습문제 3.8

1. X가 $N(0,1)$에 따를 때, 다음 조건을 만족하는 x_i를 구하여라.

(1) $P\{X \geq x_1\} = 0.02$

(2) $P\{X \leq x_2\} = 0.02$

(3) $P\{|X| \geq x_3\} = 0.02$

2. X가 $N(5, 4^2)$에 따를 때, 다음을 구하여라.

(1) $P\{4.5 \leq X \leq 6.5\}$

(2) $P\{X \geq x_1\} = 0.01$ 되는 x_1의 값

(3) $P\{|X-5| \geq x_2\} = 0.01$되는 x_2의 값

3. 어느 전기회사에서는 평균수명이 800시간이고 표준편차가 40시간인 정규분포의 수명분포를 가지는 전구를 생산하고 있다. 임의로 선정된 전구의 수명이 778시간과 834시간 사이에 있을 확률을 구하라.

4. $\mu = 100, \sigma = 15$인 확률변수 X의 정규분포에서 $P(100 \leq X < k) = 0.4772$를 만족시키는 k의 값을 구하면?

5. 300명의 평균 성적이 70점, 표준편차가 10인 정규분포에서 60등 이내에 들려면 몇 점 정도 이상 얻어야 되겠는가? 근사값으로 계산한다.

3.9 감마(Gamma)분포

감마분포는 자동차 엔진을 수리하기 위하여 필요한 기간이나 카탈로그로부터 어떤 특정 종목에 대한 주문 시간 등에 관한 확률모형 또는 신뢰성 이론이나 포아송 과정의 분석을 비롯한 많은 분야에서 응용되는 확률분포이다. 이 분포는 부록에서 소개하고 있는 감마함수

$$\Gamma(\alpha) = \int_0^\infty t^{\alpha-1} e^{-t} dt, \ \alpha > 0$$

로부터 다음과 같이 유도되는 확률분포이다. 감마함수는 다음과 같은 성질을 갖는다.

(1) $\Gamma(1) = 1$

(2) $\Gamma(n+1) = n\Gamma(n)$

(3) $\Gamma(n+1) = n!$ (n은 양의 정수)

(4) $\Gamma\left(\frac{1}{2}\right) = \sqrt{\pi}$

감마함수의 정의로부터 $\int_0^\infty \frac{1}{\Gamma(\alpha)} t^{\alpha-1} e^{-t} dt = 1, \ \alpha > 0$이고, 임의의 양수 β에 대하여 $t = \frac{x}{\beta}$라 하면

$$1 = \int_1^\infty \frac{1}{\Gamma(\alpha)} t^{\alpha-1} e^{-t} dt = \int_0^\infty \frac{1}{\Gamma(\alpha)} \left(\frac{x}{\beta}\right)^{\alpha-1} \exp\left(-\frac{x}{\beta}\right) \frac{1}{\beta} dx$$

$$= \int_0^\infty \frac{1}{\Gamma(\alpha)\beta^\alpha} x^{\alpha-1} \exp\left(-\frac{x}{\beta}\right) dx$$

이다. 이때 양수 α, β에 대하여 피적분함수

$$f(x) = \frac{1}{\Gamma(\alpha)\beta^\alpha} x^{\alpha-1} \exp\left(-\frac{x}{\beta}\right)$$

은 $x > 0$에서 양의 값을 가지므로 어떤 연속확률변수 X의 확률밀도함수가 된다. 이와 같은 확률밀도함수를 갖는 확률분포를 모수 α, β인 감마분포(gamma distribution)라 하고, $X \sim \Gamma(\alpha,\ \beta)$로 나타낸다. 특히, $\alpha = 1$이면

$$f(x) = \frac{1}{\beta}\exp\left(-\frac{x}{\beta}\right),\ \ x > 0$$

즉, 모수 $1/\beta = \lambda$인 지수분포이다. 특히 확률변수 $X_1,\ X_2,\ \cdots,\ X_n$이 동일한 모수 λ를 갖는 독립인 지수분포를 이룬다면, 이 변수들의 합 $S = X_1 + X_2 + \cdots + X_n$은 $\Gamma(n,\ 1/\lambda)$인 감마분포를 이룬다.

예제 3.21

특정 정보에 대한 검색 신호들이 데이터베이스 시스템에 들어오고 있으며, 이 시스템의 응답 시간 T(초)는 평균 2인 지수분포에 따른다고 한다. 그리고 이 시스템은 들어온 신호에 응답하자마자 곧바로 다음 신호를 받는다. 오전 9시 정각으로부터 2건의 신호가 들어올 때까지 걸리는 시간 X에 대하여

(1) X의 확률밀도함수를 구하여라.

(2) 2건의 검색 요구가 3초 이내에 있을 확률을 구하여라.

풀이

(1) 응답시간 T가 평균 2인 지수분포에 따르므로 $T \sim \text{Exp}(1/2)$이다. 그러므로 오전 9시 정각부터 처음 신호가 들어올 때까지 걸리는 시간은 $T_1 \sim \text{Exp}(1/2)$이고, 첫 번째 신호와 두 번째 신호 사이의 시간 $T_2 \sim \text{Exp}(1/2)$이고, 이 확률변수들은 독립이다. 그러므로 두 번째 신호가 들어올 때까지 걸리는 시간은 $X = T_1 + T_2$는 모수 $\alpha = 2,\ \beta = 2$인 감마분포 $\Gamma(2,\ 2)$를 이루고, 따라서 확률밀도함수는 다음과 같다.

$$f(x) = \frac{1}{\Gamma(2)2^2}xe^{-x/2} = \frac{1}{4}xe^{-x/2},\ \ 0 < x < \infty$$

(2) $P(X < 3) = \int_0^3 \frac{1}{4}xe^{-x/2} = 1 - \frac{5}{2}e^{-3/2}$

예제 3.22

어느 상점에 매 시간 평균 30명의 손님이 포아송 과정을 따라서 찾아온다고 한다.**R**

(1) 상점 주인이 처음 두 손님을 맞이하기 위하여 5분 이상 기다릴 확률을 구하여라.

(2) 처음 두 손님을 맞이하기 위하여 3분에서 5분 정도 기다릴 확률을 구하여라.

풀이

(1) 매 시간 평균 30명의 손님이 상점을 찾아오므로 1분당 평균 $30/60 = 1/2$명의 손님이 상점을 찾아온다. 한편 이 상점을 찾아오는 손님의 수는 포아송 과정에 따르며, 손님 두 명이 찾아올 때까지 기다리는 시간을 X라 하면, X는 모수 $\alpha = 2$, $\beta = 2$인 감마분포 $\Gamma(2.2)$에 따른다. 그러므로 X의 확률밀도함수는 $f(x) = \dfrac{1}{\Gamma(2)2^2} x^{2-1} e^{-x/2} = \dfrac{x}{4} e^{-x/2}$, $0 < x < \infty$ 이고, 구하고자 하는 확률은 다음과 같다.

$$P(X \geq 5) = \int_5^\infty \frac{x}{4} e^{-x/2} dx = -\frac{1}{2}\left[(x+2)e^{-x/2}\right]_5^\infty = \frac{7}{2} e^{-5/2} = 0.2873$$

```
> #(1)
> 1-pgamma(5,2,0.5) #x , alpha, 1/beta(beta)
[1] 0.2872975
```

(2) $P(3 \leq X \leq 5) = \displaystyle\int_3^5 \frac{x}{4} e^{-x/2} dx = -\frac{1}{2}\left[(x+2)e^{-x/2}\right]_3^5$

$$= -\frac{7}{2} e^{-5/2} + \frac{5}{2} e^{-3/2} = 0.2705$$

```
> #(2)
> pgamma(5,2,0.5)-pgamma(3,2,0.5)  #x , alpha, 1/beta(beta)
[1] 0.2705279
```

연습문제 3.9

1. 전화 교환대에 1분에 평균 3건의 전화가 포아송 과정에 따라 걸려온다. 네 번째 전화가 걸려올 때까지 기다리는 시간을 X라 할 때,

   (1) X의 확률밀도함수를 구하여라.

   (2) 5분 이상 기다려야 네 번째 전화가 걸려올 확률을 구하여라.

2. 어느 특정 지역에서 발생하는 교통사고 발생 시간 X(월)는 밀도함수 $f(x) = 3e^{-3x},\ 0 < x < \infty$를 갖는다고 한다. 이때 처음 두 건의 사고가 첫 번째 달과 두 번째 달 사이에 발생할 확률을 구하여라. 단, 첫 번째 사고와 두 번째 사고 사이의 시간은 첫 번째 사고가 발생할 시간과 독립이고 동일한 지수분포를 이룬다.**R**

3. $X \sim \Gamma(2,1)$에 대하여, 다음을 구하여라.

   (1) X의 확률밀도함수

   (2) $P(X < 2)$

4. X는 모수(3,2)인 감마분포이다. 다음을 구하여라.**R**

   (1) $P\{X \leq 1\}$

   (2) $P\{1 \leq X \leq 2\}$

3.10 베타분포

베타분포는 폐구간 [0, 1]에서 정의되며, 따라서 확률변수 0%와 100% 사이에서 값을 갖는 비율을 다룰 때 사용한다. 예를 들어, 제조과정에서 불량품의 비율 또는 서비스에 만족하는 고객의 비율, 전체 보험증권의 한계 금액에 대한 손실비율 등과 같은 확률모형을 다룰 때 많이 사용한다.

확률변수 X의 밀도함수 $f(x)$가 $(\alpha > 0,\ \beta > 0)$

$$f(x) = \begin{cases} \dfrac{1}{B(\alpha,\ \beta)} x^{\alpha-1}(1-x)^{\beta-1}, & (0 < x < 1) \\ 0, & (\text{그 밖에서}) \end{cases} \tag{1}$$

로 주어질 때, X는 베타분포를 하고 $X \sim B(\alpha, \beta)$로 나타낸다. 베타분포함수는

$$B(\alpha,\ \beta) = \int_0^1 x^{\alpha-1}(1-x)^{\beta-1} dx \ (\alpha,\ \beta > 0)$$

로 정의한다.

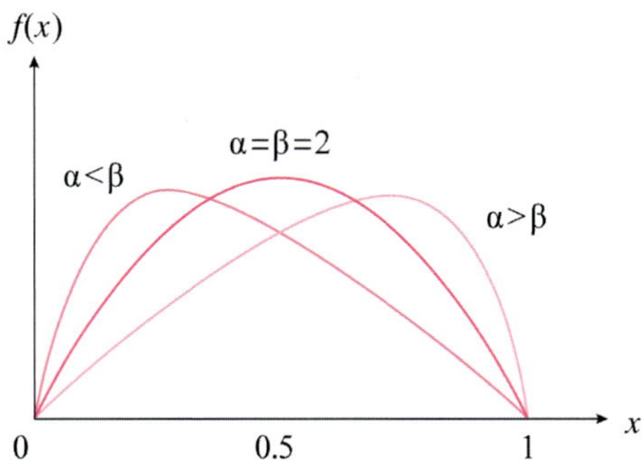

[그림 3.6]

베타분포함수와 감마함수 사이에는

$$B(\alpha,\ \beta) = \frac{\Gamma(\alpha)\Gamma(\beta)}{\Gamma(\alpha+\beta)}$$

인 관계가 성립한다.

예제 3.23

X가 $\alpha = \beta = 2$인 베타분포에 따를 때, $P\{X \leq 0.2\}$를 구하여라. R

풀이

(1) $\alpha = \beta = 2$일 때, 베타분포의 $p.d.f.$는

$$f(x) = \begin{cases} \dfrac{\Gamma(4)}{\Gamma(2)\Gamma(2)} x(1-x), & (0 < x < 1) \\ 0, & (\text{그 밖에서}) \end{cases}$$

이다. $\Gamma(2) = 1$, $\Gamma(4) = 3! = 6$이므로

$$f(x) = 6x(1-x) \quad (0 < x < 1)$$

$$P\{X \leqq 0.2\} = \int_0^{0.2} 6x(1-x)dx = 6\left[\frac{x^2}{2} - \frac{x^3}{3}\right]_0^{0.2}$$

$$= 6\left[\frac{0.04}{2} - \frac{0.008}{3}\right] = 0.104$$

```
> #3.23
> pbeta(0.2,2,2)  #x, alpha, beta
[1] 0.104
```

예제 3.24

고객들의 투자업무를 다루는 어떤 재산관리 회사에 대하여, 어느 특정한 달에 이 회사에 정보나 서비스를 위하여 전화 문의를 한 고객의 비율이 $\alpha = 3,\ \beta = 4$인 베타분포를 이룬다고 한다.

(1) 전화 문의를 한 고객의 비율에 대한 밀도함수를 구하여라.

(2) 그 한 달 동안에 고객의 70% 이상이 전화로 문의했을 확률을 구하여라.

풀이

(1) 전화 문의를 한 고객의 비율 X가 모수 $\alpha = 3, \beta = 4$인 베타분포를 이루므로 밀도함수는

$$f(x) = \frac{\Gamma(7)}{\Gamma(3)\Gamma(4)} x^2(1-x)^3 = 60x^2(1-x)^3,\ \ 0 < x < 1$$

(2) $P(X \geqq 0.7) = \int_{0.7}^{1} 60x^2(1-x)^3 dx = 0.0705$

예제 3.25

스프레이 모기약을 뿌린 후에 죽은 모기의 비율 X는 $B(2,3)$인 베타분포에 따른다고 한다.

(1) 모수 $\alpha,\ \beta$를 구하여라.

(2) X의 확률밀도함수를 구하여라.

(3) X의 분포함수를 구하여라.

(4) 50% 이상을 모기가 죽을 확률을 구하여라.

풀이

(1) $\beta = 2, \alpha = 3$

(2) $f(x) = \frac{\Gamma(5)}{\Gamma(3)\Gamma(2)} x^2(1-x) = 12x^2(1-x),\ 0 < x < 1$

(3) $F(x) = \int_0^x 12t^2(1-t)dt = (4-3x)x^3,\ 0 < x < 1$

(4) 50% 이상 모기가 죽을 확률

$P(X \geqq 0.5) = 1 - F(0.5) = 1 - (4 - 3 \cdot (0.5))(0.5)^3 = 0.6875$이다.

연습문제 3.10

1. $X \sim B(1,2)$에 대하여, 다음을 구하여라.

   (1) X의 확률밀도함수

   (2) $P(X < 0.8)$ R

2. 다음 함수 $f(x)$에 대하여,

   $$f(x) = \begin{cases} kx^2(1-x)^3, & 0 < x < 1 \\ 0 \quad , & \text{다른 곳에서} \end{cases}$$

   (1) $f(x)$가 확률밀도함수이기 위한 상수 k를 구하여라.

   (2) $f(x)$가 베타분포 확률밀도함수이기 위한 두 모수 α와 β를 구하여라.

3. 가능한 수입금에 대한 저축액의 비율 X가 베타분포 $B(2, 20)$에 따른다고 한다.

   (1) X의 확률밀도함수를 구하여라.

   (2) X의 분포함수를 구하여라.

   (3) 확률밀도함수를 최대가 되는 x_0을 구하여라.

   (4) 가능한 수입금의 5% 이하를 저축할 확률을 구하여라. R

   (5) 적어도 10% 이상을 저축할 확률을 구하여라. R

3.11 지수분포

확률분포 X의 $p.d.f.$ $f(x)$가

$$f(x)=\begin{cases}\lambda e^{-\lambda x} & (x\geq 0)\\ 0 & (x<0)\end{cases}$$

로 주어질 때, X는 지수분포(exponential distribution)에 따른다고 한다. 그 분포함수 $F(x)$는

$$F(x)=\begin{cases}\displaystyle\int_0^x \lambda e^{-\lambda x}dx=1-e^{-\lambda x} & (x\geq 0)\\ 0 & (x<0)\end{cases}$$

로 주어진다.

※ 참고 : 지수분포의 $p.d.f.$는 Gamma 분포의 $p.d.f.$ $f.(x)$에서 $\alpha=1,\ \beta=\dfrac{1}{\lambda}$일 것이다.

예제 3.26

전화 통화시간(분)은 $\lambda=\dfrac{1}{10}$인 지수분포를 한다.

(1) 10분 이상 통화할 확률을 구하여라.

(2) 10분 이상 20분이하 통화할 확률을 구하여라.

풀이

(1) $P\{X\geq 10\}=\displaystyle\int_{10}^{\infty}\frac{1}{10}e^{-x/10}dx=\left[-e^{-x/10}\right]=e^{-1}=0.368$

(2) $P\{10\leq X\leq 20\}=\displaystyle\int_{10}^{20}\frac{1}{10}e^{-x/10}dx=\left[-e^{-x/10}\right]_{10}^{20}=e^{-1}-e^{-2}=0.233$

```
> #(1)
> 1-pexp(10,1/10) #x, lambda
[1] 0.3678794
```

```
> pexp(10,1/10,lower.tail=FALSE)  #x, lambda
[1] 0.3678794

> #(2)
> pexp(20,1/10)-pexp(10,1/10) #x,  lambda
[1] 0.2325442
```

예제 3.27

어느 가정에서 구입한 A 회사의 냉장고는 평균 10년 동안 고장이 없다고 한다. 이 냉장고가 고장날 확률이 지수분포를 따를 때, 이 냉장고가 20년 이상 고장이 없을 확률을 구하여라. 또 3년 이내에 고장날 확률을 구하여라.

풀이

$$P(X \ge 20) = \int_{20}^{\infty} \frac{1}{10} e^{-\frac{1}{10}x} dx = e^{-2}$$

$$P(X \le 3) = \int_{0}^{3} \frac{1}{10} e^{-\frac{1}{10}x} dx = 1 - e^{-0.3}$$

예제 3.28

확률변수 X를 인터넷에 연결된 컴퓨터 단말기의 반응시간이라 하면 X는 평균반응시간이 3초인 지수분포를 한다고 한다. 반응시간이 9초보다 작을 확률을 구하여라. 또 반응시간이 6초와 9초 사이일 확률을 구하여라.

풀이

$$P(X \le 9) = 1 - e^{-\frac{1}{3} \cdot 9} = 1 - e^{-3}$$

$$P(6 \le X \le 9) = P(X \le 9) - P(X \le 6) = e^{-2} - e^{-3}$$

예제 3.29

어떤 질병에 감염되어 증세가 나타날 때까지 걸리는 시간은 평균 38일이고, 감염기간은 지수분포를 이룬다고 한다.R

(1) 이 질병에 감염된 환자가 25일 안에 증세를 보일 확률을 구하여라.

(2) 적어도 30일 동안 이 질병에 대한 증세가 나타나지 않을 확률을 구하여라.

풀이

(1) 질병의 증세가 나타날 때까지 걸리는 시간을 확률변수 X라고 하면, 평균 38인 지수분포를 이루므로 X의 밀도함수는 $f(x)=\frac{1}{38}e^{-x/38},\ x>0$이므로 구하고자 하는 확률은

$$P(X<25)=F(25)=1-e^{-25/38}=0.4821$$

```
> #(1)
> pexp(25,1/38)  #x, 1/mean
[1] 0.4820594
```

(2) 30일 안에 증세가 나타날 확률은 $P(X\leq 30)=F(30)=1-e^{-30/38}=0.5459$이므로 따라서 적어도 30일 안에 증세가 나타나지 않을 확률은 0.4541이다.

```
> #(2)
> pexp(30,1/38)  #x, 1/mean
[1] 0.5459163
```

연습문제 3.11

1. $X \sim \exp(2)$에 대하여 다음을 구하여라.R

(1) $P(X \leqq 1)$ (2) $P(1 < X \leqq 3)$

(3) $P(X \geqq 2)$ (4) $F(x)$

(5) 하위 10%인 $x_{0.1}$ (6) 상위 10%인 $x_{0.9}$

2. 반도체를 생산하는 공정라인에 있는 기계가 멈추는 시간은 하루 동안 모수 0.1인 지수분포를 따른다고 한다. 이 공정라인에 있는 기계가 멈추는 평균 시간을 구하여라.

3. 어떤 기계의 고장 나는 날의 간격이 $\lambda = 0.3$인 지수분포에 따른다고 한다.

(1) 이 기계가 고장 나는 날의 평균 간격을 구하여라.

(2) 고장 나는 날의 간격에 대한 표준편차를 구하여라.

(3) 고장 나는 날의 간격에 대한 중앙값을 구하여라.

(4) 이 기계가 수리된 후 다시 고장 나기까지 적어도 일주일 이상 사용할 확률을 구하여라.

4. 지수분포 $f(x) = \lambda e^{-\lambda x} (x \geq 0)$의 그래프를 그리고, $\int_{-\infty}^{\infty} f(x)dx = 1$임을 밝혀라.

5. 기계 A의 수명분포는 평균= $\frac{2}{\lambda}$=1500시간인 지수분포라 한다. 수명이 3000시간 이상일 확률을 구하여라.R

3.12 카이 제곱 분포

정의 3.1

감마분포에서 $\alpha = \frac{n}{2}$, $\beta = 2$(n은 자연수)일 때

$$f(x) = \frac{1}{2^{n/2}\Gamma\left(\frac{n}{2}\right)} x^{n/2-1} e^{-x/2} (x > 0)$$

로 정의되는 함수를 자유도 n의 χ^2분포(chi-squared distribution)의 밀도함수이라 한다.

정리 3.3

$X_1, X_2, \cdots, X_n$이 독립이고, 어느 것이나 정규분포 $N(\mu, \sigma^2)$에 따르면

$$\sum_{i=1}^{\infty} (X_i - \mu)^2 / \sigma^2$$

은 $df.. = n$의 χ^2분포를 한다.

따라서, 이 분포를 나타내는 곡선의 0의 오른쪽에 있다. 또한 자유도가 작으면 분포는 오른쪽으로 비스듬하게 된다. 자유도가 커짐에 따라 기울어짐은 완만해져 [그림 3.6]과 같이 df가 15 정도만 되어도 거의 대칭분포의 경향이 나타난다. 사실상 n이 크면(30 이상) 그 분포는 정규분포에 가깝다.

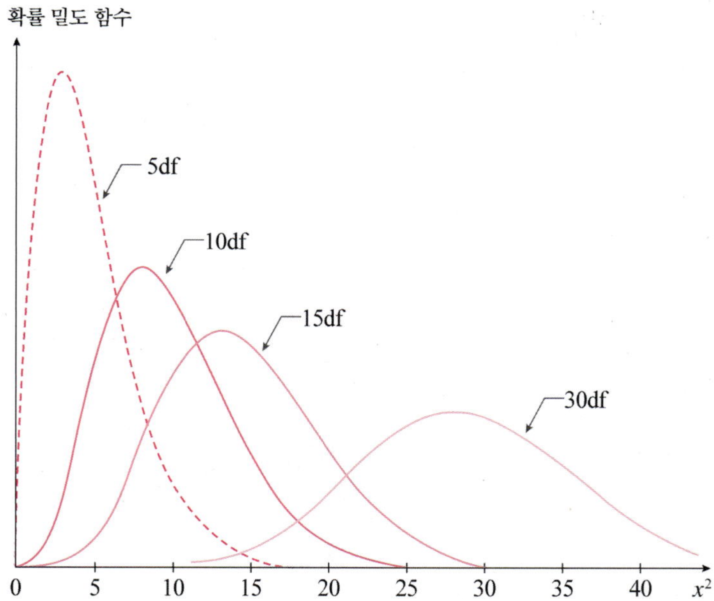

[그림 3.6] 자유도 5,10,15,30인 카이 제곱 분포 곡선

χ^2 분포는 연속이므로 확률은 곡선 아래의 면적으로 나타난다. 부록의 표에는 χ^2 분포의 오른쪽 꼬리 부분의 면적이 그 열의 맨 위에 주어져 있다. 관례상 자유도 $df=n-1$의 분포에는 오른쪽 꼬리 부분의 면적 α를 나타내는 χ^2의 값을 $\chi^2_{df=n-1,\ \alpha}$로 표시한다. 이 수표는 t분포의 경우와 같은 방법으로 읽는다. 예를 들어, $df=10$일 때 $\chi^2=2.156$ 오른쪽의 면적은 0.995, 20.483의 오른쪽의 면적은 0.025이다. 수평축에 따른 χ^2값들의 위치와 그에 대응하는 확률이 [그림 3.7]에 그려져 있다. 표의 맨 윗 칸에는 0.05, 0.025, 0.01, 0.005의 확률뿐만 아니라 0.95, 0.975, 0.990, 0.995 등의 확률도 있음을 알 수 있을 것이다. t분포는 대칭이기 때문에 후자의 값에 대한 t값들을 제공할 필요가 없다. χ^2 분포는 많은 통계적 검정에 응용됨을 곧 알게 될 것이다. 즉, 적합도의 검정(goodness of fit)과 독립성 검정(independence test)을 배울 것이다.

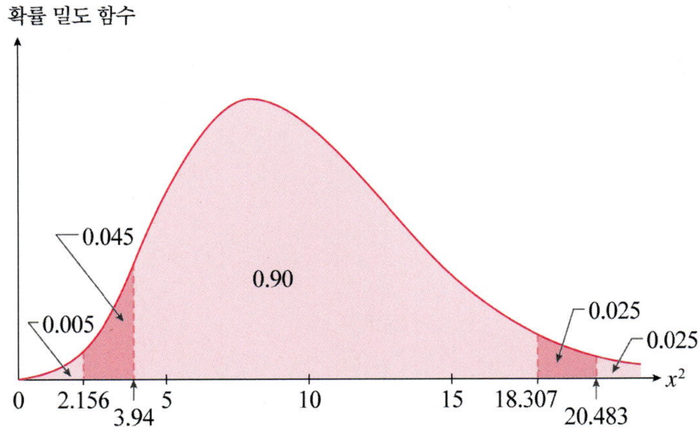

[그림 3.7] 자유도 10인 χ^2 분포 곡선과 확률

예제 3.30

자유도 5인 χ^2 분포의 그래프는 오른쪽과 같다. 다음에서 ${\chi_1}^2$, ${\chi_2}^2$의 값을 구하여라.**R**

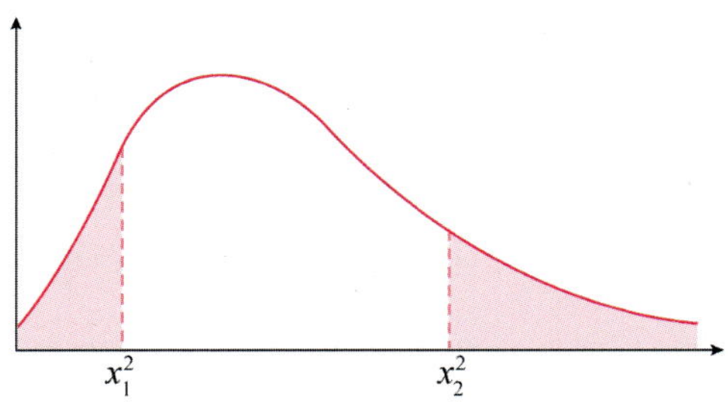

[그림 3.8]

(1) 오른쪽 빗금면적$=0.05$

(2) 빗금 전체 면적$=0.05$

(3) 왼쪽 빗금 면적$=0.10$

(4) 오른쪽 빗금 면적$=0.01$

풀이

(1) ${\chi_2}^2 = \chi^2_{0.05,(5)} = 11.07$이다.

```
> #(1)
> qchisq(0.95,5)  #p, df
[1] 11.0705
> qchisq(0.05,5, lower.tail=FALSE)  #p, df
[1] 11.0705
```

(2) 그래프가 대칭이 아니므로 $\chi_1{}^2$의 왼쪽과 $\chi_2{}^2$의 오른쪽의 면적이 같게 하자. $\chi_2{}^2 = \chi^2_{0.025,(5)}$ $= 12.83$ $\chi_1{}^2 = \chi^2{}_{0.975,(5)} = 0.83$이다.

```
> #(2)
> qchisq(0.975,5)  #p, df
[1] 12.8325
> qchisq(0.025,5, lower.tail=FALSE)  #p, df
[1] 12.8325
> qchisq(0.025,5) #p, df
[1] 0.8312116
> qchisq(0.975,5, lower.tail=FALSE)  #p, df
[1] 0.8312116
```

(3) $\chi_1{}^2 = \chi^2{}_{.90,(5)} = 1.61$

```
> #(3)
> qchisq(0.1,5)  #p, df
[1] 1.610308
> qchisq(0.9,5, lower.tail=FALSE)  #p, df
[1] 1.610308
```

(4) $\chi_2{}^2 = \chi^2{}_{.01,(5)} = 15.09$

```
> #(4)
> qchisq(0.99,5)  #p, df
[1] 15.08627
> qchisq(0.01,5, lower.tail=FALSE)  #p, df
[1] 15.08627
```

예제 3.31

다음 자유도에 대한 χ^2 분포에서 오른쪽 분포의 부분이 0.05되는 χ^2값을 구하여라.

(1) d.f.=15

(2) d.f.=21

(3) d.f.=50

풀이

(1) $\chi^2{}_{.05,(15)} = 25$

(2) $\chi^2{}_{.05,(21)} = 32.7$

(3) $\chi^2{}_{.05,(30)} = 67.5$

예제 3.32

다음 각 경우에 해당하는 확률 값을 찾아라.R

(1) 자유도가 5일 때, $P(\chi^2 > 5)$

(2) 자유도가 18일 때, $P(3.49 < \chi^2 < 17.53)$

풀이

(1) 0.416

(2) 0.513

```
> #(1)
> 1-pchisq(5,5)  #x,  df
[1] 0.4158805
> pchisq(5,5,lower.tail=FALSE)  #x,  df
[1] 0.4158805

> #(2)
> pchisq(17.53,18)-pchisq(3.49,18)  #x,  df
[1] 0.512919
```

연습문제 3.12

1. χ^2분포표를 이용하여 다음 각 경우의 값을 찾아라.R

(1) 자유도가 8일 때 $\chi^2_{0.05}$

(2) 자유도가 17일 때 $\chi^2_{0.01}$

(3) 자유도가 11일 때 $\chi^2_{0.025}$

(4) 자유도가 23일 때 $\chi^2_{0.95}$

2. 다음 각 경우에 해당하는 확률 값을 찾아라.R

(1) 자유도가 19일 때, $P(\chi^2 > 30.14)$

(2) 자유도가 10일 때, $P(3.24 < \chi^2 < 15.99)$

3. 카이제곱분포에서 다음과 같을 때 χ^2_α를 구하라.

(1) 자유도가 4일 때 $P(\chi^2 > \chi^2_\alpha) = 0.99$

(2) 자유도가 19일 때 $P(\chi^2 > \chi^2_\alpha) = 0.025$

(3) 자유도가 25일 때 $P(37.652 < \chi^2 < \chi^2_\alpha) = 0.045$

4. U가 d.f=7인 χ^2 분포에 따를 때 ${\chi_1}^2$과 ${\chi_2}^2$의 값을 구하여라.

(1) $P\{U > {\chi_2}^2\} = 0.025$

(2) $P\{U < {\chi_1}^2\} = 0.50$

(3) $P\{{\chi_1}^2 \le U \le {\chi_2}^2\} = 0.90$

3.13 Student의 t 분포

정의 3.2

확률밀도함수가

$$f_n(x) = c\left(1+\frac{x^2}{n}\right)^{-(n+1)/2}$$

인 분포를 자유도 n의 t분포라고 한다. c는 상수로서

$$c = \frac{\Gamma\left(\frac{n+1}{2}\right)}{\sqrt{n\pi}\,\Gamma\left(\frac{n}{2}\right)}$$

이다. 위에서 정의한 자유도 n의 t분포의 $f_n(x)$에 대하여 $\int_{-\infty}^{\infty} f_n(x)dx = 1$임을 밝혀두자.

$$\int_{-\infty}^{\infty}\left(1+\frac{x^2}{n}\right)^{-(n+1)/2}dx = 2\int_{0}^{\infty}\left(1+\frac{x^2}{n}\right)^{-(n+1)/2}dx$$

여기서 $\left(1+\frac{x^2}{n}\right)^{-1} = \mu$이라면 $dx = -\left(\frac{\sqrt{n}}{2}\right)(1\text{-}u)^{-1/2}u^{-3/2}du$이므로

$$\begin{aligned}
2\int_{0}^{\infty}\left(1+\frac{x^2}{n}\right)^{-(n+1)/2}dx &= 2\int_{1}^{0}\left(-\frac{\sqrt{n}}{2}\right)u^{n-2/2}(1-u)^{-1/2}du \\
&= \sqrt{n}\int_{0}^{1}u^{n/2-1}(1-u)^{1/2-1}du \\
&= \sqrt{n}\,B\left(\frac{n}{2},\frac{1}{2}\right) = \sqrt{n}\,\frac{\Gamma\left(\frac{n}{2}\right)\Gamma\left(\frac{1}{2}\right)}{\Gamma\left(\frac{n+1}{2}\right)} = \frac{\sqrt{n\pi}\,\Gamma\left(\frac{n}{2}\right)}{\Gamma\left(\frac{n+1}{2}\right)}
\end{aligned}$$

따라서

$$\int_{-\infty}^{\infty} f_n(x)dx = \frac{\Gamma\left(\frac{n+1}{2}\right)\sqrt{n\pi}\,\Gamma\left(\frac{n}{2}\right)}{\sqrt{n\pi}\,\Gamma\left(\frac{n}{2}\right)\Gamma\left(\frac{n+1}{2}\right)} = 1$$

⋙ 정리 3.4

확률분포 X, Y가 서로 독립이고, X는 표준정규분포 $N(0,1)$에 따르고 Y는 자유도 n의 χ^2 분포에 따를 때, 확률변수

$$U=\frac{X}{\sqrt{\frac{Y}{n}}}$$

는 자유도 n의 t분포에 따른다.

⋙ 정리 3.5

자유도 n의 t분포의 평균 $E(t)$, 분산 $V(t)$는 다음과 같다.

$$E(t)=0, \qquad V(t)=\frac{n}{n-2}$$

t분포는 연속이므로 확률은 곡선 아래의 면적으로 주어지며, 부록의 표 여러 가지 자유도 df에 대한 확률이 주어졌다. 각각의 자유도에 대하여 하나씩의 곡선이 있기 때문에 지면상 수표가 정규분포처럼 상세하지 않다. 각각의 자유도 df에 대하여 오른쪽 꼬리 부분에서 몇 개의 확률에 따라서 t의 값이 주어졌다. 자유도 $n-1$에 대해서 오른쪽 부분의 면적이 α인 t의 값을 대개 $t_{(n-1),\,\alpha}$로 나타낸다. 자유도가 커짐에 따라 t분포는 표준정규분포처럼 보인다. 이는 [그림 3.9]에 나타나 있다. 이를 보이기 위해 자유도 10,20,30의 t값과 표에서의 z값을 비교하였다. 각각의 예에서 t값들이 자유도가 증가함에 따라 그에 해당하는 z값에 접근하는 것을 알 수 있다. [그림 3.9]에서 t분포 곡선은 표준 정규 곡선보다 중심에서 낮고, 꼬리부분에서는 높음을 볼 수 있다. 이런 현상은 자유도가 작을 때 더 두드러지게 나타난다. 자유도가 커질수록 t 분포 곡선은 표준 정규 곡선에 접근한다.

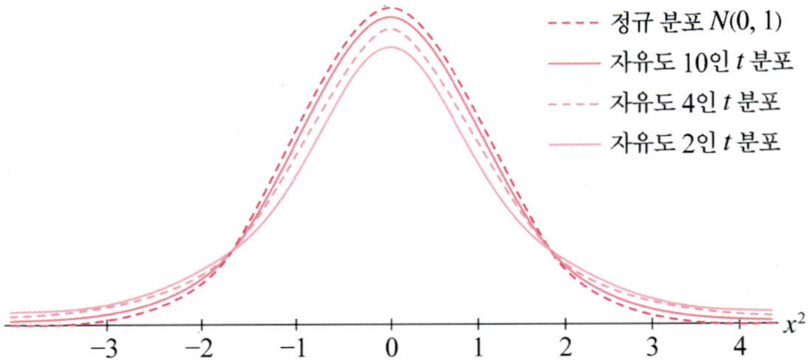

[그림 3.9] 자유도 2, 4, 10인 t 분포와 표준정규분포

예제 3.33

정규 모집단으로부터 크기 15인 확률 표본을 추출하였다. 부록의 표를 써서 다음의 확률을 구하여라. R

(1) $P(T > 2.145)$

(2) $P(-1.345 < T < 2.145)$

(3) $P(T < c) = 0.01$인 c의 값

풀이

$n = 15$이므로 t분포의 자유도는 14이다.

(1) 자유도 14인 행에서 t인 값이 2.145인 열의 맨 위의 확률을 읽으면 된다.

$$P(T > 2.145) = 0.025$$

```
> #(1)
> 1-pt(2.145,14)  #x,  df
[1] 0.02499008
> pt(2.145,14,lower.tail=FALSE)  #x,  df
[1] 0.02499008
```

(2) 이 확률은 곡선 아래의 -1.345에서 2.145까지의 면적이다. 표에서 2.145 오른쪽 면적 0.025이고, 대칭성에서 -1.345 왼쪽의 면적은 0.10이다. 그림 3.10에서 보는 바와 같이

$$\begin{aligned} P(-1.345 < T < 2.145) &= 1 - P(T \le -1.345) - P(T \ge 2.145) \\ &= 1 - (0.10 + 0.025) \\ &= 0.875 \end{aligned}$$

```
> #(2)
> pt(2.145,14)-pt(-1.345,14)  #x,  df
[1] 0.8750051
```

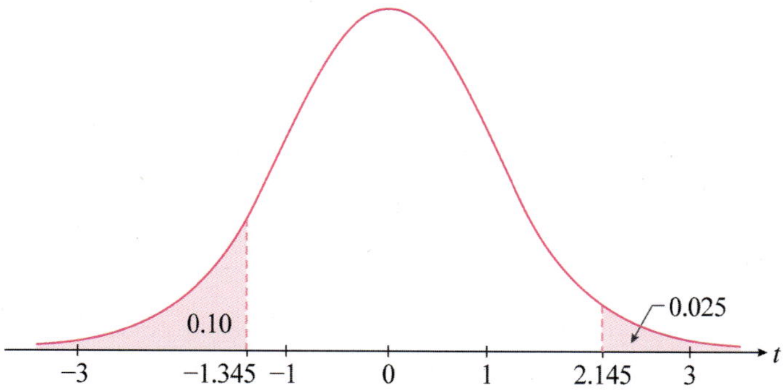

[그림 3.10] 자유도 14인 t 분포 곡선

(3) c를 찾으려면 자유도 14인 행과 확률 0.01인 열의 교차점의 값을 읽으면 된다.

$$c = t_{(14),\,0.01} = 2.624$$

```
> #(3)
> qt(0.99,14)  #q,  df
[1] 2.624494
> qt(0.01,14,lower.tail=FALSE)  #q,  df
[1] 2.624494
```

예제 3.34

t는 자유도가 19인 t분포를 가진다고 하자. $P(T \leq -1.415)$를 구하여라.

풀이

$P(T \leq 1.415) = 0.913$이므로 $P(T \leq -1.415) = 1 - P(T > 1.415) = 0.087$이다.

예제 3.35

자유도가 $n = 15$, $\alpha = 0.05$일 때, $P(T \geq t_0) = 0.05$인 t_0를 구하여라.**R**

풀이

t는 자유도 $n = 15$, $\alpha = 0.05$이므로 부록표에서 $P(t \geq 1.753) = 0.05$를 만족하므로 $t_0 = 1.753$이 된다.

```
> #3.35
> qt(0.95,15)  #q,  df
[1] 1.75305
> pt(0.05,15,lower.tail=FALSE)  #q,  df
[1] 1.75305
```

연습문제 3.13

1. t-분포표를 이용하여 각 경우의 확률을 구하라.R

(1) 자유도가 17일 때, $P(T< -1.740)$의 값을 구하여라.

(2) 자유도가 6일 때, $P(|T|< 3.143)$의 값을 구하여라.

(3) 자유도가 18일 때, $P(-1.330 < T< 1.330)$의 값을 구하여라.

(4) 자유도가 17일 때, $P(T>-2.567)$의 값을 구하여라.

2. 다음의 각 조건을 만족시키는 k를 찾아라.R

(1) 자유도가 6일 때, $P(T< k)=0.95$

(2) 자유도가 15일 때, $P(-k< T< k)=0.95$

(3) 자유도가 8일 때, $P(T> k)=0.01$

(4) 자유도가 11일 때, $P(T> k)=0.99$

3. 다음을 구하여라.

(1) 자유도가 20일 때, $P(-t_{0.005} < T< t_{0.01})$의 값을 구하라.

(2) 자유도가 20일 때, $P(T>-t_{0.025})$의 값을 구하라.

연습문제 3.13

4. 오른쪽 그림은 d.f.=9인 t분포의 그래프이다. 다음을 구하여라.

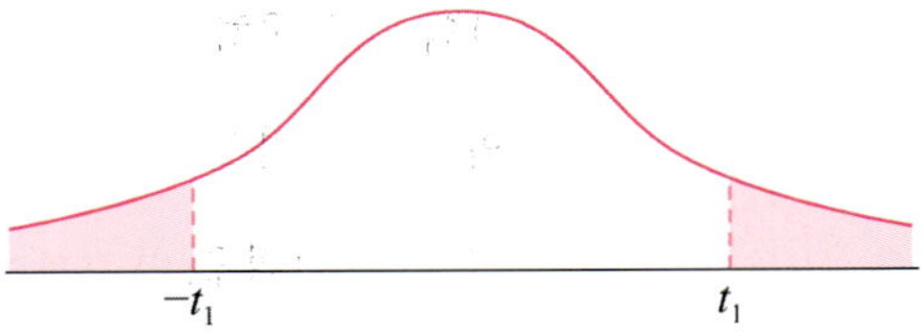

(1) 오른쪽 빗금 부분의 면적이 0.05가 되는 t_1의 값

(2) 왼쪽 빗금 부분의 면적이 0.01가 되는 t_1의 값

(3) 빗금 부분의 면적이 0.99가 되는 t_1의 값

5. U가 d.f.=10인 t분포라 할 때, 다음을 만족하는 c의 값을 구하여라.

(1) $P\{U > c\} = 0.05$

(2) $P\{-c \leq U \leq c\} = 0.98$

(3) $P\{U \leq c\} = 0.20$

(4) $P\{U \geq c\} = 0.90$

3.14 F분포

정의 3.3

X의 $p.d.f.$가

$$f(x) = Cx^{m/2-1}\left(1+\frac{m}{n}\right)x^{-(m+n)/2}(x>0), \quad C=\frac{1}{B\left(\frac{m}{2}, \frac{n}{2}\right)}\left(\frac{m}{n}\right)^{m/2}$$

로 주어지는 분포를 자유도(m, n)의 F분포라고 한다. 여기서 m, n은 양의 정수이다. 이 분포를 기호 $F_{(m,n)}$로 나타낸다.

정리 3.6

확률변수 X, Y가 서로 독립이고, 각각 자유도 m, n의 χ^2분포에 따를 때,

$$U=\frac{X}{m}/\frac{Y}{n}$$

는 자유도(m, n)의 F분포에 따른다.

$X_1, X_2, \cdots, X_{n_1}$이 $N(\mu_1, \sigma_1^2)$에서 뽑은 확률표본이고, $Y_1, Y_2, \cdots, Y_{n_2}$이 $N(\mu_2, \sigma_2^2)$에서 뽑은 확률표본일 때, 표준화한 변수들의 제곱합의 비율 분포는 다음과 같이 알려져 있다.

$$\frac{\dfrac{\sum_1^{n_1}(X_i-\mu_1)^2}{\sigma_1^2}/n_1}{\dfrac{\sum_1^{n_2}(Y_j-\mu_2)^2}{\sigma_2^2}/n_2}=\frac{\chi^2_{(n_1)}/n_1}{\chi^2_{(n_2)}/n_2} \sim F_{(n_1,n_2)}$$

이는 자유도 n_1, n_2를 갖는 $F-$분포를 따른다고 한다. 즉, 카이제곱분포를 따르는 확률변수를 각 자유도로 나누어 그 비율을 구한 것이 $F-$분포를 따르는 확률변수이다.

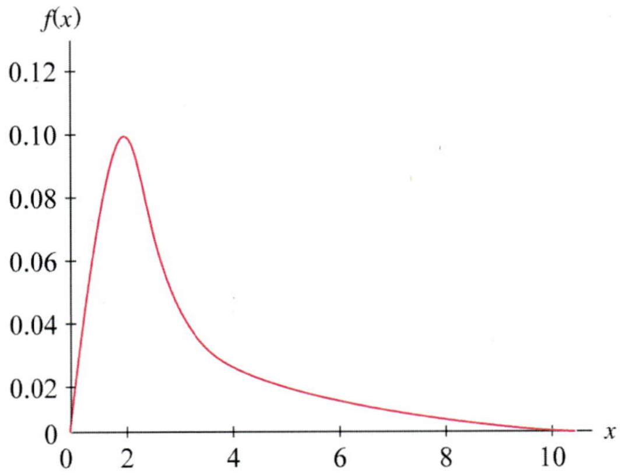

[그림 3.11] $F_{(2,4)}$ 분포

위 사실을 이용해 σ_1^2, σ_2^2 의 추정값인 표본분산 S_1^2, S_2^2 의 비의 분포를 다음과 같이 유도할 수 있다.

$$\frac{S_1^2/\sigma_1^2}{S_2^2/\sigma_2^2} = \frac{\sum_1^{n_1}(X_i-\mu_1)^2/\sigma_1^2(n_1-1)}{\sum_1^{n_2}(Y_j-\mu_2)^2/\sigma_2^2(n_2-1)}$$

$$= \frac{\chi^2{}_{(n_1-1)}/n_1-1}{\chi^2{}_{(n_2-1)}/n_2-1} \quad \sim \quad F_{(n_1-1,n_2-1)}$$

각 (표본분산/모분산)이 자유도 n_1-1, n_2-1인 $F-$분포의 형태이므로 이들의 비가 $F_{(n_1-1,n_2-1)}$ 분포를 따른다. 다음과 같이 정의되는 $F-$ 분포의 백분위수는 다음과 같다. 즉,

$$F \sim F_{(n_1-1,n_2-1)} \text{일 때, } P\left(F \geq F_{\alpha,(n_1-1,n_2-1)}\right) = \alpha$$

$F_{\alpha,(n_1-1,n_2-1)}$는 $F-$ 분포의 상위 α 백분위수이다. 예를 들어 $F_{0.1,(10,10)}=2.323$이다.

예제 3.36

부록의 표에서 F - 분포표를 이용하여 $F \sim F_{(8,6)}$일 때, 다음을 구하여라.R

(1) $f_{0.01,(8,6)}$

(2) $f_{0.05,(8,6)}$

(3) $f_{0.90,(8,6)}$

(4) $f_{0.99,(8,6)}$

풀이

(1) $P(F > f_{0.01,(8,6)}) = 0.01$이므로 $f_{0.01,(8,6)} = 8.1$

```
> #(1)
> qf(0.99,8,6)  #p,  df1,  df2
[1] 8.101651
```

(2) $P(F > f_{0.05,(8,6)}) = 0.01$이므로 $f_{0.05,(8,6)} = 4.15$

```
> #(2)
> qf(0.95,8,6)  #p,  df1,  df2
[1] 4.146804
```

(3) $f_{0.90,(8,6)} = 1/f_{0.1,(6,8)} = 1/(2.67) = 0.375$

```
> #(3)
> qf(0.1,8,6)  #p,  df1,  df2
[1] 0.3747656
> qf(0.9,8,6,lower.tail=FALSE)  #p,  df1,  df2
[1] 0.3747656
```

(4) $f_{0.99,(8,6)} = 1/f_{0.01,(6,8)} = 1/6.37 = 0.157$

```
> #(4)
> qf(0.01,8,6)  #p,  df1,  df2
[1] 0.1569691
> qf(0.99,8,6,lower.tail=FALSE)  #p,  df1,  df2
[1] 0.1569691
```

예제 3.37

자유도 $(10,\ 5)$의 F분포의 α점을 $f_{\alpha,(10,\ 5)}$로 나타낸다. $P(F>3.5)$을 구하여라.R

풀이

$P(F>3.5)=0.09$이다.

```
> #3.37
> 1-pf(3.5,10,5)  #p,  df1,  df2
[1] 0.0896194
> pf(3.5,10,5,lower.tail=FALSE)  #p,  df1,  df2
[1] 0.0896194
```

연습문제 3.14

1. 다음을 부록의 표에서 구하여라. R

(1) $f_{0.25,(3,5)}$

(2) $f_{0.975,(3,5)}$

(3) $f_{0.05,(3,5)}$

(4) $f_{0.95,(3,5)}$

2. F가 자유도(8,6)인 $F-$분포일 때 $P(a \le F \le b) = 0.90$인 a, b을 구하여라.

3. $F \sim F_{(7,8)}$일 때 $P(F \ge a) = 0.05$, $P(F \le b) = 0.90$인 a, b을 구하여라. R

4. F 분포에서

(1) $v_1 = 7$이고 $v_2 = 15$일 때 $f_{0.05}$를 구하라.

(2) $v_1 = 15$이고 $v_2 = 7$일 때 $f_{0.05}$를 구하라.

(3) $v_1 = 24$이고 $v_2 = 19$일 때 $f_{0.01}$을 구하라.

(4) $v_1 = 19$이고 $v_2 = 24$일 때 $f_{0.95}$를 구하라.

(5) $v_1 = 28$이고 $v_2 = 12$일 때 $f_{0.99}$를 구하라.

3.15 체비셰프(Chebyshev)의 부등식과 대수의 법칙

정리 3.7

확률변수 X의 평균을 μ, 분산을 σ^2라고 할 때, 임의의 k에 대하여 다음 부등식이 성립한다(체비셰프(Chebyshev) 부등식).

$$P\{|X-\mu| \geq k\sigma\} \leq \frac{1}{k^2}(\text{또는 } P\{|X-\mu| \geq k\} \leq \sigma^2/k^2)$$

증명

X가 연속형인 경우 X의 $p.d.f.$를 $f(x)$로 나타내면

$$\sigma^2 = \int_{-\infty}^{\mu-k\sigma}(x-\mu)^2 f(x)dx + \int_{\mu-k\sigma}^{\mu+k\sigma}(x-\mu)^2 f(x)dx + \int_{\mu+k\sigma}^{\infty}(x-\mu)^2 f(x)dx$$

$$\geq \int_{-\infty}^{\mu-k\sigma}(x-\mu)^2 f(x)dx + \int_{\mu+k\sigma}^{\infty}(x-\mu)^2 f(x)dx\,(\because (x-\mu)^2 > 0,\ f(x) \geq 0)$$

$$\geq k^2\sigma^2\left\{\int_{-\infty}^{\mu-k\sigma} f(x)dx + \int_{\mu+k\sigma}^{\infty} f(x)dx\right\} = k^2\sigma^2 P(|X-\mu| \geq k\sigma)$$

X가 이산형인 경우

$$\sigma^2 = E(X-\mu)^2 = \sum_i (x_i-\mu)^2 p_i$$

$\sum_i (x_i-\mu)^2$에서 $|x_i-\mu| > k\sigma$을 만족하는 x_i에 대한 부분평방합을 $\sum'$ 로 나타내면

$$\sigma^2 \geq \sum{}'(x_i-\mu)^2 p_i > k^2\sigma^2 \sum{}' p_i$$

따라서

$$\frac{1}{k^2} \geq \sum{}' p_i = p\{|X-\mu| \geq k\sigma\} \qquad \therefore P\{|X-\mu| > k\sigma\} \leq \frac{1}{k^2}$$

위의 정리는 $\{|X-\mu| > k\sigma\}$의 여사상 $\{|X-\mu| \leq k\sigma\}$으로 다음과 같이 나타내진다. 이는 $P\{|X-\mu| > k\sigma\} + P\{|X-\mu| \leq k\sigma\} = 1$에서 분명하다.

$$P\{|X-\mu| \leq k\sigma\} > 1-\frac{1}{k^2}$$

특히 $k\sigma = \epsilon$이라면 $\dfrac{1}{k} = \dfrac{\sigma}{\epsilon}$이므로, 위 정리는

$$P\{|X-\mu| > \epsilon\} \leq \frac{\sigma^2}{\epsilon^2} \quad \text{또는} \quad P\{|X-\mu| \leq \epsilon\} > 1 - \frac{\sigma^2}{\epsilon^2}$$

ϵ을 k이라 놓으면

$$P\{|X-\mu| > k\} \leq \frac{\sigma^2}{k^2} \quad \text{또는} \quad P\{|X-\mu| \leq k\} \leq 1 - \frac{\sigma^2}{k^2}$$

예제 3.38

확률변수 X의 분산이 $\sigma^2 = \dfrac{1}{4}$일 때, X가 그의 평균 μ에서 2 이상 떨어질 확률의 상한을 구하여라.

풀이

체비셰프(Chebyshev)의 부등식에 의하여

$$P\{|X-\mu| \geq 2\} \leq \frac{\sigma^2}{4} = \frac{1}{16}$$

예제 3.39

다음 분포에 대하여 $P\{|X-\mu| \geq 2\sigma\}$ $(\mu = E(X),\ \sigma = \sqrt{V(X)})$를 구하고, 체비셰프(Chebyshev)의 부등식으로 확인하여라.

(1) 모수 $\lambda = 4$인 포아송(Poisson)분포

(2) 모수 λ의 지수분포

(3) 평균이 m, 분산이 σ^2인 정규분포

풀이

(1) $\mu=\lambda=4,\ \sigma=\sqrt{\lambda}=2$이고, $|X-4|\geq 6$ 은 $X-4\leq -6$ 또는 $X-4\geq 6$이므로

$$P\{|X-\mu|\geq 3\times 2\}=P(\{X\leq -2\}\cup\{X\geq 10\}=P\{X\geq 10\}=0.081<0.11$$

(2) $\mu=\dfrac{1}{\lambda},\ \sigma^2=\sqrt{1/\lambda^2}=\dfrac{1}{\lambda}$이고, $\left|X-\dfrac{1}{\lambda}\right|\geq\dfrac{3}{\lambda}$에서 $X-\dfrac{1}{\lambda}\leq\dfrac{3}{\lambda},\ X-\dfrac{1}{\lambda}\geq\dfrac{3}{\lambda}$이므로

$$\left\{\left|X-\frac{1}{\lambda}\right|\geq\frac{3}{\lambda}\right\}=\left\{X\leq -\frac{2}{\lambda}\right\}\cup\left\{X\geq\frac{4}{\lambda}\right\}$$

따라서 구하는 확률은

$$P\left\{\left|X-\frac{1}{\lambda}\right|\geq 3\cdot\frac{1}{\lambda}\right\}=P\left\{\left\{X\leq -\frac{2}{\lambda}\right\}\cup\left\{X\geq\frac{4}{\lambda}\right\}\right\}=P\left\{X\geq\frac{4}{\lambda}\right\}$$
$$=\int_{4/\lambda}^{\infty}\lambda e^{-\lambda x}dx=e^{-4}=0.0183<0.11$$

(3) 정규분포에서 $P\{|X-m|\geq 3\sigma\}=0.0026<0.11$

(1),(2),(3) 모두 체비셰프(Chebyshev)의 부등식 $P\{|X-\mu|\geq 3\sigma\}\leq\dfrac{1}{3^2}=\dfrac{1}{9}\fallingdotseq 0.11$을 만족하고 있다.

특히 확률변수 X가 이항분포 $P(X=x)=\binom{n}{x}p^x q^{n-x}$에 따를 때, $n=E(X)=np,\ \sigma^2=npq$이므로 체비셰프(Chebyshev)의 부등식에서 ϵ을 $n\epsilon$으로 바꾸면

$$P\{|X-np|<n\epsilon\}\geq 1-\frac{pq}{n\epsilon^2}$$

또는

$$P\left\{\left|\frac{X}{n}-p\right|<\epsilon\right\}\geq 1-\frac{pq}{n\epsilon^2}$$

가 된다. 여기서 $\dfrac{X}{n}$은 확률변수 X가 일어나는 상대변수가 된다.

예제 3.40

주사위를 6,000회 던질 때, 1의 눈이 나오는 도수를 확률변수 X로 나타낼 때, $P\left\{\left|\dfrac{X}{6000}-\dfrac{1}{6}\right|<\dfrac{1}{100}\right\}$을 구하여라.

풀이

$\epsilon = \frac{1}{100}$ 이고, $n = 6000$, $p = \frac{1}{6}$, $q = \frac{5}{6}$ 이므로

$$P\left\{\left|\frac{X}{6000} - \frac{1}{6}\right| < \frac{1}{100}\right\} \geq 1 - \frac{\frac{1}{6} \cdot \frac{5}{6}}{6000\left(\frac{1}{100}\right)^2} = 1 - \frac{25}{108} = 0.7685$$

따라서 구하는 확률은 0.7685보다 작지 않다.

정리 3.8

확률변수X의 평균이 μ이고, $P\{X < 0\} = 0$이면 , $k > 1$에 대하여

$$P\{X < k\mu\} \geq 1 - \frac{1}{k}$$

증명

가정에서 $\int_{-\infty}^{0} f(x)dx = 0$, $\int_{-\infty}^{0} xf(x)dx = 0$

$$\mu = \int_{0}^{\infty} xf(x)dx \geq \int_{k\mu}^{\infty} xf(x)dx \geq k\mu \int_{k\mu}^{\infty} f(x)dx = k\mu P\{X \geq k\mu\}$$
$$= k\mu\{1 - P(X < k\mu)\}$$
$$\therefore P\{X < k\mu\} \geq 1 - \frac{1}{k} \quad \text{또는} \quad P\{X \geq k\mu\} \leq \frac{1}{k}$$

또한 $k\mu = b$이라면 $\frac{1}{k} = \frac{\mu}{b}$ 이므로, 위 부등식은

$$P[X < b] \geq 1 - \frac{\mu}{b}, \quad P[X > b] \leq \frac{\mu}{b}$$

이산형에 대하여도 마찬가지로 증명된다.

정리 3.9

확률변수 X가 이항분포 $P(X=x)=\binom{n}{x}p^x q^{n-x}$에 따를 때

$$\lim_{n\to\infty} P\left\{\left|\frac{X}{n}-p\right|<\epsilon\right\}=1$$

또는

$$\lim_{n\to\infty} P\left\{\left|\frac{X}{n}-p\right|>\epsilon\right\}=0$$

이다.

정리 3.10

$X_1, X_2, \cdots, X_n$이 서로 독립인 확률변수가 예이고, 모두 동일한 분포에 따른다 하자. 이 경우 기대값 $\mu=E(X_k)$가 존재하면, 임의로 주어진 $\epsilon>0$에 대하여

$$\lim_{n\to\infty} P\left\{\left|\frac{X_1+\cdots\cdots+X_n}{n}-\mu>\epsilon\right|\right\}=0$$

이 성립한다. 이 법칙을 대수의 약법칙(weak law of large numbers)이라 한다.

이 의미는 표본평균 $\overline{X}=(X_1+\cdots+X_n)/n$과 μ와의 차가 주어진 ϵ을 넘을 확률은, n이 커짐에 따라서 0에 가까워진다. 즉 표본평균$(X_1+\cdots+X_n)/n$이 구간$(\mu-\epsilon, \mu+\epsilon)$ 안에 들 확률은 n이 커짐에 따라서 1에 가까워지는 것이다. ϵ은 미리 주어진 양수로서 아무리 작아도 되는데, 결국 μ를 포함하는 어떤 작은 구간을 취하여도, n을 충분히 크게 취하면, 표본평균 $\overline{X}$는 1에 가까운 확률로 이 구간 안에 든다.

증명

체비셰프(Chebyshev)의 부등식에 의하여 증명한다.

$$E(\overline{X})=E\left(\frac{X_1+X_2+\cdots+X_n}{n}\right)=\frac{1}{n}\{E(X_1)+E(X_2)+\cdots+E(X_n)\}=\frac{n\mu}{n}=\mu$$

$$V(\overline{X})=V\left(\frac{X_1+X_2+\cdots+X_n}{n}\right)=\frac{1}{n^2}\left\{\frac{1}{n^2}V(X_1)+V(X_2)+\cdots+V(X_n)\right\}=\frac{n\sigma^2}{n^2}=\frac{\sigma^2}{n}$$

따라서 체비셰프(Chebyshev)의 부등식에 의하여

$$P\{|\overline{X}-E(X)|>\epsilon\}\le \frac{\sigma^2}{n\epsilon^2}$$

이 된다. 여기서 $n\to\infty$ 이면

$$\lim_{n\to\infty}P\{|\overline{X}-\mu|>\epsilon\}=0$$

이 된다.

정리 3.11

확률변수열 $X_1, X_2, \cdots, X_n$은 서로 독립이고, $k=1,2,\cdots,n$에 대하여 $E(X_k)=m_k$, $V(X)=\sigma_k^2$이고, 어떤 상수 $0<M<\infty$이 있어서 $\sigma_k^2\le M$이라 하자.
임의의 $\epsilon>0$에 대하여 다음이 성립함을 밝혀라.

$$\lim_{n\to\infty}P\left\{\left|\frac{X_1+X_2+\cdots+X_n}{n}-\frac{m_1+m_2+\cdots m_n}{n}\right|<\epsilon\right\}=1$$

증명

$\overline{X}=(X_1+X_2+\cdots+X_n)/n$이라 놓으면, $E(\overline{X})=(m_1+m_2+\cdots m_n)/n$
$V(X)=(\sigma_1^2+\sigma_2^2+\cdots+\sigma_n^2)/n$이고, 준식의 좌변의 확률은 $P\{|\overline{X}-E(X)|<\epsilon\}$로 나타내지므로 체비셰프(Chebyshev)의 부등식에 의하여

$$1\ge P\{|\overline{X}-E(\overline{X})|<\epsilon\}\ge 1-\frac{V(\overline{X})}{\epsilon^2}=1-\frac{\sigma_1^2+\sigma_2^2+\cdots|\sigma_n^2}{\epsilon^2 n^2} \quad ①$$

여기서

$$0<\frac{\sigma_1^2+\sigma_2^2+\cdots+\sigma_n^2}{\epsilon^2n^2}\le\frac{nM}{\epsilon^2n^2}=\frac{M}{\epsilon^2 n}\to 0(n\to\infty)$$

이므로 ① 의 우변 $\to 1(n\to\infty)$이 되고,

$$\lim_{n\to\infty} P\left\{\left|\frac{X_1+X_2+\cdots X_n}{n}-\frac{m_1+m_1+\cdots+m_n}{n}\right|<\epsilon\right\}$$

확률변수열에 의한 강한 대수의 법칙(strong law of large number)은 다음과 같이 표현된다.

정리 3.12

$X_1, X_2, \cdots$이 독립이고, 동일한 분포를 하는 확률변수들이고, 모두 유한한 평균 $\mu = E(X_i)$를 가지면 확률 1을 가지고, $n \to \infty$에 따라

$$\frac{X_1+X_2+\cdots+X_n}{n} \to \mu$$

이 성립한다.

연습문제 3.15

1. X는 $p.d.f.$가 $f(x) = e^{-x},\ x \geq 0;\ f(x) = 0\ \ x < 0$에 따른다.
   $P\{|X - \mu| \geq k\sigma\}$를 계산하고, 체비셰프(Chebyshev) 부등식과 비교하여라.

2. 주사위를 10,000회 던질 때, 1의 눈이 나오는 상대도수가 1/6±1/100 안에 들 확률을 구하여라.

3. 동전을 던질 때, 표면이 나오는 상대도수가 1/2±1/100의 범위에서 확률이 95% 안에 들기 위해서는 몇 회 이상 실험을 해야 하는가?

4. X가 음이 아닌 수의 값을 가지는 확률변수이고, $a > 0$이면 $P\{X \geq a\} \leq \dfrac{E(X)}{a}$임을 밝혀라. 또, 이 정리를 써서 $E(X) = 50$일 때, $P\{X > 75\}$를 구하여라.

5. $V(X) = 0$이면 $P\{X = E[X]\} = 1$임을 밝혀라.

연습문제 3.15

6. X는 평균과 분산이 모두 20인 확률변수이다. $P\{0 \leq X \leq 40\}$을 구하여라.

7. 통계학의 성적은 평균이 75이고, 분산은 25임이 알려져 있다. 성적이 85점을 넘을 확률을 구하여라.

8. 대수의 법칙을 동전을 던지는 사상을 이용하여 설명하여라.

CHAPTER

04

기대값

구성

4.1 기대값의 정의

이 장에서는 일변수의 확률분포를 중심으로 다룬다. 이들 확률분포에 대하여 그들의 확률함수 또는 확률밀도함수 또는 결합밀도함수를 그 분포의 평균 분산 등을 구하는 방법들을 살펴보기로 한다.

정의 4.1

확률변수 X의 기대값(평균값)은 다음과 같이 정의한다.

$$E[X]=\begin{cases}\sum_i x_i p_i, & (\text{이산형})\\ \int_{-\infty}^{\infty} xf(x)dx, & (\text{연속형})\end{cases}$$

예제 4.1

X가 0과 1인 값을 취하는 확률변수이고, $p(0)=\frac{1}{2}=p(1)$이다. X의 기대값을 구하여라.

풀이

$$E[X]=0\left(\frac{1}{2}\right)+1\left(\frac{1}{2}\right)=\frac{1}{2}$$

예제 4.2

다음 밀도함수를 갖는 확률변수 X의 기대값을 구하여라.

$$f(x)=\begin{cases}2e^{-2x}, & (x>0)\\ 0, & (x\le 0)\end{cases}$$

풀이

$$E[X]=\int_0^\infty x\cdot 2e^{-2x}dx=\left[x(-e^{-2x})\right]_0^\infty+\int_0^\infty e^{-2x}dx$$
$$=0+\left[-2e^{-2x}\right]_0^\infty=2$$

기대값에 관하여 다음이 성립한다.

1. $X_1, X_2, \cdots, X_n$이 주어진 확률공간에서의 확률변수이면

(1) $E[X_1+X_2+\cdots+X_n]=E[X_1]+E[X_2]+\cdots+E[X_n]$

이 식은 기대값의 정의에서 분명하다. 또한 다음이 성립한다.

(2) $E[a_1X_1+a_2X_2+\cdots+a_nX_n+b]=a_1E[X_1]+a_2E[X_2]+\cdots+a_nE[X_n]+b$

2. $X\le Y$이면 $E[X]\le E[Y]$이다.

증명

X의 $p.d.f$를 $f(x)$이라 하고, $X_1=g(x)$, $X_2=h(x)$이며, $g\le h$이면,

$$E[X_1]=\int_{-\infty}^\infty g(x)f(x)dx\le\int_{-\infty}^\infty h(x)f(x)dx=E[X_2]$$

3. $E[X_1+X_2]=E[X_1]+E[X_2]$

증명

(X, Y)의 확률밀도가 $f(x,y)$이고, $X_1=g(X,Y)$, $X_2=h(X,Y)$이면

$$E[X_1+X_2]=E[g(X,Y)+h(X,Y)]$$
$$=\int_{-\infty}^\infty\int_{-\infty}^\infty[g(x,y)+h(x,y)]f(x,y)dxdy$$
$$=\int_{-\infty}^\infty\int_{-\infty}^\infty g(x,y)f(x,y)dxdy+\int_{-\infty}^\infty\int_{-\infty}^\infty h(x,y)f(x,y)dxdy$$
$$=E[X_1]+E[X_2]$$

4. $X_1, X_2, \cdots, X_n$이 독립인 확률변수이면

$$E[X_1, X_2, \cdots, X_n] = E[X_1] \cdots E[X_n]$$

증명

(1) X_i가 이산형일 때

$$\begin{aligned} E[X_1 X_2 \cdots X_n] &= \sum_{x_1 \cdots x_n} x_1 x_2 \cdots x_n p_{12 \cdots n}(x_1, x_2, \cdots, x_n) \\ &= \sum_{x_1 \cdots x_n} x_1 x_2 \cdots x_n p_1(x_1) p_2(x_2) \cdots p_n(x_n) \\ &= \sum_{x_1} x_1 p_1(x_1) \sum_{x_2} x_2 p(x_2) \cdots \sum_{x_n} x_n p_n(x_n) \\ &= E[X_1] E[X_2] \cdots E[X_n] \end{aligned}$$

(2) X_i가 연속형일 때

$$\begin{aligned} E[X_1 X_2 \cdots X_n] &= \int_{-\infty}^{\infty} \cdots \int_{-\infty}^{\infty} x_1 x_2 \cdots x_n f_{12 \cdots n}(x_1, x_2, \cdots, x_n) dx_1 dx_2 \cdots dx_n \\ &= \int_{-\infty}^{\infty} x_1, x_2, \cdots, x_n f_1(x_1) f_2(x_2) \cdots f_n(x_n) dx_1 dx_2 \cdots dx_n \\ &= \int_{-\infty}^{\infty} x_1 f_1(x_1) dx_1 \int_{-\infty}^{\infty} x_2 f_2(x_2) dx_2 \cdots \int_{-\infty}^{\infty} x_n f_n(x_n) dx_n \\ &= E[X_1] E[X_2] \cdots E[X_n] \end{aligned}$$

연습문제 4.1

1. X의 $p.d.f.$ $f(x)$가 $f(x)=\begin{cases} \dfrac{x}{2}, (0 < x < 2) \\ 0, \quad (\text{그 밖에서}) \end{cases}$일 때, 다음을 구하여라.

(1) $E(X)$

(2) $E(3X^2 - 2X)$

2. 이산확률변수 X의 확률함수 $f(x)$가 $f(x)=\left(\dfrac{1}{2}\right)^x (x = 1, 2, \cdots)$일 때, X의 평균 $E(X)$를 구하여라.

3. X, Y의 결합밀도함수가 $f(x)=\begin{cases} xy/96, (0 < x < 4, 1 < y < 5) \\ 0, \quad (\text{그 밖에서}) \end{cases}$일 때, 다음을 구하여라.

(1) $E(X)$

(2) $E(Y)$

(3) $E(XY)$

(4) $E(2X + 3Y)$

4. 표준화 확률변수 $Z = (X - \mu)/\sigma$의 평균 $E(Z)$를 구하여라.

5. 동전을 던질 때, 표면이 나오면 1, 이면이 나오면 0인 값을 취하는 확률변수를 X이라 할 때, 확률변수 $Y = X(1 - X)$의 기대값 $E[Y]$를 구하여라.

4.2 이산확률변수의 기대값

본 절에서 많이 쓰이는 확률분포의 기대값을 구해 보자.

예제 4.3

이항분포 $B(n, p)$의 기대값$E(X)$는 $E(X)= np$임을 밝혀라.

풀이

$$E(X) = \sum_{k=0}^{n} kP(X=k) = \sum_{k=0}^{n} k\binom{n}{k}p^k(1-p)^{n-k}$$
$$= np\sum_{k=1}^{n}\binom{n-1}{k-1}p^{k-1}(1-p)^{n-k} = np\sum_{i=0}^{n-1}\binom{n-1}{i}p^i(1-p)^{n-1-i}$$
$$= np\{p+(1-p)\}^{n-1} = np$$

예제 4.4

포아송 분포 $P\{X=x\}= \dfrac{e^{-\lambda}\lambda^x}{x!}$의 기대값 $E(X) = \lambda$임을 밝혀라.

풀이

$$E(X) = \sum_{x=0}^{\infty} xe^{-\lambda}\frac{\lambda^x}{x!} = \lambda e^{-\lambda}\sum_{x=1}^{\infty}\frac{\lambda^{x-1}}{(x-1)!} = \lambda$$

여기서 $\displaystyle\sum_{x=1}^{\infty}\frac{\lambda^{x-1}}{(x-1)!} = \sum_{k=0}^{\infty}\frac{\lambda^k}{k!} = e^{\lambda}$을 사용하였다.

예제 4.5

X가 기하분포 $P(X=n)= p(1-p)^{n-1}, n \geq 1$에 따를 때, 기대값 $E(X)$는 $E(X)= \dfrac{1}{p}$ 임을 밝혀라.

풀이

$$E[X]=\sum_{n=1}^{\infty}np(1-p)^{n-1}$$
$$=p\sum_{n=1}^{\infty}nq^{n-1}\quad(q=1-p)$$

따라서

$$E[X]=p\sum_{n=1}^{\infty}\frac{d}{dq}(q^n)=p\frac{d}{dq}\left(\sum_{n=1}^{\infty}q^n\right)$$
$$=p\frac{d}{dq}\left(\frac{q}{1-q}\right)=\left(\frac{p}{(1-q)^2}\right)$$
$$=\frac{1}{p}$$

예제 4.6

초기하분포 $P\{X=x\}=\dfrac{\binom{k}{x}\binom{N-k}{n-x}}{\binom{N}{n}}$ 의 기대값 $E(X)=\dfrac{nk}{N}$ 임을 밝혀라.

풀이

$$E(X)=\sum xP(X=x)=\frac{\sum x\binom{k}{x}\binom{N-k}{n-x}}{\binom{N}{n}}$$
$$=\frac{k}{\binom{N}{n}}\sum\binom{k-1}{x-1}\binom{N-k}{n-x}$$

$\sum\binom{k-1}{x-1}\binom{N-k}{n-x}$는 $(1+t)^{k-1}(1+t)^{N-k}=(1+t)^{N-1}$에서 $t^{x-1}t^{n-x}=t^{n-1}$의 계수 $\binom{N-1}{n-1}$과

같으므로 $E(X)=\sum xP\{X=x\}=\dfrac{k\binom{N-1}{n-1}}{\binom{N}{n}}=\dfrac{nk}{N}$

연습문제 4.2

1. X가 이항분포 $B(n,p)$에 따라 분포할 때, 확률변수 $\frac{X}{n}$의 평균은 p임을 밝혀라.

2. 공정한 동전을 3회 던질 때, 표면이 나오는 횟수를 X라고 하였다.

   (1) $E[X]$를 구하여라.

   (2) $E[X-E(X)]$를 구하여라.

3. X가 기하분포 $PX=k=pq^{k-1}\,(k=1,2,\cdots)$에 따를 때, $E[X]=\frac{1}{p}$임을 밝혀라.

4. 1왕복에서 사고가 일어난 확률은 0.0025이다. 1000번의 왕복에서 사고가 일어날 횟수 X의 평균과 분산을 구하여라.

4.3 연속확률변수의 기대값

예제 4.7

X가 구간 (a,b)에서 균등분포를 할 때, X의 기대값 $E(X)$는 $E(X)=\dfrac{a+b}{2}$임을 밝혀라.

풀이

균등분포의 평균과 분산은 다음과 같다.

$$\mu = E(X) = \int_a^b x f(x) dx = \int_a^b x \frac{1}{b-a} dx = \frac{1}{b-a}\left[\frac{x^2}{2}\right]\Big|_a^b$$
$$= \frac{a+b}{2}$$

예제 4.8

X가 모수 λ인 지수분포를 할 때, X의 기대값 $E(X)$는 $E(X)=\dfrac{1}{\lambda}$임을 밝혀라.

풀이

(1)

X의 $p.d.f.$는

$$f(x)=\begin{cases}\lambda e^{-\lambda x} & x \geq 0 \\ 0 & x < 0\end{cases}$$ 이므로

$$E[X]=\int_0^\infty x\lambda e^{-\lambda x} dx$$

이고, 부분적분법$(\lambda e^{-\lambda x}dx = du,\ u = x)$에 의하면

$$E[X]=-xe^{-\lambda x}|_0^\infty - \int_0^\infty -e^{-\lambda x}dx = -\frac{1}{\lambda}e^{-\lambda x}|_0^\infty = \frac{1}{\lambda}$$

예제 4.9

X가 정규분포 $N(\mu,\sigma^2)$에 따를 때, X의 기대값 $E(X)$는 $E(X)=\mu$임을 밝혀라.

풀이

$$E[X]=\frac{1}{\sqrt{2\pi}\,\sigma}\int_{0}^{\infty} xe^{-(x-\mu)^2/2\sigma^2}dx$$

x를 $(x-\mu)+\mu$로 쓰면

$$E[X]=\frac{1}{\sqrt{2\pi}\,\sigma}\int_{-\infty}^{\infty}(x-\mu)e^{-(x-\mu)^2/2\sigma^2}dx$$
$$+\mu\frac{1}{\sqrt{2\pi}\,\sigma}\int_{-\infty}^{\infty}e^{-(x-\mu)^2/2\sigma^2}dx$$

$y=x-\mu$라 놓으면

$$E[X]=\frac{1}{\sqrt{2\pi}\,\sigma}\int_{-\infty}^{\infty}ye^{-y^2/2\sigma^2}dy+\mu\int_{-\infty}^{\infty}f(x)dx$$

$f(x)$는 정규분포 $N(\mu,\sigma^2)$의 $p.d.f.$이다. 첫째 적분은 기함수이므로 0이므로

$$E[X]=\mu\int_{-\infty}^{\infty}f(x)dx=\mu$$

예제 4.10

X가 모수 (α,β)인 감마(gamma) 분포에 따를 때, X의 기대값 $E(X)$는 $E(X)=\alpha\beta$임을 밝혀라.

풀이

$$\mu=\int_{0}^{x}x\cdot\frac{x^{\alpha-1}e^{-x/\beta}}{\beta^\alpha\Gamma(\alpha)}dx=\int_{0}^{\infty}\frac{x^\alpha e^{-x/\beta}}{\beta^\alpha\Gamma(\alpha)}dx$$

$x/\beta=t$이라면

$$\mu=\frac{\beta^\alpha\beta}{\beta^\alpha\Gamma(\alpha)}\int_{0}^{\infty}t^\alpha e^{-t}dt=\frac{\beta}{\Gamma(\alpha)}\Gamma(\alpha+1)=\alpha\beta$$

예제 4.11

모수 $\alpha=2,\ \beta=2$인 감마분포 $\Gamma(2,\ 2)$를 이루고, 따라서 확률밀도함수는 다음과 같다.

$$f(x)=\frac{1}{\Gamma(2)2^2}xe^{-x/2}=\frac{1}{4}xe^{-x/2},\ \ 0<x<\infty$$

평균시간을 구하여라.

풀이

$\mu=E(X)=\alpha\beta=(2)\cdot(2)=4$

예제 4.12

Beta분포의 평균 $E(X)$는 $E(X)=\dfrac{\alpha}{\alpha+\beta}$ 임을 밝혀라.

풀이

한편 $X\sim B(\alpha,\beta)$에 대한 평균은

$$\begin{aligned}E(X)&=\int_0^1\frac{\Gamma(\alpha+\beta)}{\Gamma(\alpha)\Gamma(\beta)}x^{\alpha}(1-x)^{\beta-1}dx\\&=\frac{\Gamma(\alpha+\beta)\,\Gamma(\alpha+1)\Gamma(\beta)}{\Gamma(\alpha)\Gamma(\beta)\,\Gamma(\alpha+1+\beta)}\int_0^1\frac{\Gamma(\alpha+1+\beta)}{\Gamma(\alpha+1)\Gamma(\beta)}x^{\alpha}(1-x)^{\beta-1}dx\\&=\frac{\Gamma(\alpha+\beta)}{\Gamma(\alpha)}\,\frac{\Gamma(\alpha+1)}{\Gamma(\alpha+1+\beta)}=\frac{\Gamma(\alpha+\beta)\,\alpha\Gamma(\alpha)}{\Gamma(\alpha)(\alpha+\beta)\Gamma(\alpha+\beta)}\\&=\frac{\alpha}{\alpha+\beta}\end{aligned}$$

이다.

예제 4.13

고객들의 투자업무를 다루는 어떤 재산관리 회사에 대하여, 어느 특정한 달에 이 회사에 정보나 서비스를 위하여 전화 문의를 한 고객의 비율이 $\alpha = 3,\ \beta = 4$인 베타분포를 이룬다고 한다.

(1) 전화 문의를 한 고객의 비율에 대한 밀도함수를 구하여라.

(2) 평균과 분산을 구하여라.

풀이

(1) 전화 문의를 한 고객의 비율 X가 모수 $\alpha=3, \beta=4$인 베타분포를 이루므로 밀도함수는

$$f(x) = \frac{\Gamma(7)}{\Gamma(3)\Gamma(4)}x^2(1-x)^3 = 60x^2(1-x)^3,\ \ 0 < x < 1$$

(2) $E(X) = \dfrac{3}{7} = 0.4286,\ \ Var(X) = \dfrac{(3)(4)}{(7)^2 \cdot (8)} = 0.0306$

1. X의 $p.d.f.$가 $f(x)=\begin{cases} \frac{x}{2}, & 0 \le x \le 2 \\ 0, & \text{그밖에서} \end{cases}$ 로 주어질 때, $E[X]$를 구하여라.

2. $X_i(i=1,2,\cdots)$가 독립이고, 정규분포 $N(\mu,1)$에 따를 때, 다음 확률변수 T의 평균값 $E[T]$를 구하여라.

(1) $T=\dfrac{X_1-X_2}{2}$

(2) $T=\dfrac{X_1+X_2+X_3+X_4}{4}$

3. 버스정류장에 10분 간격으로 버스가 도착한다. 승객이 버스를 기다리는 시간은 연속형 균등분포를 따른다고 한다. 평균은 얼마인가?

4. $X \sim \Gamma(2,1)$에 대하여, 다음을 구하여라.

(1) X의 확률밀도함수 (2) $\mu=E(X)$

5. 전화 교환대에 1분에 평균 3건의 전화가 포아송 과정에 따라 걸려온다. 네 번째 전화가 걸려올 때까지 기다리는 시간을 X라 할 때,

(1) X의 확률밀도함수를 구하여라.

(2) 네 번째 전화가 걸려올 때까지 기다리는 평균시간을 구하여라.

연습문제 4.3

6. 금융 연구자들이 지속적으로 스톡옵션에 대한 모델을 연구할 결과, 특정한 날에 스톡 가격의 증가를 보인스톡의 비율은 경제적 요인과 정치적 요인에 따른 모수 α와 β를 갖는 베타분포를 따른다는 사실을 발견하였다. 어느 날 연구자들은 내일의 적당한 모수 값은 $\alpha = 3.5$와 $\beta = 4.4$임을 예측하였다. 이 예측에 따라 내일 스톡 가격의 증가에 대한 평균 비율을 구하여라.

7. $X \sim B(1,2)$에 대하여, 다음을 구하여라.

(1) X의 확률밀도함수

(2) $\mu = E(X)$

(3) $P(X < 0.8)$

4.4 확률변수의 함수의 기대값

예를 들어 2개의 동전을 동시에 던질 때, 표면이 나오는 수를 확률변수 X로 나타낸다면, X의 확률분포는

$$P\{X=0\}=\frac{1}{4}, P\{X=1\}=\frac{1}{2}, P\{X=2\}=\frac{1}{4}$$

만일 $Y=X^2$일 때 Y의 기대값을 구해 보자. Y의 확률분포는

$$P\{Y=0\}=P\{X=0\}=\frac{1}{4}$$

$$P\{Y=1\}=P\{X=1\}=\frac{1}{2}$$

$$P\{Y=4\}=P\{X=2\}=\frac{1}{4}$$

로 주어진다. 따라서 Y의 기대값 $E(Y)$는

$$E[Y]=E[X^2]=0\left(\frac{1}{4}\right)+1\left(\frac{1}{2}\right)+4\left(\frac{1}{4}\right)=\frac{3}{2}$$

이다. 여기서

$$\frac{3}{2}=E(X^2)\neq (E[X])^2=1$$

임을 유의해야 한다.

일반적으로 다음 정의가 성립한다.

정의 4.2

(1) 확률함수 $p(x)$인 이산 확률변수를 X라고 하면, 모든 실수값의 함수 $g(X)$에 대하여

$$E[g(X)] = \sum_{x\,:\,p(x)>0} g(x)p(x)$$

(2) $p.d.f.$가 $f(x)$인 연속 확률변수를 X라고 하면, 모든 실수값 함수 $g(X)$에 대하여

$$E[g(X)] = \int_{-\infty}^{\infty} g(x)f(x)dx$$

예제 4.14

X가 구간 $(0,1)$에서 균등분포를 할 때, $E(e^x)$를 구하여라.

풀이

$f(x) = 1, 0 < x < 1$

이므로

$$E[e^x] = \int_0^1 e^x \cdot 1dx = e - 1$$

정리 4.1

a, b가 상수이면

$$E[aX+b] = aE[X]+b$$

증명

(i) 이산형이면

$$\begin{aligned}E[aX+b] &= \sum_{x:p(x)>0}(ax+b)p(x) \\ &= a\sum_{x:p(x)>0}xp(x)+b\sum_{x:p(x)>0}p(x) \\ &= aE[X]+b\end{aligned}$$

(ii) 연속형이면

$$\begin{aligned}E[aX+b] &= \int_{-\infty}^{\infty}(ax+b)f(x)dx \\ &= a\int_{-\infty}^{\infty}xf(x)dx+b\int_{-\infty}^{\infty}f(x)dx \\ &= aE[X]+b\end{aligned}$$

연습문제 4.4

1. X의 분산이 σ^2이고, $E(X)=\mu$일 때, $Y=(X-\mu)/\sigma$의 기대값 $E(Y)=0$임을 밝혀라.

2. X의 $p.d.f.$가

$$f(x)=\begin{cases} e^{-x}, x \ge 0 \\ 0, \quad (\text{그 밖에서}) \end{cases}$$

일 때, 다음을 구하여라.

(1) $E[3X-2]$

(2) $E[X^2]$

(3) $E[(X-1)^2]$

3. 어떤 규격화된 관의 직경 X의 밀도함수가 다음과 같이 주어졌을 때 X의 기대값을 구하라.

$$f(x)=\begin{cases} \dfrac{4}{\pi(1+x^2)}, 0<x<1 \\ 0, \quad \text{다른곳에서} \end{cases}$$

4. 어느 우편주문판매에 응하는 비율 X의 확률밀도함수가 다음과 같을 때 X의 기대값을 구하라.

$$f(x)=\begin{cases} \dfrac{2(x+2)}{5}, 0<x<1 \\ 0, \quad \text{다른곳에서} \end{cases}$$

5. 한 가정에서 연간 진공청소기를 사용하는 시간(단위 : 100시간) X는 다음과 같은 확률밀도함수를 가진다고 한다. 진공청소기의 연간 평균사용시간을 구하라.

$$f(x)=\begin{cases} x, & 0<x<1 \\ 2-x, & 1\le x<2 \\ 0, & \text{다른곳에서} \end{cases}$$

6. 어느 공항에서 비행기의 이륙대기시간(단위 : 분)은 확률변수 $Y=3X-2$이고, 여기에서 X의 밀도함수는 다음과 같다고 한다.

$$f(x)=\begin{cases} \frac{1}{4}e^{-x/4}, & x>0 \\ 0, & \text{다른곳에서} \end{cases}$$

확률변수 Y의 평균과 분산을 구하라.

7. 확률변수 X의 분포가 다음과 같다고 하자.

x	-3	6	9
$f(x)$	1/6	1/2	1/3

$E(X)$와 $E(X^2)$을 구한 후, 이 값을 이용하여 $E[(2X+1)^2]$을 계산하라.

4.5 분산

정의 4.3

X가 평균이 μ인 확률변수일 때, X의 분산(Variance)을 $Var(X)$로 나타내고,

$$Var(X)=E\left[(X-\mu)^2\right]$$

로 정의한다.

$Var(X)$의 정의를 전개하면

$$\begin{aligned} Var(X) &= E\left[(X-\mu)^2\right] = E\left[X^2-2\mu X+\mu^2\right] \\ &= E\left[X^2\right]-2\mu E[X]+\mu^2 = E\left[X^2\right]-\mu^2 \end{aligned}$$

따라서 다음 계산공식을 얻는다.

$$Var(X)=E\left[X^2\right]-(E[X])^2$$

예제 4.15

주사위를 던져서 나오는 눈의 수를 X이라 할 때, X의 분산을 구하여라.

풀이

$E(X)=\dfrac{1+2+3+4+5+6}{6}=3.5$ 이고

$$E(X^2)=1^2\left(\frac{1}{6}\right)+2^2\left(\frac{1}{6}\right)+\cdots 6^2\left(\frac{1}{6}\right)=\frac{91}{6}$$

$$V(X)=E(X^2)-(E(X))^2=\frac{91}{6}-\left(\frac{7}{2}\right)^2=\frac{35}{12}$$

예제 4.16

확률변수 X가 모수 n과 p를 가지는 이항분포 $B(n,p)$에 따를 때, X의 분산을 구하여라.

풀이

$$E[X^2]=\sum_{k=0}^{n}k^2\binom{n}{k}p^k(1-p)^{n-k}$$

$k^2=k(k-1)+k$임을 이용하여 $E(X^2)$을

$$E(X^2)=E[X(X-1)+X]=E[X(X-1)]+E[X]$$

$$\begin{aligned}E[X(X-1)]&=\sum_{k=0}^{n}k(k-1)P\{X=k\}=\sum_{k=0}^{n}k(k-1)\binom{n}{k}p^k(1-p)^{n-k}\\&=n(n-1)p^2\sum_{k=2}^{n}\binom{n-2}{k-2}p^{k-2}(1-p)^{n-k}\\&=n(n-1)p^2\sum_{j=0}^{n-2}\binom{n-2}{j}p^j(1-p)^{n-2-j}\\&=n(n-1)p^2\{p+(1-p)\}^{n-2}=n(n-1)p^2\end{aligned}$$

평균 $E(X)=np$이므로

$$\mathrm{Var}(X)=n(n-1)p^2+np-n^2p^2=np(1-p)$$

정리 4.2

임의의 상수 a,b에 대하여

$$Var(aX+b)=a^2\,Var(X)$$

증명

$E[aX+b]=aE[X]+b$이므로

$$\begin{aligned}Var(aX+b)&=E\left[(aX+b-(aE[X]+b))^2\right]=E\left[(aX-aE[X])^2\right]\\&=E\left[a^2(X-E[X])^2\right]=a^2E\left[(X-E[X])^2\right]\\&=a^2\,Var(X)\end{aligned}$$

예제 4.17

초기하분포의 분산 $Var(X)$를 구하여라.

풀이

$$E[X^2]=\sum x^2P\{X=x\}=\frac{\sum x\binom{k}{x}\binom{N-k}{n-x}}{\binom{N}{n}}$$

$$=\frac{1}{\binom{N}{n}}\left[\sum x(x-1)\binom{k}{x}\binom{N-k}{n-x}+\sum x\binom{k}{x}\binom{N-k}{n-x}\right]$$

$$=\frac{1}{\binom{N}{n}}\left[k(k-1)\sum\binom{k-2}{x-2}\binom{N-2-(k-2)}{n-2-(x-2)}+k\binom{N-1}{n-1}\right]$$

$$=\frac{1}{\binom{N}{n}}\left[k(k-1)\binom{N-2}{n-2}+k\binom{N-1}{n-1}\right]$$

$$=\frac{nk}{N}\left[(k-1)\frac{n-1}{N-1}+1\right]$$

그런데

$$E[X]=\frac{nk}{N}$$

이므로

$$\mathrm{Var}(X)=\sum x^2P(X=x)-\left(\frac{nk}{N}\right)^2$$

$$=\frac{nk}{N}\left[(k-1)\frac{n-1}{N-1}+1\right]-\left(\frac{nk}{N}\right)^2$$

$$=\frac{nk}{N}\left[1+(k-1)\frac{n-1}{N-1}-\frac{nM}{N}\right]=\frac{nk}{N}\left(1-\frac{k}{N}\right)\frac{N-n}{N-1}$$

이다.

예제 4.18

포아송 분포 $P\{X=x\}=\dfrac{e^{-\lambda}\lambda^x}{x!}$의 분산 $Var(X)$를 구하여라.

풀이

$$E(X)=\sum_{x=0}^{\infty} xe^{-\lambda}\frac{\lambda^x}{x!}=\lambda e^{-\lambda}\sum_{x=1}^{\infty}\frac{\lambda^{x-1}}{(x-1)!}=\lambda$$

여기서

$$\sum_{x=1}^{\infty}\frac{\lambda^{x-1}}{(x-1)!}=\sum_{k=0}^{\infty}\frac{\lambda^k}{k!}=e^{\lambda}$$

을 사용하였다.

$$E[X^2]=\sum_{x=0}^{\infty}x^2e^{-\lambda}\frac{\lambda^x}{x!}=e^{-\lambda}\left\{\sum_{x=1}^{\infty}x(x-1)\frac{\lambda^x}{x!}+\sum_{x=1}^{\infty}x\cdot\frac{\lambda^x}{x!}\right\}$$
$$=e^{-\lambda}\left\{\lambda^2\sum_{x=2}^{\infty}\frac{\lambda^{x-2}}{(x-2)!}+\lambda\sum_{x=1}^{\infty}\frac{\lambda^{x-1}}{(x-1)!}\right\}=\lambda^2+\lambda$$

$E[X]=\lambda$이므로

$$\mathrm{Var}(X)=E[X^2]-(E[X])^2$$
$$=\lambda^2+\lambda-\lambda^2=\lambda$$

예제 4.19

X가 모수 λ인 지수분포에 따를 때, X의 분산을 구하여라.

풀이

모수 λ를 가지는 지수분포의 기대값은

$$E(X)=\int_0^{\infty}x\lambda e^{-\lambda x}dx=\frac{1}{\lambda}$$

이며,

$$E(X^2)=\int_0^\infty x^2\lambda e^{-\lambda x}dx=\frac{2}{\lambda^2}$$

이므로

$$\text{Var}(X)=E(X^2)-E(X)^2=\frac{2}{\lambda^2}-\frac{1}{\lambda^2}=\frac{1}{\lambda^2}$$

예제 4.20

X가 구간 (a,b)에서 균등분포를 이룰 때, X의 분산을 구하여라.

풀이

$$\mu=E(X)=\int_a^b x\,f(x)dx=\int_a^b x\frac{1}{b-a}dx=\frac{1}{b-a}\left[\frac{x^2}{2}\right]\Big|_a^b$$

$$=\frac{a+b}{2}$$

$$E(X^2)=\int_a^b x^2 f(x)dx=\int_a^b \frac{x^2}{b-a}dx$$

$$=\frac{1}{b-a}\left[\frac{x^3}{3}\right]\Big|_a^b=\frac{a^2+ab+b^2}{3}$$

$$\sigma^2=Var(X)=E(X^2)-(E(X))^2$$

$$=\frac{a^2+ab+b^2}{3}-\left(\frac{a+b}{2}\right)^2$$

$$=\frac{(b-a)^2}{12}$$

예제 4.21

X가 $N(\mu, \sigma^2)$에 따를 때, X의 분산을 구하여라.

풀이

$$E(X) = \frac{1}{\sqrt{2\pi}\,\sigma}\int_{-\infty}^{\infty} xe^{-(x-\mu)^2/2\sigma^2}dx \qquad (x-\mu = t\text{로 치환})$$

$$= \frac{1}{\sqrt{2\pi}\,\sigma}\int_{-\infty}^{\infty}(t+\mu)e^{-t^2/2\sigma^2}dt$$

$$= \mu + \frac{1}{\sqrt{2\pi}\,\sigma}\int_{-\infty}^{\infty} te^{-t^2/2\sigma^2}dt = \mu, \qquad (\text{제 2 항은 0이다.})$$

$$E(X^2) = \frac{1}{\sqrt{2\pi}\,\sigma}\int_{-\infty}^{\infty} x^2 e^{-(x-\mu)^2/2\sigma^2}dx \qquad (\frac{x-\mu}{\sigma} = y\text{로 치환})$$

$$= \frac{1}{\sqrt{2\pi}}\int_{-\infty}^{\infty}(\sigma y+\mu)^2 e^{-y^2/2}dy \qquad (\int_{-\infty}^{\infty} ye^{-y3^2/2}dy = 0,\ \text{기함수})$$

$$= \frac{\sigma^2}{\sqrt{2\pi}}\int_{-\infty}^{\infty} y^2 e^{-y^2/2}dy + \mu^2$$

$$= \frac{\sigma^2}{\sqrt{2\pi}}[\{[-ye^{-y^2/2}]_{-\infty}^{\infty}\} + \int_{-\infty}^{\infty} e^{-y^2/2}dy] + \mu^2 \quad (y^2e^{-y^2/2} = -y\frac{d}{dy}e^{-y^2/2}\text{를 이용})$$

$$= \sigma^2 + \mu^2$$

$$\therefore Var(X) = E(X^2) - \mu^2 = \sigma^2$$

예제 4.22

모수가 (α, β)인 감마분포의 분산을 구하여라.

풀이

$$E[X^2] = \int_0^{\infty} x^2 \frac{x^{\alpha-1}e^{-x/\beta}}{\beta^\alpha \Gamma(\alpha)}dx = \int_0^{\infty}\frac{x^{\alpha+1}e^{-x/\beta}}{\beta^\alpha \Gamma(\alpha)}dx$$

$x/\beta = t$이라면

$$E[X^2] = \frac{\beta^{\alpha+1}\beta}{\beta^\alpha \Gamma(\alpha)} = \int_0^{\infty} t^{\alpha+1}e^{-t}dt$$

$$= \frac{\beta^2}{\Gamma(\alpha)}\Gamma(\alpha+2) = \beta^2(\alpha+1)\alpha$$

$E[X] = \alpha\beta$이므로

$$\text{Var}(X) = E[X^2] - (E[X])^2 = \beta^2(\alpha+1)\alpha - (\alpha\beta)^2 = \alpha\beta^2$$

예제 4.23

X가 모수(α, β)인 베타분포를 이룰 때, X의 분산을 구하여라.

풀이

$$E(X) = \int_0^1 \frac{\Gamma(\alpha+\beta)}{\Gamma(\alpha)\Gamma(\beta)} x^{\alpha}(1-x)^{\beta-1}dx$$

$$= \frac{\Gamma(\alpha+\beta)\,\Gamma(\alpha+1)\Gamma(\beta)}{\Gamma(\alpha)\Gamma(\beta)\,\Gamma(\alpha+1+\beta)} \int_0^1 \frac{\Gamma(\alpha+1+\beta)}{\Gamma(\alpha+1)\Gamma(\beta)} x^{\alpha}(1-x)^{\beta-1}dx$$

$$= \frac{\Gamma(\alpha+\beta)}{\Gamma(\alpha)}\,\frac{\Gamma(\alpha+1)}{\Gamma(\alpha+1+\beta)} = \frac{\Gamma(\alpha+\beta)\,\alpha\Gamma(\alpha)}{\Gamma(\alpha)(\alpha+\beta)\Gamma(\alpha+\beta)}$$

$$= \frac{\alpha}{\alpha+\beta}$$

이다. 같은 방법으로

$$E(X^2) = \frac{\alpha(\alpha+1)}{(\alpha+\beta+1)(\alpha+\beta)}$$

이고, 따라서 분산은 다음과 같다.

$$Var(X) = E(X^2) - \{E(X)\}^2 = \frac{\alpha\beta}{(\alpha+\beta)^2(\alpha+\beta+1)}$$

연습문제 4.5

1. $E[(X-a)^2]$은 $a=\mu=E[X]$일 때, 최소가 됨을 밝혀라.

2. X는 $E[(X-1)^2]=10$, $E[(X-2)^2]=6$인 확률변수이다. $Var(X)$를 구하여라.

3. X가 기하분포 $P\{X=x\}=q^x p$에 따를 때, $Var(X)$를 구하여라.

4. $E[(X-1)^2]=10$, $E[(X-2)^2]=6$일 때, 확률변수 X의 μ와 σ^2 을 구하라.

5. 최루가스에 대한 사람의 반응시간(단위 : 분) Y의 밀도함수는 다음과 같다.

$$f(y)=\begin{cases}\frac{1}{4}e^{-y/4}, & 0 \le y < \infty \\ 0, & \text{다른곳에서}\end{cases}$$

(1) 평균반응시간을 구하라.

(2) $E(Y^2)$과 $Var(Y)$를 구하라.

연습문제 4.5

6. 버스정류장에 10분 간격으로 버스가 도착한다. 승객이 버스를 기다리는 시간은 연속형 균등분포를 따른다고 한다. 분산은 얼마인가?

7. $X \sim \Gamma(2,1)$에 대하여 $\sigma^2 = Var(X)$를 구하여라.

8. 전화 교환대에 1분에 평균 3건의 전화가 포아송 과정에 따라 걸려온다. 네 번째 전화가 걸려올 때까지 기다리는 시간을 X라 할 때 네 번째 전화가 걸려올 때까지 기다리는 분산을 구하여라.

9. 금융 연구자들 지속적으로 스톡옵션에 대한 모델을 연구할 결과, 특정한 날에 스톡 가격의 증가를 보인 스톡의 비율은 경제적 요인과 정치적 요인에 따른 모수 α와 β를 갖는 베타분포를 따른다는 사실을 발견하였다. 어느 날 연구자들은 내일의 적당한 모수 값은 $\alpha = 3.5$와 $\beta = 4.4$임을 예측하였다. 이 예측에 따라 내일 스톡가격의 증가에 대한 비율의 분산을 구하여라.

10. $X \sim B(1,2)$에 대하여 $\sigma^2 = Var(X)$를 구하여라.

4.6 합과곱의 기대값과 공분산

4.6.1 이산결합확률변수 기대값과 공분산

이제 수학적 기대값의 개념을 결합확률분포 $f(x,y)$를 가지는 두 확률변수 X와 Y의 경우로 확장하여보자. X와 Y를 결합확률분포 $f(x,y)$를 가지는 확률변수라고 하자. 확률변수 $g(x,y)$의 평균 혹은 기대값은 X와 Y가 이산형인 경우에는

$$\mu_{g(X,Y)} = E[g(X,Y)] = \sum_x \sum_y g(x,y) f(x,y)$$

가 된다.

예제 4.24

X와 Y를 〈표 4.1〉과 같은 결합확률분포를 가지는 확률변수라 할 때, $f(X, Y) = 3XY$의 기대값을 구하라.

〈표 4.1〉 x와 y의 결합확률분포

$f(x, y)$		y			행의 합
		0	1	2	
x	0	3/28	6/28	1/28	10/28
	1	9/28	6/28	0	15/28
	2	3/28	0	0	3/28
열의 합		15/28	12/28	1/28	1

풀이

$$E(3XY) = \sum_{x=0}^{2} \sum_{y=0}^{2} 3xyf(x, y)$$

$$= 3(0)(0)f(0, 0) + 3(0)(1)f(0, 1) + 3(0)(2)f(0, 2) + 3(1)(0)f(1, 0)$$

$$+3(1)(1)f(1,1)+3(1)(2)f(1,2)$$

$$+3(2)(0)f(2,0)+3(2)(1)f(2,1)+3(2)(2)f(2,2)=3f(1,1)=\frac{9}{14}$$

정리 4.3

이산확률변수 X, Y가 독립이면, 임의의 함수 h와 g에 대하여

$$E[g(X)h(Y)]=E[g(X)]E[h(Y)]$$

증명

X와 Y의 이산결합밀도함수를 $f(x,y)$라고 하면

$$\begin{aligned}E[g(X)h(Y)] &= \sum\sum g(x)h(y)f(x,y) = \sum\sum g(x)h(y)f_X(x)f_Y(y) \\ &= \sum g(x)f_X(x)\sum h(y)f_Y(y) \\ &= E[g(X)]E[h(Y)]\end{aligned}$$

정의 4.4

확률변수 X와 Y의 공분산(Covariance)을 $Cov(X,Y)$로 나타내고,

$$Cov(X,Y)=E[(X-E[X])(Y-E[Y])]$$

로 정의한다.

위 정의식을 전개하면

$$\begin{aligned}Cov(X,Y) &= E[XY]-E[X]Y-XE[Y]+E[X]E[Y] \\ &= E[XY]-E[X]E[Y]-E[X]E[Y]+E[X]E[Y] \\ &= E[XY]-E[X]E[Y]\end{aligned}$$

이 된다. 특히 X와 Y가 독립이면, 정의식에서

$$\begin{aligned} Cov(X, Y) &= E[(X-E[X])(Y-E[Y])] \\ &= E[(X-E[X])]E[(Y-E[Y])] \\ &= 0 \times 0 = 0 \end{aligned}$$

이 된다.

확률변수의 합의 분산을 구하는 유명한 식은 다음과 같다.

$$\begin{aligned} Var(X+Y) &= E\left[(X+Y-E[X+Y])^2\right] \\ &= E\left[(X+Y-E[X]-E[Y])^2\right] \\ &= E\left[((X-E[X])+(Y-E[Y]))^2\right] \\ &= E\left[(X-E[X])^2+(Y-E[Y])^2 \right. \\ &\qquad \left. +2(X-E[X])(Y-E[Y])\right] \\ &= E\left[(X-E(X))^2\right]+E\left[(Y-E[Y])^2\right] \\ &\qquad +2E[(X-E[X])(Y-E[Y])] \\ &= Var(X)+Var(Y)+2Cov(X,Y) \end{aligned}$$

같은 방법으로 다음 식이 증명된다.

$$Var\left(\sum_{i=1}^{n} X_i\right) = \sum_{i=1}^{n} Var(X_i) + 2\sum_{i<j}\sum Cov(X_i, X_j) \qquad (1)$$

만일 $X_1, X_2, \cdots, X_n$ 이 독립이면 (1)식은 다음과 같이 된다.

$$Var\left(\sum_{i=1}^{n} X_i\right) = \sum_{i=1}^{n} Var(X_i)$$

특히 $X_1, X_2, \cdots, X_n$ 이 독립이고, $a_1, a_2, \cdots, a_n$ 및 b가 실수이면

$$Var(a_1X_1 + a_2X_2 + \cdots + a_nX_n + b) = a_1^2 Var(X_1) + a_2^2 Var(X_2) + \cdots + a_n^2 Var(X_n)$$

이 된다.

예제 4.25

확률변수 X가 모수 n,p인 이항분포 $B(n,p)$를 따를 때, X가 n회의 독립시행에서 성공하는 횟수를 나타낼 때, X의 분산을 구하여라.

풀이

X_i를 독립인 베르누이 확률변수로서

$$X_i = \begin{cases} 1, i \text{ 번째 시행이 성공할 때} \\ 0, \text{ 그렇지 않을 때} \end{cases}$$

이라면

$$X = X_1 + \cdots + X_n$$

따라서

$$Var(X) = Var(X_1) + \cdots + Var(X_n)$$

그런데

$$Var(X_i) = E[X_i^2] - (E[X_i])^2 = E[X_i] - (E[X_i])^2 \quad (X_i^2 = X_i \text{이므로}) = p - p^2$$

따라서

$$Var(X) = np(1-p)$$

X와 Y를 결합확률분포 $f(x, y)$를 가지는 확률변수라고 할 때, X와 Y의 공분산은 X와 Y가 이산형인 경우에는

$$\sigma_{XY} = \sum_x \sum_y (X - \mu_X)(Y - \mu_Y) f(x,y)$$

이고, 공분산은 두 확률변수 간의 관련성의 척도이다. μ_X와 μ_Y를 평균으로 하는 두 확률변수 X와 Y의 공분산은 다음과 같다.

$$\sigma_{XY} = E(XY) - \mu_X \mu_Y$$

예제 4.26

어떤 상자에서 임의로 2개의 공을 꺼낼 때, 흰 공의 수 X와 검정 공의 수 Y의 결합확률분포가 다음과 같다. X와 Y의 공분산을 구하라.

〈표 4.2〉 x와 y의 결합확률분포

$f(x, y)$		y			행의 합
		0	1	2	
x	0	3/28	6/28	1/28	10/28
	1	9/28	6/28	0	15/28
	2	3/28	0	0	3/28
열의 합		15/28	12/28	1/28	1

풀이

$$E(XY) = \sum_{x=0}^{2}\sum_{y=0}^{2} xy\,f(x,y)$$
$$= (0)(0)f(0,0) + (0)(1)f(0,1) + (1)(0)f(1,0) + (1)(1)f(1,1) + (2)(0)f(2,0)$$
$$= f(1,1) = 3/14$$

또한 $\mu_X = \sum_{x=0}^{2} x f_X(x) = 0(\frac{5}{14}) + 1(\frac{15}{28}) + 2(\frac{3}{28}) = \frac{3}{4}$ 이고

$\mu_Y = \sum_{y=0}^{2} y f_Y(y) = 0(\frac{15}{28}) + 1(\frac{3}{7}) + 2(\frac{1}{28}) = \frac{1}{2}$ 이다.

따라서, $\sigma_{XY} = E(XY) - \mu_X \mu_Y = \frac{3}{14} - (\frac{3}{4})(\frac{1}{2}) = -\frac{9}{56}$

4.6.2 연속결합확률변수 기대값과 공분산

이제 수학적 기대값의 개념을 결합확률분포 $f(x,y)$를 가지는 두 확률변수 X와 Y의 경우로 확장하여보자. X와 Y를 결합확률분포 $f(x,y)$를 가지는 확률변수라고 하자. 확률변수 $g(x, y)$의 평균 혹은 기대값은 X와 Y가 연속형인 경우에는

$$\mu_{g(X,Y)} = E[g(X,Y)] = \int_{-\infty}^{\infty}\int_{-\infty}^{\infty} g(x,y)f(x,y)\,dx\,dy$$

가 된다.

예제 4.27

X와 Y의 결합확률분포가

$$f(x,y) = \begin{cases} xy/96, & (0 < x < 4,\ 1 < y < 5) \\ 0, & (\text{그 밖에서}) \end{cases}$$

일 때, 다음을 구하여라.

(1) $E(X)$ (2) $E(Y)$

(3) $E(XY)$ (4) $E(2X+3Y)$

풀이

$$E(X) = \int_{-\infty}^{\infty}\int_{-\infty}^{\infty} xf(x,y)dxdy = \int_{x=0}^{4}\int_{y=1}^{5} x\left(\frac{xy}{96}\right)dxdy = \frac{8}{3}$$

$$E(Y) = \frac{31}{9},\quad E(XY) = \int_{x=0}^{4}\int_{y=1}^{5} xy\left(\frac{xy}{96}\right)dx\,dy = \frac{248}{27}$$

$$E(2X+3Y) = \int_{x=0}^{4}\int_{y=1}^{5} (2x+3y)\left(\frac{xy}{96}\right)dx\,dy = \frac{47}{3}$$

정리 4.4

연속확률변수 X, Y가 독립이면, 임의의 함수 h와 g에 대하여

$$E[g(X)h(Y)] = E[g(X)h(Y)] = E[g(X)]E[h(Y)]$$

증명

X와 Y의 연속결합밀도함수를 $f(x,y)$라고 하면

$$E[g(X)h(Y)] = \int_{-\infty}^{\infty}\int_{-\infty}^{\infty} g(x)h(y)f(x,y)dxdy = \int_{-\infty}^{\infty}\int_{-\infty}^{\infty} g(x)h(y)f_X(x)f_Y(y)dxdy$$
$$= \int_{-\infty}^{\infty} h(y)f_Y(y)dy \int_{-\infty}^{\infty} g(x)f_X(x)dx$$
$$= E[h(Y)]E[g(X)]$$

공분산은 두 개의 확률변수 X, Y가 상호 간에 어떤 관계를 가지며 변화하는가를 나타내는 척도로서, $(X-\mu_X)(Y-\mu_Y)$의 기대값으로 정의된다. X와 Y를 결합확률분포 $f(x, y)$를 가지는 확률변수라고 할 때, X와 Y의 공분산은 X와 Y가 연속형인 경우에는

$$\sigma_{XY} = \int_{-\infty}^{\infty}\int_{-\infty}^{\infty} (x-\mu_X)(y-\mu_Y)f(x,y)\, dx\, dy$$

공분산은 두 확률변수 간의 관련성의 척도이다. μ_X와 μ_Y를 평균으로 하는 두 확률변수 X와 Y의 공분산은 다음과 같다.

$$\sigma_{XY} = E(XY) - \mu_X\mu_Y$$

예제 4.28

전자회사의 남자의 비율 X와 여자의 비율 Y의 결합확률분포가 다음과 같다. X와 Y의 공분산을 구하라.

$$f(x,y)=\begin{cases}8xy, & 0\le y\le x\le 1\\ 0, & \text{기타}\end{cases}$$

풀이

먼저 주변확률밀도함수를 구하면 다음과 같다.

$$f_X(x)=\begin{cases}4x^3, 0\le x\le 1\\ 0, \quad \text{기타}\end{cases}$$

앞에서 주어진 주변확률밀도함수로부터

$$f_Y(y)=\begin{cases}4y(1-y^2), 0\le y\le 1\\ 0, \quad \text{기타}\end{cases}$$

을 구할 수 있고, 또한 결합밀도함수로부터 $\mu_X=\int_0^1 4x^4dx=\frac{4}{5}$

$\mu_Y=\int_0^1 4y^2(1-y^2)dy=\frac{8}{15}$ 이 되므로

$E(XY)=\int_0^1\int_y^1 8x^2y^2\,dx\,dy=\frac{4}{9}$ 가 된다.

따라서, $\sigma_{XY}=E(XY)-\mu_X\mu_Y=\frac{4}{225}$

연습문제 4.6

1. X와 Y가 다음과 같은 결합확률함수를 가진다고 하자.

$f(x, y)$		y		
		1	2	3
x	2	0.10	0.20	0.10
	4	0.15	0.30	0.15

(1) $g(X, Y) = XY^2$의 기대값을 구하라.

(2) μ_X, μ_Y를 구하라.

2. X와 Y의 결합질량함수가 다음 표와 같을 때, 공분산을 구하여라.

$f(x, y)$		y		
		0	1	2
x	0	0.10	0.04	0.02
	1	0.08	0.20	0.06
	2	0.06	0.14	0.30

3. X와 Y의 결합밀도함수가

$$f(x, y) = \begin{cases} 4xy, & (0 \le x \le 1,\ 0 \le y \le 1) \\ 0, & (\text{그 밖에서}) \end{cases}$$

일 때, $E[X+Y]$를 구하여라.

4. 다음과 같은 결합밀도함수에 대하여 $E\left(\frac{Y}{X}\right)$를 구하라.

$$f(x,y) = \begin{cases} \dfrac{x(1+3y^2)}{4}, & 0 < x < 2, 0 < y < 1 \\ 0, & \text{기타} \end{cases}$$

연습문제 4.6

5. 확률변수 X와 Y의 결합분포가 다음과 같다.

$$f(x)=\begin{cases}\frac{3}{2}(x^2+y^2), 0 \le x,y \le 1 \\ 0, \quad 기타\end{cases}$$

(1) X와 Y는 서로 독립인가?

(2) $E(X+Y)$와 $E(XY)$를 구하라.

(3) $V(X)$, $V(Y)$, $Cov(X, Y)$를 구하라.

(4) $V(X+Y)$를 구하라.

6. 확률변수 X와 Y의 결합분포가 다음과 같다.

$$f(x)=\begin{cases}\frac{3}{2}(x^2+y^2), 0 \le x,y \le 1 \\ 0, \quad 다른곳에서\end{cases}$$

(1) X와 Y는 서로 독립인가?

(2) $E(X+Y)$와 $E(XY)$를 구하라.

(3) $Var(X)$, $Var(Y)$, $Cov(X, Y)$를 구하라.

(4) $Var(X+Y)$를 구하라.

7. a,b,c,d가 상수일 때, 다음 공식이 성립됨을 밝혀라.

$$Cov(aX+b, cY+d) = ac\,Cov(X, Y)$$

8. X, Y의 결합밀도 함수가

$$f(x,y)=\begin{cases}cxy, & (0<x<1, 0<y<1) \\ 0, & (그 밖에서)\end{cases}$$

일 때, $E[X^2+Y^2]$을 구하여라.

CHAPTER

05

적률생성함수와 중심극한정리

구성

5.1 적률

정의 5.1

확률변수 X의 k차 적률(kth moment) α_k은 다음과 같이 정의한다.

$$\alpha_k = E[X^k] = \begin{cases} \sum_x x^k p(x), & (X\text{는 이산형}) \\ \int_{-\infty}^{\infty} x^k f(x)dx, & (X\text{는 연속형}) \end{cases}$$

특히 α_1은 $E[X]$로서 X의 기대값이다.

정의 5.2

확률변수 X의 평균 m에 관한 k차 적률 μ_k를 다음과 같이 정의한다.

$$\mu_k = E[(X-m)^k] = \begin{cases} \sum_x (x-m)^k p(x), & (X\text{는 이산형}) \\ \int_{-\infty}^{\infty} (x-m)^k f(x)dx, & (X\text{는 연속형}) \end{cases}$$

특히 $\mu_2 = E[(X-m)^2]$은 X의 분산임을 알 수 있다.

예제 5.1

X의 $p.d.f.$가

$$f(x)=\begin{cases} x/2, & (0 \le x \le 2) \\ 0, & (\text{그 밖에서}) \end{cases}$$

일 때, X의 1차, 2차, 3차 및 4차 적률을 구하여라.

풀이

$$\alpha_1=\int_0^2 x \cdot \frac{x}{2}dx=\frac{4}{3},\ \alpha_2=\int_0^2 x^2 \cdot \frac{x}{2}dx=2$$

$$\alpha_3=\int_0^2 x^3 \cdot \frac{x}{2}dx=\frac{16}{5},\ \alpha_4=\int_0^2 x^4 \cdot \frac{x}{2}dx=\frac{16}{3}$$

예제 5.2

X가 $p>0,\ \theta>0$의 와이블(Weibull)분포

$$f(x)=\begin{cases} \dfrac{p}{\theta}\left(\dfrac{x}{\theta}\right)^{p-1} e^{-(x/\theta)^p}, & (x>0) \\ 0, & (x \le 0) \end{cases}$$

에 따를 때,

(1) X의 원점에 관한 r차 적률 $\alpha_r=E[X^r]$을 구하여라.

(2) $E[X]$와 $Var(X)$를 구하여라.

풀이

(1) $$E[X^r]=\int_{-\infty}^{\infty} x^r f(x)dx=\int_0^{\infty}\left(\frac{p}{\theta}\left(\frac{x}{\theta}\right)^{p-1}\exp\left(-\frac{x}{\theta}\right)^p\right)x^r dx$$

여기서 $\left(\dfrac{x}{\theta}\right)^p=t$로 치환하면

$$p\left(\frac{x}{\theta}\right)^{p-1} \cdot \frac{1}{\theta}dx=dt\text{에서 }\left(\frac{x}{\theta}\right)^{p-1}dx=\frac{\theta}{p}dt$$

$x = \theta t^{1/p}$에서

$$E[X^r] = \frac{p}{\theta}\int_0^\infty e^{-t}\theta^r t^{r/p} \cdot \frac{\theta}{p}dt = \theta^r \int_0^\infty t^{r/p}e^{-t}dt = \theta^r \Gamma\left(\frac{r}{p}+1\right)$$

$$= \theta^r \cdot \frac{r}{p}\Gamma\left(\frac{r}{p}\right)$$

(2) $r=1$이라면 $E[X] = (\theta/p)\Gamma(1/p)$,

$r=2$이라면 $E(X^2) = \theta^2(2/p)\Gamma(2/p)$

그러므로 $Var(X) = E[X^2] - (E[X])^2 = \theta^2\left\{\frac{2}{p}\Gamma\left(\frac{2}{p}\right) - \frac{1}{p^2}\left(\Gamma\left(\frac{1}{p}\right)\right)^2\right\}$

연습문제 5.1

1. X가 $N(0,1)$에 따를 때, $E[X^2]$과 $E[X^4]$의 값을 구하여라.

2. $E[(X-1)^2]=10,\ E[(X-2)^2]=6$일 때, 다음을 구하여라.

(1) $E[X]$

(2) $Var(X)$

(3) σ_X

3. X의 $p.d.f.$가

$$f(x)=\begin{cases} e^{-x}, & (x \geq 0) \\ 0, & (\text{그 밖에서}) \end{cases}$$

이다. 평균에 관한 1,2,3,4차 적률을 구하여라.

4. X의 $p.d.f.$가

$$f(x)=\begin{cases} e^{-x}, & (x \geq 0) \\ 0, & (\text{그 밖에서}) \end{cases}$$

일 때, X의 원점에 관한 1차, 2차, 3차 및 4차 적률을 구하여라.

5.2 적률생성함수

정의 5.3

적률생성함수(moment generating function; $m.g.f.$) $M_X(t)$는 다음과 같이 정의한다.

$$M_X(t) = E(e^{tX}) = \begin{cases} \sum_i e^{tx_i} p_i & (\text{이산형}) \\ \int_{-\infty}^{\infty} e^{tx} f(x)dx & (\text{연속형}) \end{cases}$$

여기서

$$e^{tX} = 1 + \frac{tX}{1!} + \frac{(tX)^2}{2!} + \cdots + \frac{(tX)^n}{n!} + \cdots$$

이므로

$$M_X(t) = E(e^{tX}) = 1 + \frac{\alpha_1}{1!}t + \frac{\alpha_2}{2!}t^2 + \cdots + \frac{\alpha_n}{n!}t^n + \cdots$$

단, $\alpha_k = E(X^k)$이다.

$M_X(t)$를 t로 1회 미분하면

$$\frac{\partial M_X(t)}{\partial t} = \frac{\partial}{\partial t}E[e^{tX}] = E\left[\frac{\partial}{\partial t}(e^{tX})\right] = E[Xe^{tX}]$$

따라서

$$\left.\frac{\partial M_X(t)}{\partial t}\right|_{t=0} = E(X)$$

마찬가지로 2회 미분하고 $t=0$이라면

$$\frac{\partial M_X{}^{(2)}(t)}{\partial t^2} = \frac{\partial}{\partial t}\left(\frac{\partial M_X(t)}{\partial t}\right) = \frac{\partial}{\partial t}E[Xe^{tX}] = E\left[\frac{\partial}{\partial t}(Xe^{tX})\right] = E[X^2e^{tX}]$$

따라서

$$\left.\frac{\partial M_X{}^{(2)}(t)}{\partial t}\right|_{t=0} = E[X^2]$$

일반적으로 k회 미분하고, $t=0$이라면

$$\left.\frac{\partial M_X{}^{(k)}(t)}{\partial t^k}\right|_{t=0} = E(X^k)$$

이다. 적률생성함수의 위의 성질을 이용하면, 평균 $E(X)$ 및 분산 $\mathrm{Var}(X)$은 다음으로 구해진다.

$$E(X) = M'(0)$$
$$\mathrm{Var}(X) = M''(0) - (M'(0))^2$$

※ 적률생성함수를 약자로 $m.g.f.$로 나타낸다.

예제 5.3

다음 분포의 적률생성함수를 구하여라.

(1) 구간 $[a, b]$에서 균등분포

(2) $p.d.f.$가 $f(x) = \frac{1}{2}e^{-|x|} \quad (-\infty < x < \infty)$

풀이

(1) $f(x) = \begin{cases} \frac{1}{b-a}, & (a \le x \le b) \\ 0, & (\text{그 밖에서}) \end{cases}$

$$M_X(t) = \int_a^b e^{tx}\frac{1}{b-a}dx = \frac{1}{b-a}\left[\frac{e^{tx}}{t}\right]_a^b = \frac{e^{bt}-e^{at}}{(b-a)t}$$

(2) $M_X(t) = \int_{-\infty}^{0} e^{tx}\frac{1}{2}e^{-(-x)}dx + \int_{0}^{\infty} e^{tx}\frac{1}{2}e^{-x}dx$

$$= \frac{1}{2}\int_{-\infty}^{0} e^{(t+1)x}dx + \frac{1}{2}\int_{0}^{\infty} e^{(t-1)x}dx$$

$$= \frac{1}{2} \cdot \frac{1}{t+1} - \frac{1}{2} \cdot \frac{1}{t-1} = \frac{1}{1-t^2} \quad (|t| < 1)$$

예제 5.4

다음 확률분포의 적률생성함수를 구하고, 이것에 의하여 평균값과 분산을 구하여라.

(1) 2항분포 : $f(x) = {}_nC_x p^x (1-p)^{n-x} \quad (x = 0, 1, \cdots, n)$

(2) 지수분포 : $f(x) = \begin{cases} \lambda e^{-\lambda x}, & (x > 0) \\ 0, & (x \leq 0) \end{cases} \qquad (\lambda > 0)$

풀이

(1) $M_X(t) = \sum e^{tx}\,{}_nC_x\, p^x (1-p)^{n-x} = [pe^t + (1-p)]^n$,

$M_X{}'(t) = n(pe^t + 1 - p)^{n-1}pe^t, \quad M_X{}'(0) = np$

$M_X{}''(0) = n(n-1)p^2 + np, \quad \therefore \sigma^2 = M_X{}''(0) - (np)^2 = np(1-p)$

(2) $M_X(t) = \int_{-\infty}^{\infty} e^{tx}f(x)dx = \int_{0}^{\infty} e^{tx}\lambda e^{-\lambda x}dx = \lambda\int_{0}^{\infty} e^{-(\lambda-t)x}dx$

$$= \frac{\lambda}{\lambda - t} = \left(1 - \frac{t}{\lambda}\right)^{-1}$$

이므로

$$M_X{}'(t) = \frac{\lambda}{(\lambda-t)^2}, \quad M_X{}''(t) = \frac{2\lambda}{(\lambda-t)^3}$$

$$E(X) = M_X{}'(0) = \frac{1}{\lambda}, \quad V(X) = M_X{}''(0) - (M_X{}'(0))^2 = \frac{2}{\lambda^2} - \left(\frac{1}{\lambda}\right)^2 = \frac{1}{\lambda^2}$$

예제 5.5

정규분포

$$f(x) = \frac{1}{\sqrt{2\pi}\,\sigma} e^{-(x-\mu)^2/2\sigma^2} \quad (-\infty < x < \infty)$$

의 $m.g.f.$를 구하고, 이 결과를 써서 평균과 분산을 구하여라.

풀이

$$\begin{aligned} M_X(t) &= \frac{1}{\sqrt{2\pi}\,\sigma}\int_{-\infty}^{\infty} e^{tx} e^{-(x-\mu)^2/2\sigma^2} dx \\ &= \frac{1}{\sqrt{2\pi}\,\sigma}\int_{-\infty}^{\infty} \exp\left[\frac{-\{x^2-2(\mu+t\sigma^2)x+(\mu+t\sigma^2)^2-(\mu+t\sigma^2)^2+\mu^2\}}{2\sigma^2}\right] dx \\ &= \exp\left[\frac{(\mu+t\sigma^2)^2-\mu^2}{2\sigma^2}\right] \frac{1}{\sqrt{2\pi}\,\sigma}\int_{-\infty}^{\infty} \exp\left[\frac{-\{x-\mu-t\sigma^2)\}^2}{2\sigma^2}\right] dx \\ &= \exp\left(t\mu+\frac{t^2\sigma^2}{2}\right) \cdot \frac{1}{\sqrt{2\pi}\,\sigma}\int_{-\infty}^{\infty} e^{-(x-\mu')^2/2\sigma^2} dx \\ &= \exp\left(t\mu+\frac{t^2\sigma^2}{2}\right) \text{ 이므로} \end{aligned}$$

$$M_X'(t) = (\mu+t\sigma^2)\exp\left(t\mu+\frac{t^2\sigma^2}{2}\right)$$

$$E(X) = M_X'(0) = \mu$$

$$M_X''(t) = \sigma^2 \exp\left(t\mu+\frac{t^2\sigma^2}{2}\right) + (\mu+t\sigma^2)^2 \exp\left(t\mu+\frac{t^2\sigma^2}{2}\right)$$

이므로

$$E(X^2) = M_X''(0) = \mu^2+\sigma^2$$

따라서

$$\mathrm{Var}(X) = M_X''(0) - [M_X'(0)]^2 = \sigma^2$$

예제 5.6

적률생성함수를 이용하여 2개의 독립인 확률변수 $X_1,\ X_2$가 다음각 분포를 따를 때, X_1+X_2의 분포를 구하여라.

(1) X_i가 2항분포 $B(n_i, p)\ (i=1,2)$에 따른다.

(2) X_i가 정규분포 $N(\mu_i,\ {\sigma_i}^2)\ (i=1,2)$에 따른다.

풀이

(1) X_i의 적률생성함수는

$$M_{X_i}(t)=E(e^{tX_i})=\sum e^{tx_i}B(n_i,\ p)$$
$$=\sum e^{tx_i}{}_{n_i}C_{x_i}p^{x_i}q^{n_i-x_i}=(q+pe^t)^{n_i}\quad (i=1,2)$$

$X_1,\ X_2$가 독립이므로, X_1+X_2의 적률함수는

$$M_{X_1+X_2}(t)=M_{X_1}(t)\ \cdot\ M_{X_2}(t)=(q+pe^t)^{n_1}(q+pe^t)^{n_2}$$

한편 $B(n_1+n_2,\ p)$의 적률생성함수는 $(q+pe^t)^{n_1+n_2}$이므로 양자는 같다.

따라서 X_1+X_2는 $B(n_1+n_2,\ p)$에 따른다.

(2) 정규분포 $N(\mu_i,\ {\sigma_i}^2)$의 $m.g.f.$는

$$M_{X_i}(t)=\exp\left(\mu_i t+\frac{{\sigma_i}^2t^2}{2}\right)\quad (i=1,2)$$

$X_1,\ X_2$가 독립이므로, X_1+X_2의 $m.g.f.$는

$$M_{X_1+X_2}(t)=M_{X_1}(t)\ \cdot\ M_{X_2}(t)=\exp\left(\mu_1 t+\frac{{\sigma_1}^2t^2}{2}\right)\cdot\ \exp\left(\mu_2 t+\frac{{\sigma_2}^2t^2}{2}\right)$$
$$=\exp\left((\mu_1+\mu_2)t+\frac{{\sigma_1}^2+{\sigma_2}^2}{2}t^2\right)$$

한편 $N(\mu_1+\mu_2,\ {\sigma_1}^2+{\sigma_2}^2)$의 $m.g.f.$는

$$\exp\left((\mu_1+\mu_2)t+\frac{{\sigma_1}^2+{\sigma_2}^2}{2}t^2\right)$$

이므로, X_1+X_2는 $N(\mu_1+\mu_2,\ {\sigma_1}^2+{\sigma_2}^2)$이다.

연습문제 5.2

1. 포아송(Poisson)분포 $P(x) = \dfrac{e^{-\lambda}\lambda^x}{x!}(x = 0, 1, 2, \cdots)$의 적률생성함수를 구하고, 그 결과를 써서 평균과 분산을 구하여라.

2. X의 확률함수가 $P(X = x) = \dfrac{2}{5^{x+1}}(x = 0, 1, 2, \cdots)$일 때, 적률생성함수를 구하고, 이것을 써서 평균과 분산을 구하여라.

3. 이산적균등분포 $P(x) = \dfrac{1}{n}(x = 1, 2, \cdots, n)$의 적률생성함수를 구하고, 그 결과를 써서 평균을 구하여라.

4. X의 $p.d.f.$가

$$f(x) = \begin{cases} x/2, & (0 \le x \le 2) \\ 0, & (\text{그 밖에서}) \end{cases}$$

일 때, X의 $m.g.f.$를 구하여라.

5. X의 $p.d.f.$가

$$f(x) = \begin{cases} e^{-x}, & (x \ge 0) \\ 0, & (\text{그 밖에서}) \end{cases}$$

일 때, X의 $m.g.f.$를 구하여라.

5.3 여러 가지 확률분포의 적률생성함수

예제 5.7

모수가 α, β인 감마분포의 $m.g.f.$를 구하고, 이것을 이용하여 평균값과 분산을 구하여라.

풀이

X의 $p.d.f.$는 $f(x)=\frac{1}{\Gamma(\alpha)\beta^{\alpha}}x^{\alpha-1}e^{-x/\beta}\,(0<x,\ \alpha,\ \beta>0)$이므로

적률생성함수는 $M_X(t)$는

$$M_X(t)=E[e^{tX}]=\frac{1}{\beta^{\alpha}\Gamma(\alpha)}\int_0^{\infty}x^{\alpha-1}e^{-x(1-\beta t)/\beta}dx$$

$y=\frac{1-\beta t}{\beta}x,\ t<\frac{1}{\beta}$이라면, $x=\frac{\beta}{1-\beta t}y$이고, $dx=\frac{\beta}{1-\beta t}dy$이므로

$$\begin{aligned}M_X(t)&=\frac{1}{\beta^{\alpha}\Gamma(\alpha)}\int_0^{\infty}\left(\frac{\beta y}{1-\beta t}\right)^{\alpha-1}e^{-y}\frac{\beta}{1-\beta t}dy\\&=\frac{1}{\beta^{\alpha}\Gamma(\alpha)}\left(\frac{\beta}{1-\beta t}\right)^{\alpha}\int_0^{\infty}y^{\alpha-1}e^{-y}dy=(1-\beta t)^{-\alpha}\left(\int_0^{\infty}y^{\alpha-1}e^{-y}dy=\Gamma(\alpha)\right)\end{aligned}$$

$$M_X{}'(t)=-\alpha(1-\beta t)^{-\alpha-1}(-\beta),\qquad \mu=M_X{}'(0)=\alpha\beta$$

$$M_X{}''(t)=\alpha\beta(-\beta)(-\alpha-1)(1-\alpha t)^{-\alpha-2},\qquad M_X{}''(0)=\alpha\beta^2(\alpha+1)$$

$$\sigma^2=M_X{}''(0)-\mu^2=\alpha\beta^2(\alpha+1)-\alpha^2\beta^2=\alpha\beta^2$$

예제 5.8

자유도 n인 χ^2 분포의 $m.g.f.$를 구하고 이것을 이용하여 평균값과 분산을 구하여라.

풀이

X가 자유도 n인 χ^2분포를 할 때, X의 $p.d.f.$는

$$f(x)=\frac{1}{2^{n/2}\Gamma\left(\frac{n}{2}\right)}x^{n/2-1}e^{-x/2}\ (0<x<\infty)$$

이므로, X의 $m.g.f.\,M_X(t)$는

$$M_X(t)=\int_0^\infty e^{tx}\frac{1}{2^{n/2}\Gamma\left(\frac{n}{2}\right)}x^{n/2-1}e^{-x/2}dx$$

$$=\frac{1}{2^{n/2}\Gamma\left(\frac{n}{2}\right)}\int_0^\infty x^{n/2-1}e^{-x(1-2t)/2}dx$$

$y=\frac{x(1-2t)}{2}$ 이면, $dx=\frac{2}{1-2t}dy\ \left(t<\frac{1}{2}\right)$

$$M_X(t)=\frac{1}{2^{n/2}\Gamma\left(\frac{n}{2}\right)}\int_0^\infty\left(\frac{2y}{1-2t}\right)^{n/2-1}e^{-y}\frac{2}{1-2t}dy$$

$$=\frac{1}{\Gamma\left(\frac{n}{2}\right)(1-2t)^{n/2}}\int_0^\infty y^{n/2-1}e^{-y}dy=(1-2t)^{-n/2}$$

$$M_X{}'(t)=-\frac{n}{2}(1-2t)^{-n/2-1}(-2)=n(1-2t)^{-n/2-1}$$

$$E[X]=M_X{}'(0)=n$$

$$M_X{}''(t)=\left(-\frac{n}{2}\right)\left(-\frac{n}{2}-1\right)(1-2t)^{-n/2-2}(-2)^2$$

$$M_X{}''(0)=4\left(\frac{n}{2}\right)\left(\frac{n+2}{2}\right)=n(n+2)$$

$$\text{Var}(X)=M_X{}''(0)-[M_X{}'(0)]^2=n(n+2)-n^2=2n$$

예제 5.9

$X_1,\ X_2,\ \cdots,\ X_n$가 서로 독립이고, 자유도가 각각 $v_1,\ v_2,\ \cdots,\ v_n$인 χ^2분포를 하는 확률변수라면 확률변수 $Y = X_1 + X_2 + \cdots + X_n$은 자유도 $v = v_1 + v_2 + \cdots\ v_n$인 χ^2분임을 밝혀라.

풀이

$X_1,\ X_2,\ \cdots,\ X_n$이 서로 독립이므로

$$M_Y(t) = M_{X_1}(t) M_{X_2}(t) \cdots M_{X_n}(t)$$

그런데

$$M_{X_i}(t) = (1-2t)^{-v_i/2},\ i = 1,2,\ \cdots,n$$

이므로

$$\begin{aligned} M_Y(t) &= (1-2t)^{-v_1/2}(1-2t)^{-v_2/2} \cdots (1-2t)^{-v_n/2} \\ &= (1-2t)^{-(v_1+v_2+\cdots\ v_n)/2} \end{aligned}$$

따라서 Y는 자유도 $v = v_1 + v_2 + \cdots + v_n$인 χ^2분포를 한다.

연습문제 5.3

1. 확률질량함수 $f(x)=pq^x,\ x=0,\ 1,\ 2,\ \cdots,\ 0<p<1,\ p+q=1$에 대하여

(1) 적률생성함수 $M_X(t)$를 구하여라.

(2) $M_X(t)$를 이용하여 $E(X)$와 $Var(X)$를 구하여라.

2. $f(x)=\begin{cases}1, & 0\le x\le 1\\ 0, & \text{기타}\end{cases}$에 대하여 다음을 구하여라.

(1) $\int_{-\infty}^{\infty} f(x)dx$

(2) $M_X(t)=\int_{-\infty}^{\infty} e^{tx}f(x)dx,\ (-\infty<t<\infty)$

(3) X의 평균과 분산을 구하여라.

3. $X_1,\ X_2,\ \cdots,\ X_n$이 독립이고, 이들의 $m.g.f.$를 $M_1,\ \cdots, M_n$이라 할 때 $M_1,\ \cdots, M_n$이 같은 구간 (a,b)에서 유한이면, $S=X_1+\cdots+X_n$의 $m.g.f.$는 $M_S(t)=\prod_{i=1}^{n}M_i(t)$임을 밝혀라.

4. $X_i(i=1,2,\cdots,n)$가 독립이고, 정규분포 $N(\mu_i,\ {\sigma_i}^2)\ (i=1,2,\cdots,n)$에 따를 때, X_i의 $m.g.f.$는 $M_i(t)=\exp(t\mu_i+\frac{1}{2}{\sigma_i}^2t^2)$이다. $S=X_1+X_2+\cdots+X_n$의 $m.g.f.$를 구하여라.

5.4 중심극한정리

정리 5.1

2항분포 $P(X=x)=\binom{n}{x}p^x(1-p)^{n-x}$에서 표본의 수 $n\to\infty$이면 X는 정규분포 $N(np,\ npq)$에 근사한다. 단, $q=1-p$이다.

증명

생략

예제 5.10

이항분포 $B(12,1/2)$에 따르는 확률변수 X에 대하여, $P(X=6)$ 및 $P(X>10)$의 정확한 값과, 정규분포에 의한 근사값을 구하여라.**R**

풀이

이항분포의 정확한 값은 다음과 같다.

$$P\{X=6\}=\frac{12!}{6!6!}\left(\frac{1}{2}\right)^{12}=\frac{912}{4,096}=0.2227$$

$$P\{X>10\}=\frac{12!}{11!}\left(\frac{1}{2}\right)^{12}+\left(\frac{1}{2}\right)^{12}=0.0032$$

정규분포에 의한 근사값을 구하려면 $E(X)=12\times\frac{1}{2}=6$, $V(X)=12\times\frac{1}{2}\times\frac{1}{2}=3$이므로, X의 분포는 $N(6,3)$에 가깝다고 보아서

$P\{5.5<X<6.5\}$ 및 $P\{X>9.5\}$를 계산하면 된다. 그런데 이들 한계점에서

$$\frac{5.5-6}{\sqrt{3}}=-0.2887,\ \frac{6.5-6}{\sqrt{3}}=0.2887,\ \frac{9.5-6}{\sqrt{3}}=2.0207$$

이므로 정규분포에서

$$P\{5.5<X<6.5\}=0.2272,\ P\{X>9.5\}=0.0217$$

```
> #5.10
> n=12;  p=0.5  #n,p
> xbar=n*p  #mu
> sd=sqrt(n*p*(1-p))  #sd
> #p(x=6)
> dbinom(6,12,0.5)  #x,  n,  p
[1] 0.2255859
> pnorm(6.5, xbar, sd)-pnorm(5.5, xbar, sd)
[1] 0.22717

> #p(x>10)
> 1-pbinom(10,12,0.5)
[1] 0.003173828
> 1-pnorm(9.5, xbar, sd)
[1] 0.02165407
```

예제 5.11

주사위를 500회 던질 때, 1의 눈이 75회 이상, 95회 이하 나올 확률을 구하여라.R

풀이

500회 중 1의 눈이 나오는 회수를 X라고 하면

$$E(X)=np=500\times\frac{1}{6},\ \ \sqrt{Var(X)}=\sqrt{npq}=\sqrt{500\times\frac{1}{6}\times\frac{5}{6}}=\frac{50}{6}$$

$$P(75\le X\le 95)\fallingdotseq\Phi\left(\frac{95-500/6}{50/6}\right)-\Phi\left(\frac{75-500/6}{50/6}\right)=\Phi(1.4)-\Phi(-1)=0.7605$$

더욱 연속보정에 의하면

$$\begin{aligned}P(75\le X\le 95)&\fallingdotseq\Phi\left(\frac{95-500/6+0.5}{50/6}\right)-\Phi\left(\frac{75-500/6-0.5}{50/6}\right)\\&=\Phi(1.46)-\Phi(-1.06)=0.7833\end{aligned}$$

```
> #5.11
> n=500;  p=1/6  #n,p
> xbar=n*p  #mu
> sd=sqrt(n*p*(1-p))  #sd
> pnorm(95.5, xbar, sd)-pnorm(74.5, xbar, sd)
[1] 0.7832827
```

예제 5.12

동전을 40회 던져서, 표면이 나타나는 회수를 확률변수 X라고 할 때, $X=20$이 될 확률을 구하여라.

풀이

$$P[X=20]=P[19.5\le X\le 20.5]=P\left\{\frac{19.5-20}{\sqrt{10}}<\frac{X-20}{\sqrt{10}}<\frac{20.5-20}{\sqrt{10}}\right\}$$
$$=P\left\{-0.16<\frac{X-20}{\sqrt{10}}<0.16\right\}\approx\Phi(0.16)-\Phi(-0.16)$$

$P\{X=20\}\approx 2\Phi(0.16)-1\approx 0.1272$

정리 5.2

확률변수 $X_1, X_2, \cdots$가 서로 독립이고, 같은 확률분포를 따를 때, 그 평균값과 분산을 각각 μ, $\sigma^2(\sigma>0)$이라 하면

$$\frac{X_1+\cdots+X_n-n\mu}{\sqrt{n}\,\sigma} \text{ 의 확률분포} \rightarrow N(0,1)$$

이 성립한다. (중심극한정리)

증명

생략

예제 5.13

어떤 용기에 들어 있는 식품의 무게는 평균 16 온스, 표준편차 0.6 온스의 확률변수이다. 그 용기가 36개씩 상자에 담아진다면 임의로 선택된 상자 안의 내용물의 무게가 585 온스를 넘을 확률을 구하여라.R

풀이

여기에서 $\mu=16$, $\sigma=0.6$, $n=36$이다. 36개의 용기에 담아진 내용물의 무게의 합이 585 온스를 넘을 확률은, 즉 평균 무게 $\overline{X}$가 $585/36=16.25$ 온스를 넘을 확률을 구하면 된다. $\mu_{\overline{x}}=16$, $\sigma_{\overline{x}}=0.6/\sqrt{36}=0.1$

$$P(\overline{X}>16.25)\approx P\left(Z>\frac{16.25-16}{0.1}\right)=P(Z>2.5)=0.0062$$

```
> #5.13
> n=36
> xbar=16  #mu, xbar
> sd=0.6/sqrt(n)  #sd
> 1-pnorm(585/36, xbar, sd)
[1] 0.006209665
```

예제 5.14

어떤 TV 채널에서 30분짜리 프로그램에 있어서 광고에 쓰이는 시간은 평균 6.3분, 표준편차 0.866분의 확률변수이다. 36개의 30분짜리 프로그램을 시청한 어떤 사람이 220분 이상 광고를 볼 확률을 근사적으로 구하여라. **R**

풀이

$\mu=6.3$, $\sigma=0.866$, 30분짜리 프로그램의 수를 나타내는 n은 36이므로 $n=36$은 충분히 크다고 가정하고, 36개의 30분짜리 프로그램에서 광고에 할당된 평균시간 $\overline{X}$의 분포는 정규 근사법을 적용할 수 있다.

$$\mu_{\overline{x}}=6.3,\quad \sigma_{\overline{x}}=\frac{0.866}{\sqrt{36}}=0.1443$$

$$P(\overline{X}\geq 6.11)\approx P\left(Z>\frac{6.11-6.3}{0.1443}\right)=P(Z>-1.32)=0.9066$$

```
> #5.14
> n=36
> xbar=6.3#mu, xbar
> sd=0.866/sqrt(36)#sd
> 1-pnorm(220/n, xbar, sd)
[1] 0.9046818
```

연습문제 5.4

1. 주사위를 6,000회 던질 때, 1의 눈이 나오는 횟수 S에 대하여 $P(950 \leq S \leq 1,050)$의 값을 구하여라.R

2. 제조공장에서 생산되는 차 중 0.15가 결점이 있다고 가정하자. 차 40대를 배달할 때 정확히 5대가 결점이 있을 확률은 얼마인가?

3. 인구의 60%가 정부의 대규모 예산삭감을 지지한다면, 설문조사된 250명 중 155 이하가 예산삭감을 지지할 확률은 얼마인가?R

4. 1년 동안 한 노동자가 사고를 낼 확률이 0.4라고 한다. 어떤 공장에 200명의 노동자가 있을 때 1년에 75명보다 많은 사람이 사고가 날 확률은 얼마인가? 어떤 노동자에서 사고가 날 확률은 다른 노동자의 사고와는 독립이라고 한다.

5. 어떤 새로운 백신의 효과를 시험하기 위하여 100명에게 투여하였다. 제약회사는 이 백신을 맞은 임의의 사람은 확률 0.8로 면역성을 갖게 된다고 주장한다. 그럴 경우 다음의 확률을 구하여라.R

(1) 74명 미만이 면역성을 갖게 될 확률

(2) 74명 이상, 85명 이하가 면역성을 갖게 될 확률

6. 응급실의 하루 평균 입원환자는 85명이고 표준편차는 37명이다. 무작위로 30일을 정할 때, 응급실 평균 입원환자 수가 75명에서 95명 사이일 확률은?R

7. 젊은 커플들의 평균 미결제 신용 카드 잔액이 \$650이고 표준편차가 \$420이라고 가정해보자. 100쌍의 커플들의 무작위 표본이 미결제 신용 카드 잔액 평균값이 \$700을 넘을 확률은 얼마인가?R

CHAPTER

06

표본분포

구성

모집단의 특성 중 어떠한 수치, 예를 들면, 모평균이나 모비율 또는 모표준편차 등에 관심이 있는 경우가 많이 있다. 이러한 특성값을 모수(parameter)라 하며 특히 모집단의 모수에 관하여 연구한다. 표본에서 모수를 추론하려면 표본에서 계산되는 양에 의존하는데 이러한 양을 통계량이라 한다. 따라서, 통계량은 확률변수이다. 예컨대, $\overline{X}$는 통계량 표본평균(sample mean)을 나타낸다. 그리고, 주어진 표본값들에 대한 그 값을 $\overline{x}$로 나타낸다. 같은 방법으로 표본 분산(sample variance) S^2은 통계량이고, 주어진 표본에 대한 그 값을 소문자 s^2으로 나타낸다. 일반적으로 확률변수인 통계(statistic)는 대문자로, 주어진 표본에 의해 고정된 값은 소문자로 구분하여 표시한다. 통계량은 표본분포(sampling distribution)는 그 통계량의 확률분포를 뜻한다. 이는 모집단의 분포의 영향을 받고, 또한 표본의 크기 n에도 영향을 받는다.

6.1 평균의 표본분포

이 절에서는 평균의 표본분포(sampling distribution of the mean), 표본평균 $\overline{X}$의 분포에 관하여 설명한다. 예를 들면, 주머니 속에 0, 2, 4, 6의 숫자가 적힌 네 개의 공이 들어 있다고 하자. 크기가 4인 이 모집단에서 한 개의 공을 임의추출할 때 공에 적힌 숫자를 X라고 하면 X의 확률분포는 다음과 같다.

〈표 6.1〉 모집단 분포

X	0	2	4	6	합
$P(X)$	$\frac{1}{4}$	$\frac{1}{4}$	$\frac{1}{4}$	$\frac{1}{4}$	1

이와 같은 분포를 모집단의 분포라고 한다. 이 모집단 분포에서 X의 평균 μ과 분산 σ^2은 다음과 같다.

$$\mu = 0 \times \frac{1}{4} + 2 \times \frac{1}{4} + 4 \times \frac{1}{4} + 6 \times \frac{1}{4} = 3$$

$$\sigma^2 = 0^2 \times \frac{1}{4} + 2^2 \times \frac{1}{4} + 4^2 \times \frac{1}{4} + 6^2 \times \frac{1}{4} - 3^2 = 5$$

이때 $\mu = 3$을 모평균, $\sigma^2 = 5$를 모분산, $\sigma = \sqrt{5}$를 모표준편차라고 한다. 이제 이 모집단에서 두 개의 공을 복원추출할 때, 첫 번째 공의 숫자를 X_1, 두 번째 공의 숫자를 X_2라 하고, 이들의 평균을 $\overline{X}$라고 하면

$$\overline{X} = \frac{X_1 + X_2}{2}$$

이다. 이 $\overline{X}$를 표본평균이라고 한다. 이를테면 첫 번째 공의 숫자가 2이고, 두 번째 공의 숫자가 6이라고 하면 $X_1 = 2$, $X_2 = 6$이므로 표본평균 $\overline{X}$는

$$\overline{X} = \frac{2+6}{2} = 4$$

이다.

그런데 이 네 개의 공에서 순서를 생각하여 크기가 2인 표본을 복원추출하는 모든 방법의 수는 $4 \times 4 = 16 (= {}_4\Pi_2)$가지이며 이들 16개의 표본의 각각의 평균을 구하여 표로 만들면 아래 표와 같다.

〈표 6.2〉 가능한 모든 $\overline{X}$

X_2 \ X_1	0	2	4	6
0	0	1	2	3
2	1	2	3	4
4	2	3	4	5
6	3	4	5	6

따라서 표본평균 $\overline{X}$가 가질 수 있는 값은 0, 1, 2, 3, 4, 5, 6이고, 이들에 대응하는 확률을 조사하면 $\overline{X}$는 〈표 6.3〉과 같은 확률분포를 이루는 확률변수라고 할 수 있다.

이 $\overline{X}$의 평균과 분산은 다음과 같다.

〈표 6.3〉 $\overline{X}$의 분포

X	0	1	2	3	4	5	6
$P(X)$	$\frac{1}{16}$	$\frac{2}{16}$	$\frac{3}{16}$	$\frac{4}{16}$	$\frac{3}{16}$	$\frac{2}{16}$	$\frac{1}{16}$

$$\mu_{\overline{x}} = 0 \times \frac{1}{16} + 1 \times \frac{2}{16} + 2 \times \frac{3}{16} + \cdots + 6 \times \frac{1}{16} = 3$$

$$\sigma^2_{\overline{x}} = 0^2 \times \frac{1}{16} + 1^2 \times \frac{2}{16} + 2^2 \times \frac{3}{16} + \cdots + 6^2 \times \frac{1}{16} - 3^2 = \frac{5}{2}$$

위의 계산에서 $\mu_{\overline{x}}$와 모집단의 평균 μ가 3으로 같음에 유의한다. 그러나, 분산에 있어서는 $\sigma^2_{\overline{x}} = \frac{5}{2}$이고, $\sigma^2 = 5$이므로

$$\sigma^2_{\overline{x}} = \frac{\sigma^2}{2} = \frac{\text{모집단의 분산}}{\text{표본의 크기}}$$

임에 유의하자.

위에서 보인 바와 같이 μ와 $\mu_{\overline{x}}$, σ^2과 $\sigma^2_{\overline{x}}$의 관계는 모집단의 크기와 상관 없이 다음과 같은 일반적인 성질이 성립한다. 평균 μ와 분산 σ^2을 갖는 모집단으로부터 크기 n인 표본을 복원추출했을 때 다음이 성립한다.

$$\mu_{\overline{x}} = \mu \ , \quad \sigma^2_{\overline{x}} = \frac{\sigma^2}{n}$$

예제 6.1

모평균이 5, 모표준편차가 0.4인 모집단에서 크기가 100인 임의표본을 복원추출하는 경우, 표본평균 $\overline{X}$ 의 평균, 분산, 표준편차를 구하여라.

풀이

$\mu=5$, $\sigma=0.4$, $n=100$이므로

$\mu_{\overline{X}}=5$, $\sigma^2_{\overline{X}}=\dfrac{0.4^2}{100}=0.0016$, $\sigma_{\overline{X}}=0.04$

예제 6.2

모평균이 120, 모표준편차가 10인 정규분포를 따르는 모집단에서 크기가 25인 표본을 임의추출하였다. 이때 표본평균이 115 이상 124 이하일 확률을 표준정규분포표를 이용하여 구하여라.

풀이

모집단의 분포는 정규분포 $N(120, 10^2)$을 따르므로 크기가 25인 표본평균을 $\overline{X}$라고 하면 $\overline{X}$는 정규분포 $N\left(120, \dfrac{10^2}{25}\right)$ 곧 $N(120, 2^2)$을 따른다.

따라서 $Z=\dfrac{\overline{X}-120}{2}$으로 표준화하면

$$\begin{aligned} P(115 \le \overline{X} \le 124) &= P(-2.5 \le Z \le 2) = P(0 \le Z \le 2.5) + P(0 \le Z \le 2) \\ &= 0.4938 + 0.4772 = 0.9710 \end{aligned}$$

예제 6.3

어느 회사에서 생산하는 건전지의 수명은 평균이 30시간, 표준편차가 5시간인 정규분포를 따른다고 한다. 이 제품 중에서 100개의 건전지를 임의로 추출하는 경우, 수명의 표본평균 $\overline{X}$ 에 대하여 다음 확률을 표준정규분포표를 이용하여 구하여라.**R**

(1) $P(29 \le \overline{X} \le 31)$ (2) $P(\overline{X} \ge 31.5)$

풀이

(1) $$P(29 \le \overline{X} \le 31) = P\left(\frac{29-30}{5/\sqrt{100}} \le Z \le \frac{31-30}{5/\sqrt{100}}\right)$$
$$= P(-2 \le Z \le 2) = 2P(0 \le Z \le 2)$$
$$= 0.9544$$

```
> #6.3
> mu=30;  n=100;  sd=5/sqrt(n)  #mu, n, sd
> #(1)
> pnorm(31,mu,sd)-pnorm(29,mu,sd)
[1] 0.9544997
```

(2) $$P(\overline{X} \ge 31.5) = P\left(Z \ge \frac{31.5-30}{5/\sqrt{100}}\right) = P(Z \ge 3)$$
$$= 0.5 - P(0 \le Z \le 3)$$
$$= 0.5 - 0.4987$$
$$= 0.0013$$

```
> #(2)
> 1-pnorm(31.5,mu,sd)
[1] 0.001349898
```

표본의 크기 n이 클 때 $\overline{X}$의 분포가 평균 μ 분산 σ^2/n인 정규분포에 가깝다 이 결과는 중심극한정리(central limit theorem)라는 유명한 확률 이론의 정리이다. 이의 증명은 정도에 지나치므로 생략한다.

중심극한정리(中心極限整理)

평균이 μ이고, 분산이 σ^2인 임의의 모집단으로부터 뽑은 확률 표본의 평균 $\overline{X}$의 분포는 표본의 크기가 크면 근사적으로 평균 μ, 분산 σ^2/n인 정규분포 $N(\mu,\ \sigma^2/n)$에 따른다. 즉 $Z=\dfrac{\overline{X}-\mu}{\dfrac{\sigma}{\sqrt{n}}}$의 분포는 근사적으로 표준정규분포 $N(0,1)$에 따른다.

예제 6.4

변수 X가 정규분포 $N(60,10^2)$을 따르는 모집단에서 크기가 20인 표본을 임의추출할 때, 표본평균 $\overline{X}$가 이루는 분포를 구하여라.

풀이

일반적으로 변수 X가 $N(\mu,\sigma^2)$을 따를 때 $\overline{X}$는 $N\left(\mu,\dfrac{\sigma^2}{n}\right)$을 따르므로 $\overline{X}$는 $N\left(60,\dfrac{10^2}{20}\right)$ 곧, $N(60,5)$를 따른다.

예제 6.5

어떤 전구의 수명이 평균 500시간, 표준편차 35시간인 확률변수이다. 이 전구 49개의 확률표본의 평균이 488시간에서 505시간 사이에 있을 확률은 얼마인가?**R**

풀이

여기에서 $\mu=500,\ \sigma=35,\ n=49$이므로 $\mu_{\overline{X}}=500,\ \sigma_{\overline{X}}=\dfrac{35}{\sqrt{49}}=5$

$P(488<\overline{X}<505)$을 구하는 데 있으므로 이것을 표준화하여 중심극한정리에 의해서 다음과 같이 구한다.

$$P(488 < \overline{X} < 505) \approx P\left(\frac{488-500}{5} < Z < \frac{505-500}{5}\right)$$
$$= P(-2.4 < Z < 1) = P(0 < Z < 1) + P(0 < Z < 2.4)$$
$$= 0.3413 + 0.4918 = 0.8331$$

```
> #6.5
> mu=500;  n=49;  sd=35/sqrt(n)  #mu, n, sd
> pnorm(505,mu,sd)-pnorm(488,mu,sd)
[1] 0.8331472
```

예제 6.6

어떤 TV 채널에서 30분짜리 프로그램에 있어서 광고에 쓰이는 시간은 평균 6.3분, 표준편차 0.866분의 확률변수이다. 36개의 30분짜리 프로그램을 시청한 어떤 사람이 220분 이상 광고를 볼 확률을 근사적으로 구하여라.**R**

풀이

$\mu = 6.3$, $\sigma = 0.866$, 30분짜리 프로그램의 수를 나타내는 n은 36이므로 $n = 36$은 충분히 크다고 가정하고, 36개의 30분짜리 프로그램에서 광고에 할당된 평균시간 $\overline{X}$의 분포는 정규 근사법을 적용할 수 있다.

$$\mu_{\overline{x}} = 6.3,\ \sigma_{\overline{x}} = \frac{0.866}{\sqrt{36}} = 0.1443$$

$$P(\overline{X} \geq 6.11) \approx P\left(Z \geq \frac{6.11-6.3}{0.1443}\right)$$
$$= P(Z \geq -1.32)$$
$$= 0.9066$$

```
> #6.6
> mu=6.3;  n=36;  sd=0.866/sqrt(n)  #mu, n, sd
> 1-pnorm(6.11,mu,sd)
[1] 0.9059796
```

연습문제 6.1

1. 토마토들의 표준편차가 3 온스이고 평균 무게가 10 온스가 나가고 가게가 각각 12개의 토마토가 들어 있는 상자들을 판다고 가정해보자. 구매자들이 그들이 산 각 박스의 토마토들의 평균 무게를 잰다면, 이 평균들의 평균값과 표준편차는 얼마일까?

2. 모평균이 $\mu = 10$, 모분산 $\sigma^2 = 6$인 모집단에서 크기가 3인 임의 표본을 복원추출하는 경우, 표본평균 $\overline{X}$의 평균과 분산을 구하여라.

3. 플로리다에서 학생들이 휴가를 보낼 때 쓰는 돈의 합계의 분포가 \$650의 평균값과 \$120 표준편차로 정규분포되어 있다고 가정해보자. 10명의 학생의 무작위 표본이 평균 \$600와 \$700 사이를 쓸 확률은 얼마인가?**R**

4. 당국의 통계에 의하면 학생 1인당 연평균 교육비는 500,000원, 표준편차는 80,000원이라 한다. 64명의 학생을 임의로 뽑았을 때 평균 교육비가 다음과 같은 확률을 구하여라.

   (1) 482,000원을 초과하는 확률

   (2) 480,000원에서 512,000원 사이에 있을 확률

5. 젊은 커플들의 평균 미결제 신용카드 잔액이 \$650이고 표준편차가 \$420이라고 가정해보자. 100쌍의 커플들의 무작위 표본이 미결제 신용카드 잔액 평균값을 \$700을 넘을 확률은 얼마인가?**R**

6. 어떤 용기에 들어 있는 식품의 무게는 평균 16 온스, 표준편차 0.6 온스의 확률변수이다. 그 용기가 36개씩 상자에 담아진다면 임의로 선택된 상자 안의 내용물 무게가 585 온스를 넘을 확률을 구하여라.

6.2 두 평균의 비교

6.2.1 두 모분산을 알 때 두 평균차의 추론

두 모집단이 독립이고 각각의 평균이 μ_1, μ_2 분산이 σ_1^2, σ_2^2인 각 모집단으로부터 각각 크기 n_1, n_2인 표본을 추출했을 때, 이들의 평균 $\overline{X}_1$와 $\overline{X}_2$의 차이는 어떤 분포를 따르는지 살펴보자. 5장에서 모집단의 정규분포인 경우와 n이 클 때는 $\overline{X}_1$와 $\overline{X}_2$는 각각 평균이 μ_1, μ_2 분산이 σ_1^2/n_1, σ_2^2/n_2인 정규분포를 따르게 됨을 알 수 있다.

이러한 결과를 이용하여 $\overline{X}_1-\overline{X}_2$의 평균, 표준편차 그리고 표본분포의 모양에 대하여 알아볼 수 있다. 두 표본이 서로 독립이고 두 표본이 모두 클 때(즉, $n_1 \geq 30$, $n_2 \geq 30$)이거나 두 표본 중 하나 또는 두 표본 모두가 작다면 두 표본이 추출된 두 모집단 모두가 정규분포를 만족된다면 $\overline{X}_1-\overline{X}_2$의 표본분포는 근사적으로 정규분포를 따르고, 평균과 표준편차는 다음과 같다.

$$\mu_{\overline{X}_1-\overline{X}_2}=\mu_{\overline{X}_1}-\mu_{\overline{X}_2}=\mu_1-\mu_2$$

이고, 분산이

$$\sigma^2_{\overline{X}_1-\overline{X}_2}=\sigma^2_{\overline{X}_1}+\sigma^2_{\overline{X}_2}=\frac{\sigma_1^2}{n_1}+\frac{\sigma_2^2}{n_2}$$

인 정규분포를 따른다. 그리고

$$Z=\frac{(\overline{X_1}-\overline{X_2})-(\mu_1-\mu_2)}{\sqrt{(\sigma_1^2/n_1)+(\sigma_2^2/n_2)}}$$

는 근사적으로 표준정규분포를 따른다.

예제 6.7

A 회사의 전구 수명은 평균 6.5년이고 표준편차가 0.9년이다. 또 B회사의 전구 수명은 평균 6년이고 표준편차는 0.8년이다. 두 회사의 전구 수명이 근사적 정규분포를 할 때 A 회사의 제품 36개, B회사의 제품 49개를 임의 추출한다면 A 회사의 표본평균과 B회사의 표본평균의 차는 다음 어느 정규분포를 이루는가 ?

풀이

$\mu_{\overline{x_1}} - \mu_{\overline{x_2}} = 6.5 - 6.0 = 0.5$

$\sigma^2{}_{\overline{X}_1 - \overline{X}_2} = {\sigma_1}^2/n_1 + {\sigma_2}^2/n_2 = \dfrac{0.81}{36} + \dfrac{0.64}{49} \fallingdotseq 0.036$

예제 6.8

A 사의 제품 M의 수명은 평균 6.5년, 표준편차 0.9년이고, B사의 제품 M의 수명은 평균 6.0년, 표준편차 0.8년이라 한다. A 사에서 36개의 표본의 평균 수명이 B사의 49개의 표본의 평균 수명보다 적어도 1년 이상 길 확률을 구하여라.

풀이

A사의 표본평균을 $\overline{X}_1$, B사의 표본평균을 $\overline{X}_2$라 하면

$$\mu_{\overline{X}_1 - \overline{X}_2} = 6.5 - 6.0 = 0.5,$$

$$\sigma_{\overline{X}_1 - \overline{X}_2} = \sqrt{\frac{0.81}{36} + \frac{0.64}{49}} = 0.189$$

$$Z = \frac{(\overline{X}_1 - \overline{X}_2) - (\mu_1 - \mu_2)}{\sigma_{\overline{X}_1 - \overline{X}_2}} = \frac{\overline{X}_1 - \overline{X}_2 - 0.5}{0.189}$$

$\overline{X}_1 - \overline{X}_2 = 1$이면 $z = (1.0 - 0.5)/0.189 = 2.646$이므로

$$P(\overline{X}_1 - \overline{X}_2 \geq 1.0) = P(Z \geq 2.646) = 0.0041$$

예제 6.9

진학 적성 검사의 성적 모집단의 평균이 500, 표준편차가 100이라고 한다. 이 모집단에서 임의로 50명과 25명을 추출하였을 때 50명의 평균점이 25명의 평균점보다 적어도 10점 더 많을 확률을 구하라.R

풀이

$\mu_1 = \mu_2 = 500$, $\sigma_1 = \sigma_2 = 100$, $n_1 = 50$, $n_2 = 25$

50명의 평균 득점 $\overline{X}_1$, 25명의 평균 득점을 $\overline{X}_2$라 하면 $P(\overline{X}_1 - \overline{X}_2 \geq 10)$을 구한다.

$\overline{X}_1 - \overline{X}_2$는 평균이 $\mu_{\overline{x}_1} - \mu_{\overline{x}_2} = \mu_1 - \mu_2 = 0$, $\overline{X}_1 - \overline{X}_2$의 분산은

$$\sigma_{\overline{X}_1 - \overline{X}_2}{}^2 = \sigma_{\overline{X}_1}{}^2 + \sigma_{\overline{X}_2}{}^2 = \frac{\sigma_1{}^2}{n_1} + \frac{\sigma_2{}^2}{n_2} = \frac{100^2}{50} + \frac{100^2}{25}$$

$$= \frac{100^2(2+4)}{100} = 600$$

따라서 $\overline{X}_1 - \overline{X}_2$를 표준화하여 $Z = \dfrac{\overline{X}_1 - \overline{X}_2 - \mu_1 - \mu_2}{\sigma_{\overline{X}_1 - \overline{X}_2}} = \dfrac{\overline{X}_1 - \overline{X}_2}{24.5}$ 는 $N(0,\ 1)$에 근사한다.

$\overline{X}_1 - \overline{X}_2 = 10$이면 $z = \dfrac{10}{24.5} = 0.408$

$$\therefore P(\overline{X}_1 - \overline{X}_2 \geq 10) = P(Z \geq 0.408) = 0.3409$$

```
> #6.9
> mu1=500;  mu2=500;  sd1=100;  sd2=100  #mu,  sd
> n1=50;  n2=25  #n
> mu=mu1-mu2  #mu1-mu2
> sd=sqrt(sd1^2/n1+sd2^2/n2)#sd
> 1-pnorm(10,mu,sd)
[1] 0.3415457
```

6.2.2 두 모분산을 모를 때 두 평균차의 추론

표본의 크기가 작을 때는 모집단의 분포에 대한 가정이 필요하다. 다음은 두 모집단의 평균의 차이에 대한 추론을 할 때 필요한 모집단의 대한 가정을 정리한 것이다. 이와 같은 가정에 바탕을 둔 추론의 방법은 그 가정이 잘 맞을 때에만 유효하다고 할 수 있다.

표본의 크기가 작을 때 필요한 가정:

(1) 두 모집단이 모두 정규분포를 따른다.

(2) 두 모집단의 표준편차가 일치한다.($\sigma_1 = \sigma_2 = \sigma$)

위의 가정 하에서 두 모집단은 정규분포를 따르므로 두 표본평균은 각각 정규분포를 따른다. 따라서 두 표본평균의 차이 $\overline{X_1} - \overline{X_2}$도 다음과 같이 정규분포를 따른다.

$$\overline{X_1} - \overline{X_2} \sim N\left(\mu_1 - \mu_2,\ \sigma^2\left(\frac{1}{n_1} + \frac{1}{n_2}\right)\right)$$

두 모집단의 공통 표준편차인 σ를 아는 경우에는 정규분포를 이용하여 추론을 할 수 있으나 대부분의 경우 σ를 모르므로 이를 추정하여야 한다. 이 σ에 대한 정보는 각 표본의 편차제곱합인 $\sum(x_{1i} - \overline{x_1})^2$, $\sum(x_{2i} - \overline{x_2})^2$ 모두에 들어 있다. 따라서 이 두 제곱합을 더하여 각각의 자유도인 $(n_1 - 1)$과 $(n_2 - 1)$의 합인 $n_1 + n_2 - 2$로 나누어서 σ^2의 추정량을 사용하게 된다. 이를 공통분산 σ^2의 합동추정량(pooled estimator)이라고 하고, 정리하면 다음과 같다.

$$s_p^2 = s_{pooled}^2 = \frac{\sum_{i=1}^{n_1}(x_{1i} - \overline{x_1})^2 + \sum_{i=1}^{n_2}(x_{2i} - \overline{x_2})^2}{n_1 + n_2 - 2} = \frac{(n_1 - 1)s_1^2 + (n_2 - 1)s_2^2}{n_1 + n_2 - 2}$$

$\overline{X}_1 - \overline{X}_2$의 표준편차의 추정량은 다음과 같이 계산된다.

$$s_{\overline{x}_1 - \overline{x}_2} = s_p \sqrt{\frac{1}{n_1} + \frac{1}{n_2}}$$

위의 합동추정량을 이용하여 다음과 같이 $\mu_1 - \mu_2$에 대한 추론에 이용되는 표준화된 확률변수를 얻을 수 있다. 두 정규모집단에서 독립적으로 추출된 두 표본으로부터 얻게 되는 표준화된 확률변수는 자유도가 $n_1 + n_2 - 2$인 t분포를 따른다.

$$t = \frac{(\overline{X}_1 - \overline{X}_2) - (\mu_1 - \mu_2)}{s_p \sqrt{\frac{1}{n_1} + \frac{1}{n_2}}} \sim t(n_1 + n_2 - 2)$$

예제 6.10

다음의 두 표본으로부터 s_p^2을 구하라.R

표본 1 : 8, 5, 7, 6, 9, 7

표본 2 : 2, 6, 4, 7, 6

풀이

자료로부터

$$\sum x_i = 42,\ \sum y_i = 25,\ \sum x_i^2 = 304,\ \sum y_i^2 = 141$$

을 얻을 수 있고, 따라서

$$\overline{x} = \frac{42}{6} = 7,\quad \overline{y} = \frac{25}{5} = 5$$

이고,

$$\sum (x_i - \overline{x})^2 = \sum x_i^2 - n\overline{x}^2 = 304 - 6 \times 7^2 = 10,$$

$$\sum (y_i - \overline{y})^2 = \sum y_i^2 - n\overline{y}^2 = 141 - 5 \times 5^2 = 16$$

이다. 따라서

$$s_p^2 = \frac{\sum(x_i-\overline{x})^2+\sum(y_i-\overline{y})^2}{n_1+n_2-2} = \frac{10+16}{6+5-2} = 2.89$$

이다.

```
> #6.10
> x=c(8,5,7,6,9,7)  #x
> y=c(2,6,4,7,6)    #y
> xbar=mean(x)  #mean of x
> ybar=mean(y)  #mean of y
> n1=length(x)  ;  n2=length(y)  #n1,  n2
> sp=(sum((x-xbar)^2)+sum((y-ybar)^2))/(n1+n2-2)
> sp
[1] 2.888889
```

예제 6.11

A, B두 공장에서 생산되는 전구의 수명에 대하여 다음 표와 같은 사실을 알았다. 두 모집단에서 각각 25개의 표본 추출을 할 때 평균차가 160 이상일 확률을 구하면?

〈표 6.4〉 A, B 두 공장에서 생산되는 전구의 수명의 평균과 표준편차

	평균	표준편차
A 공장	1,400	200
B 공장	1,200	100

풀이

$\mu_A-\mu_B = 1400-1200 = 200$

$$s_p = \sqrt{\frac{24\times 200^2+24\times 100^2}{25+25-2}} = \sqrt{25000} = 158.11$$

$$s_{\overline{x}_1-\overline{x}_2} = s_p\sqrt{\frac{1}{n_1}+\frac{1}{n_2}} = 158.11\sqrt{\frac{1}{25}+\frac{1}{25}} = 44.72$$

$\therefore t = \dfrac{160-200}{44.72} = -.89$이므로 $P(T \geq -.89) = 0.811$

예제 6.12

A사의 제품 M의 수명은 평균 6.5년, 표준편차 0.9년이고, B사의 제품 M의 수명은 평균 6.0년, 표준편차 0.8년이라 한다. A사에서 36개의 표본의 평균 수명이 B사의 49개의 표본의 평균 수명보다 적어도 1년 이상 길 확률을 구하여라.R

풀이

A사의 표본평균을 $\overline{X}_1$, B사의 표본평균을 $\overline{X}_2$라 하면(표본의 크기가 크므로 근사 정규분포)

$$\mu_{\overline{X}_1-\overline{X}_2}=6.5-6.0=0.5,\quad \sigma_{\overline{X}_1-\overline{X}_2}=\sqrt{\frac{0.81}{36}+\frac{0.64}{49}}=0.189$$

$$Z=\frac{(\overline{X}_1-\overline{X}_2)-(\mu_1-\mu_2)}{\sigma_{\overline{X}_1-\overline{X}_2}}=\frac{\overline{X}_1-\overline{X}_2-0.5}{0.189}$$

$\overline{X}_1-\overline{X}_2=1$이면 $z=(1.0-0.5)/0.189=2.646$이므로

$$P(\overline{X}_1-\overline{X}_2\geq 1.0)=P(Z\geq 2.646)=0.0041$$

```
> #6.12
> mu1=6.5;  mu2=6.0  #mu
> sd1=0.9;  sd2=0.8  #sd
> n1=36;  n2=49      #n
> mu=mu1-mu2 #differance of mean
> sd=sqrt(sd1^2/n1+sd2^2/n2) #sd
> 1-pnorm(1,mu,sd)
[1] 0.004007479
```

연습문제 6.2

1. 비료 A가 사용되었을 때, 야채 수확이 0.7톤의 표준편차에 에이커당평균이 4.5톤이었던 반면, 비료 B가 사용되었을 때 수확은 0.4톤의 표준편차에 에이커당평균이 4.3톤이었다. 비료 A를 사용한 45개의 표본분포표와 비료 B를 사용한 50개의 표본 분포표에서, 평균 수확들의 차이가 마이너스일 확률이 얼마인가,즉 비료 A를 사용한 분포표의 평균 수확이 비료 B를 사용한 분포표의 평균 수확보다 낮을 확률은?R

2. 주립학교 학생들이 학교를 결석한 날짜의 평균 햇수가 8.5, 표준편차가 4.1이고, 사립학교 학생들이 학교를 결석한 날 평균 햇수 5.3, 표준편차가 2.9이다. 200명의 주립학교 학생들의 SRS와 150명의 사립학교 학생들의 무작위 표본에서, 확률이 .95일 때 결석한 날 평균 수의 차이(주립 평균 빼기 사립 평균)는 어떤 수보다 클까?

3. 모평균 $\mu_1 = 550$, $\mu_2 = 500$이고 모 표준편차 $\sigma_1 = 9$, $\sigma_2 = 16$인 두 정규모집단에서 각각 크기 50과 40인 표본을 임의로 추출하였을 때, 두 표본평균의 차가 48과 52 사이일 확률을 구하여라.R

4. A, B 두 회사에서 텔레비전 브라운관을 생산하고 있다. A 회사에서 생산되는 브라운관의 수명은 평균이 12.5년, 표준편차가 2년, B 회사에서 생산되는 브라운관의 수명은 평균 12년, 표준편차가 1.8년이라고 알려져 있다. A 회사에서는 36개의 확률표본을 추출하고, B 회사에서는 49개의 확률표본을 추출했을 때, A 회사 제품의 표본평균이 B 회사 제품의 표본평균보다 적어도 1년 이상 길 확률을 구하라.

6.3 비율의 표본분포

모집단에서 어떤 성질 A를 가진 것의 비율을 모비율이라 하고, 기호 p로 나타낸다. 또, 이 모집단에서 임의추출한 표본에서 성질 A를 가진 것의 비율을 표본비율이라 하고, 기호 $\hat{p}$으로 나타낸다. 따라서 크기가 n인 표본에서 성질 A를 가진 것의 추출된 횟수를 X라고 할 때, 표본비율 $\hat{p}$은

$$\hat{p}=\frac{\mathrm{X}}{n}$$

이다. 3장에서 이항분포의 평균과 표준편차가 $\mu_{\mathrm{x}}=np,\ \ \sigma_{\mathrm{x}}=\sqrt{npq}$ 에서

$$\mu_{\hat{p}}=E\left(\frac{x}{n}\right)=\frac{1}{n}(np)=p$$

$$\sigma_{\hat{p}}=\sqrt{V\left(\frac{x}{n}\right)}=\frac{1}{n}\sqrt{npq}=\sqrt{\frac{p(1-p)}{n}}$$

따라서 성공의 확률이 p인 모집단에서 독립적으로 크기 n의 표본을 추출했을 때 n이 상당히 크면 표본비율 X/n의 분포는 근사적으로 평균 p, 분산 pq/n인 정규분포에 따른다. 여기에서 $p+q=1$이다. 경험에 의하면 표본의 크기 n인 $np>5,\ nq>5$ 정도로 커야 정규근사의 정도가 만족할만한 것으로 알려져 있다. X/n의 분포가 근사적 정규분포를 한다는 말은 이것을 표준화한

$$Z=\frac{\hat{p}-p}{\sqrt{\frac{pq}{n}}}$$

은 n이 크다는 가정하에 표준정규분포 $N(0,1)$에 매우 가까운 분포를 한다는 것이다.

예제 6.13

어떤 제품의 불량률은 2%라고 하자. 100개의 제품을 임의추출할 때, 표본비율 $\hat{p}$의 평균 $E(\hat{p})$과 표준편차 $\sigma(\hat{p})$을 구하여라.

풀이

$$E(\hat{p}) = p = 0.02,\ \sigma(\hat{p}) = \sqrt{\frac{pq}{n}} = \sqrt{\frac{0.02 \times 0.98}{100}} = \frac{14}{1000} = 0.014$$

예제 6.14

어떤 고등학교 학생 2,000명 중에서 60%가 대중교통을 이용하여 학교를 다닌다고 한다. 이 학교의 학생 중 100명을 임의추출할 때, 대중교통을 이용하는 학생의 비율 $\hat{p}$은 어떤 분포를 따르는가?

풀이

$p = 0.6,\ \frac{pq}{n} = \frac{0.6 \times 0.4}{100} = \frac{24}{100^2}$ 이므로 근사적으로 $N\left(0.6,\ \frac{24}{100^2}\right)$를 따른다.

예제 6.15

유전학에서 멘델의 분리 법칙에 따르면 어떤 종류의 완두콩을 교배시켰을 때, 노란 완두콩이 나올 확률은 3/4이고, 녹색 완두콩이 나올 확률은 1/4이다. 400개의 완두콩이 생산되었을 때 다음을 구하여라.R

(1) 노란 완두콩의 비율의 표준오차

(2) 노란 완두콩의 비율이 0.71과 0.78 사이에 있을 근사적 확률

풀이

$p = \frac{3}{4},\ n = 400$이다.

(1) 노란 완두콩의 비율의 표준오차는

$$\sqrt{\frac{pg}{n}} = \sqrt{\frac{3}{4} \times \frac{1}{4} \Big/ 400} = 0.0217$$

(2) $P(0.71 < X/n < 0.78) \approx P\left(\frac{0.71 - 0.75}{0.0217} < Z < \frac{0.78 - 0.75}{0.0217}\right) = P(-1.85 < Z < 1.38)$

$$= 0.4678 + 0.4162 = 0.8840$$

```
> #6.15
> n=400;  p=3/4
> sd=sqrt(p*(1-p)/n)
> pnorm(0.78,p,sd)-pnorm(0.71,p,sd)
[1] 0.8847358
```

예제 6.16

어떤 도시 인구의 60%가 새로운 공원을 건설하는 데 찬성한다고 한다. 이 도시에서 150명을 임의로 뽑을 때, 새로운 공원을 건설하는 데 찬성하는 사람이 81명 이하일 확률을 구하여라.R

풀이

모비율이 $p = 0.6 = \frac{3}{5}$ 이고 표본의 크기가 $n = 150$ 이므로 표본비율 $\hat{p}$ 의 평균과 분산은

$$E(\hat{p}) = \frac{3}{5},\ \mathrm{V}(\hat{p}) = \frac{pq}{n} = \frac{\frac{3}{5} \times \frac{2}{5}}{150} = \frac{1}{25^2}$$

그런데 n은 충분히 크므로 $\hat{p}$은 정규분포 $N\left(\frac{3}{5},\ \left(\frac{1}{25}\right)^2\right)$을 따른다.

따라서 $Z = \frac{\hat{p} - \frac{3}{5}}{\frac{1}{25}}$ 으로 표준화하면

$$P\left(\hat{p} \le \frac{81}{150}\right) = P(Z \le -1.5) = 0.5 - P(0 \le Z \le 1.5) = 0.5 - 0.4332 = 0.0668$$

```
> #6.16
> n=150;  p=3/5
> sd=sqrt(p*(1-p)/n)
> pnorm(81/150,p,sd)
[1] 0.0668072
```

연습문제 6.3

1. 모든 운전자들의 48%가 안전벨트를 한다고 견적되었다. 경찰관이 차 400대가 한 시간에 지나가는 것을 본다면, 운전자가 안전벨트를 하고 있을 비율이 45%에서 55%일 확률을 얼마인가?**R**

2. 모든 투석 환자들의 70%가 적어도 5년은 산다고 가정해보자. 100명의 새로운 투석 환자들의 간단한 무작위 표본(SRS)에서 적어도 5년을 사는 비율이 80%를 넘어갈 확률은 얼마인가?**R**

3. 어떤 지역 사람들의 36%가 혈액형이 A형이라고 알려져 있다. 이 지역에서 100명을 임의 추출할 때, 33명 이상 42명 이하의 혈액형이 A형일 확률을 구하여라(필요하면 이 책의 뒤에 있는 표준정규분포 표를 이용하여라).

6.4 두 비율의 비교

앞 절에서 대표본에 대하여 표본비율 $\hat{p}$은 (근사적으로) 정규분포를 따르고, 평균은 p이고, 표준편차는 $\sqrt{pq/n}$ 이었다. 따라서 각각 표본의 크기가 n_1과 n_2인 두 독립 대표본에 대하여 표본비율 $\hat{p}_1$과 $\hat{p}_2$는 (근사적으로) 정규분포를 따르고, 평균은 각각 p_1과 p_2이고, 표준편차는 $\sqrt{p_1q_1/n_1}$과 $\sqrt{p_2q_2/n_2}$이다. 이 결과를 이용하여 $\hat{p}_1 - \hat{p}_2$의 표본분포의 평균과, 표준편차에 대하여 서술할 수 있다.

$$\mu_{\hat{p}_1-\hat{p}_2} = \mu_{\hat{p}_1} - \mu_{\hat{p}_2} = p_1 - p_2$$

$$\sigma^2_{\hat{p}_1-\hat{p}_2} = \left(\sqrt{\frac{p_1(1-p_1)}{n_1}}\right)^2 + \left(\sqrt{\frac{p_2(1-p_2)}{n_2}}\right)^2 = \frac{p_1(1-p_1)}{n_1} + \frac{p_2(1-p_2)}{n_2}$$

$$\sigma_{\hat{p}_1-\hat{p}_2} = \sqrt{\frac{p_1(1-p_1)}{n_1} + \frac{p_2(1-p_2)}{n_2}}$$

따라서 두 독립 대표본에 대하여 $p_1 - p_2$에 대한 신뢰구간을 구하고 가설검정을 하기 위하여 정규분포를 사용할 수 있다. 5장에서 모비율에 대하여 np와 nq가 모두 5보다 큰 경우 표본은 크다고 하였다. 두 표본에 대하여는 n_1p_1, n_1q_1, n_2p_2, n_2q_2가 모두 5보다 커야 정규 근사하는 것으로 알려져 있다. 따라서

$$Z = \frac{(\hat{p}_1 - \hat{p}_2) - (p_1 - p_2)}{\sigma_{\hat{p}_1-\hat{p}_2}}$$

는 근사적으로 정규분포를 따른다.

예제 6.17

모 도시의 투표자(무한 모집단으로 본다)의 80%가 모 안건에 대하여 찬성한다고 한다. 이 모집단에서 100명씩 표본을 2조 선출하여 각각 투표시켰을 때 표본에서의 찬성률의 차가 10% 이상이 될 확률을 구하여라. R

풀이

$$
\begin{aligned}
P(|\hat{p_1}-\hat{p_2}|>0.1) &= P(|Z|>\frac{0.1-0}{\sqrt{\frac{0.8\times0.2}{100}+\frac{0.8\times0.2}{100}}}) \\
&= P(|Z|>1.76) \\
&= 1-2P(0\le Z\le 1.76) \\
&= 1-2\times0.4608=0.077
\end{aligned}
$$

```
> #6.17
> p1=0.8;  p2=0.8
> n1=100;  n2=100
> sd1=sqrt(p1*(1-p1)/n1)
> sd2=sqrt(p2*(1-p2)/n2)
> (1-pnorm(0.1,p1-p2,sqrt(sd1^2+sd2^2)))*2
[1] 0.07709987
```

예제 6.18

미국 도시에서는 혼인한 커플들 43%가 자신의 집을 소유하고 있는 반면 독신의 19%만이 자신의 집을 소유하고 있다. 200쌍의 커플들의 무작위 표본과 180명의 독신들의 독립적인 무작위 표본에서, 혼인 커플과 독신들의 퍼센트 차이가 몇 퍼센트보다 클 확률이 0.90인가?

풀이

$p_1-p_2=.43-.19=.24$이고 표준편차는

$\sqrt{\frac{(.43)(.57)}{200}+\frac{(.19)(.81)}{180}}=0.456$이고 $P(\hat{p}_1-\hat{p}_2>p_0)=0.90$이다. 따라서

$P\left(Z>\frac{p_0-(0.49-0.19)}{0.0456}\right)=0.9$이므로

$$\frac{p_0 - 0.24}{0.0456} = -1.282$$

$$p_0 = 0.24 - 1.282(0.0456) = 0.182$$

이다. 따라서 두 퍼센트의 차이가 18.2보다 클 확률은 0.9이다.

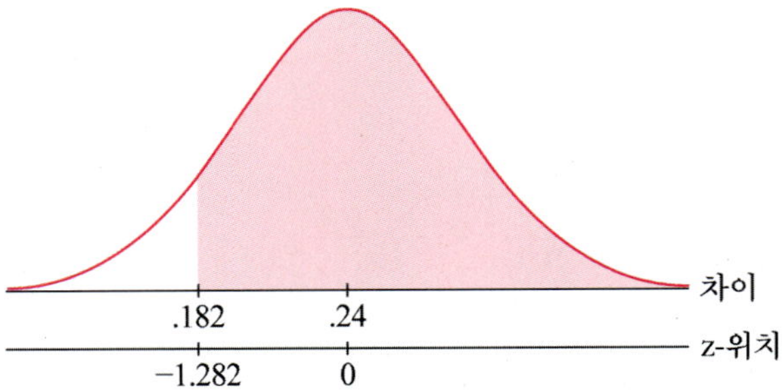

[그림 6.1] $P[Z \geq -1.282]$의 계산

연습문제 6.4

1. 프로모터는 남자의 23%가 권투 경기관람을 즐긴다는 걸 안다. 하지만, 여자의 12%만이 이 스포츠관람을 좋아한다. 남자 100명 무작위 표본과 여자 125명의 독립적인 무작위 표본에서, 권투 경기관람을 즐기는 남자의 퍼센트와 여자의 퍼센트의 차이가 10%를 넘을 확률은 얼마인가?**R**

2. 대한가족계획협회에서 2010년 7월 미혼인 남자 470명과 여자 619명을 대상으로 조사한 결과, 남자 245명과 여자 223명이 성인 전용극장의 허용을 지지하는 것으로 조사되었다. 이 사실을 기초로 올해 남자와 여자 각각 1,000명씩 조사할 경우, 지지율의 차가 20% 이하로 줄어들 확률을 구하여라.**R**

3. 많은 소비자들은 주중의 월요일에 만들어진 자동차의 결함률이 8%이고, 다른 요일에 제조된 자동차의 결함률은 월요일보다 2% 작다고 생각한다. 이러한 생각을 알아보기 위하여 월요일에 만들어진 자동차 100대를 선정하고 다른 요일에 만들어진 자동차 200대를 선정하여 조사한 결과, 월요일에 만들어진 자동차가 다른 요일에 만들어진 자동차보다 결함이 있는 비율이 3% 더 많을 확률을 구하여라.

CHAPTER

07

마코프 연쇄

구성

7.1 추이확률

길동이는 매일 회사에서 점심시간에 식권 자동판매기를 사용한다. 이 판매기는 가끔 고장이 날 때가 있는데, 그의 경험에 비추어서 다음과 같은 결론을 얻었다고 하자. 판매기가 오늘 작동하지 않을 때 내일도 작동하지 않을 가능성은 0.3이고, 오늘 작동할 때 내일도 작동할 가능성은 0.9이다. 여기에서 길동이는 두 가지 상태를 고려하고 있다.

상태 "0" : 판매기가 고장인 상태
상태 "1" : 판매기가 작동하는 상태

그리고 오늘의 상태에서 내일의 특정한 상태로의 추이확률(推移確率; transition probability)이 경험에 의해 알려져 있다.

0.1 : 오늘의 상태가 0인 경우 내일의 상태가 0일 확률
0.9 : 오늘의 상태가 0인 경우 내일의 상태가 1일 확률
0.2 : 오늘의 상태가 1인 경우 내일의 상태가 0일 확률
0.8 : 오늘의 상태가 1인 경우 내일의 상태가 1일 확률

위는 마코프 연쇄의 특정한 예를 보여 주고 있다. 실제로 하나의 체계가 마코프 연쇄가 되기 위해서는 다음의 두 가지 법칙이 만족되어야 한다. 첫째는 과거 망각법칙이다. 과거와 현재의 상태가 주어진 경우 미래의 상태는 현재의 상태에만 의존할 뿐 과거의 상태는 전혀 영향을 끼치지 못한다는 것이다. 앞에서의 예에서 시간의 단위는 일(日)이다. 내일(미래)의 자판기의 상태는 오늘(현재)의 상태에만 의존해서 확률적으로 선택될 뿐이지 과거의 상태는 내일의 상태에 전혀 영향을 끼치지 않고 있다. 둘째는 추이확률의 시간 흐름에 따른 동질성 법칙이다. 추이확률이 시간에 따라서 변하지 않는 상수여야 한다는 것이다. 오늘에서 내일로의 추이확률은 내일에서 모레로의 추이확률과 동일해야 한다.

마코프 연쇄를 좀 더 정확히 정의하도록 하자. 확률변수들을 모아놓는 것 혹은 확률

변수의 수열을 확률과정(確率過程; stochastic process)이라고 한다. 확률과정에서 확률변수들이 취할 수 있는 가능한 모든 값들을 모아놓은 것을 총체적으로 상태공간(狀態空間; state space)이라고 부른다. 여기에서는 상태공간이 유한하거나 셀 수 있는 경우만을 고려하기로 한다. 앞의 예에 비추어 볼 때 우리는 다음과 같은 확률과정을 생각할 수 있다.

$X_{0,}$	$X_{1,}$	X_2 ······	$X_{n,}$ ······	
↑	↑	↑	↑	
자판기의	자판기의	자판기의	자판기의	······
어제 상태	오늘 상태	내일 상태	n번째 날의 상태	

여기에서 확률변수들이 택할 수 있는 가능한 값은 0과 1뿐이다. 예를 들어 $X_n = 0$이면 이 확률과정은 시점 n에서 상태 0에 있다고 부른다. 일반적으로 셀 수 있는 상태공간을 나타내기 위해서 통상 0을 포함한 양의 정수(0, 1, 2, ······ n, ······)를 사용한다.

셀 수 있는(countable) 상태공간을 가진 확률과정$\{X_{n,} n = 0, 1, \cdots\cdots\}$을 생각하자. 임의의 시점 $n \geq 0$에 대해서 그리고 임의의 상태 $i_0, i_1, \cdots\cdots, i_{n-1}, i, j$ 에 대해서

$$\begin{aligned} & P(X_{n+1} = j \mid X_n = i, X_{n-1}, \cdots\cdots, X_0 = i_0) \\ & \quad = P(X_{n+1} = j \mid X_n = i) : \text{과거망각법칙} \\ & \quad = p_{ij} \quad : \text{추이확률의 동질성} \end{aligned}$$

이 성립하는 성질을 마코프 성질(Markov property)이라고 하고 이러한 $\{X_n\}$을 마코프 연쇄(Markov chain)라고 한다.

위의 정의에서 p_{ij}는 상태 i에서 시작해서 상태 j에 있을 확률을 추이확률(transition probability)이라 하고 p_{ij}로 나타낸다. 그리고 상태 i에서 상태 j에서의 추이확률 p_{ij}를 i행 j열의 원소로 하는 행렬(p_{ij})를 추이확률행렬(matrix of transition probability)이라고 부르며 보통 P로 표시한다. 자동판매기 예에서 추이행렬은 상태공간 (0,1)을 갖는 마코프 연쇄 추이확률행렬은 다음과 같다.

$$\begin{array}{c} \\ 0 \\ 1 \end{array}\begin{array}{c} \begin{array}{cc} 0 & 1 \end{array} \\ \begin{bmatrix} 0.1 & 0.9 \\ 0.2 & 0.8 \end{bmatrix} \end{array}$$

이와 같은 정방행렬이 추이확률행렬이다. 추이행렬에서는 각 원소가 0 또는 양이고, 각 행의 원소의 합은 배반사건의 확률의 합이므로 1과 같다. 즉

$$P = \begin{bmatrix} p_{00} & p_{01} & p_{02} & \cdots & p_{0n} \\ p_{10} & p_{11} & p_{12} & \cdots & p_{1n} \\ \vdots & \vdots & \vdots & \cdots & \vdots \\ p_{n0} & p_{n1} & p_{n2} & & p_{nn} \end{bmatrix}$$

$p_{i0} + p_{i1} + \cdots + p_{in} = 1 \ \ (i = 0,1,2, \cdots, n)$, $p_{ij} \geq 0 \, (i, j = 0,1,2, \cdots n)$이다.

예제 7.1

내일 비가 올 가능성은 과거의 날씨에 의존하는 것이 아니고 오늘 비가 오느냐 오지 않느냐에만 의존한다고 가정하자. 오늘 비가 왔을 때 내일 비가 올 가능성이 0.3이고 오늘 비가 안 왔을 때 내일 비가 오지 않을 가능성이 0.2이라고 할 때 추이확률행렬을 구하라.

풀이

비가 오는 상태를 0, 비가 오지 않는 상태를 1로 표시하면

$$P = \begin{bmatrix} 0.3 & 0.7 \\ 0.2 & 0.8 \end{bmatrix}$$

마코프 연쇄의 분석에 있어서 첫 단계는 상태공간과 추이확률을 알아내는 일이다.

마코프 연쇄에서 상태공간의 각 원소들과 연관된 1단계 추이확률을 그림으로 나타낸 것이 추이도(推移圖; transition diagram)이다. 마코프 연쇄의 정의에 따라 추이도에서는 각 상태에서 떠나가는 확률들의 합은 1이 된다.

예제 7.1의 추이도는 다음과 같다.

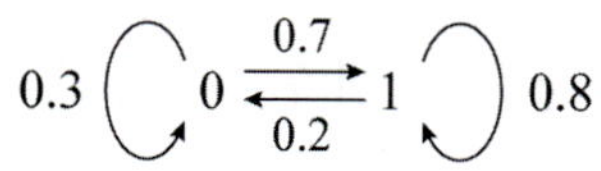

[그림 7.1]

예제 7.2

다음 추이확률행렬에서 각 상태를 S_1, S_2, S_3 라 하면

$$P = \begin{array}{c} \\ S_1 \\ S_2 \\ S_3 \end{array} \begin{array}{c} \begin{array}{ccc} S_1 & S_2 & S_3 \end{array} \\ \begin{bmatrix} 0 & 1 & 0 \\ \frac{1}{2} & 0 & \frac{1}{2} \\ \frac{2}{3} & 0 & \frac{1}{3} \end{bmatrix} \end{array}$$

이 주어질 때 추이도를 그려라.

풀이

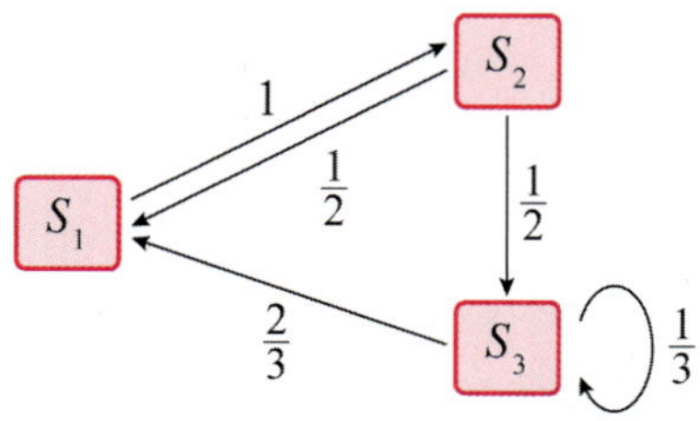

[그림 7.2]

예제 7.3

한 의류 소매점에서 하루의 평가를 오는 손님 수에 따라 다음의 3가지 상태로 분류한다.

0 = 장사가 잘 되었다.

1 = 그럭저럭이다.

2 = 안되었다.

내일의 상태는 오늘의 상태에만 의존할 뿐이며 오늘의 특정한 상태에서 내일의 특정한 상태로의 추이확률이 각각 $\frac{1}{3}$ 로 주어진다면 이는 마코프 연쇄가 된다. 추이도와 추이확률을 구하여라

풀이

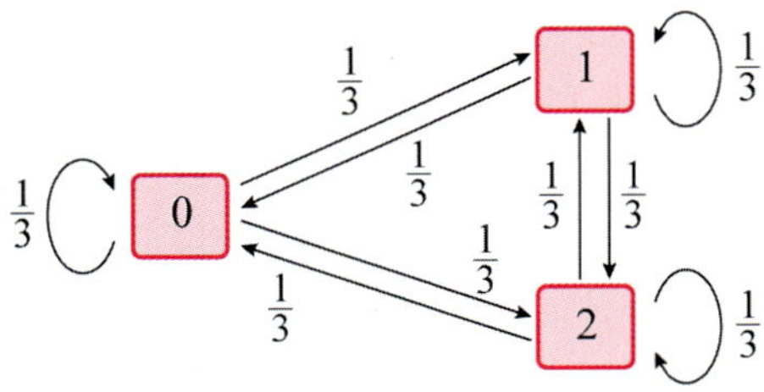

[그림 7.3]

$$P = \begin{bmatrix} \frac{1}{3} & \frac{1}{3} & \frac{1}{3} \\ \frac{1}{3} & \frac{1}{3} & \frac{1}{3} \\ \frac{1}{3} & \frac{1}{3} & \frac{1}{3} \end{bmatrix}$$

이 추이확률행렬의 특징은 각 행의 숫자의 합이 1이 될 뿐만 아니라 각 열의 숫자의 합도 1이 된다는 것이다. 이러한 추이확률행렬을 이중추이확률행렬(doubly transition probability matrix)이라 부른다.

연습문제 7.1

1. 한 회사원의 점심 메뉴로는 다음의 3가지가 있다.

0 = 한식
1 = 중식
2 = 일식

내일의 메뉴 선택은 오늘의 메뉴에만 의존할 뿐 과거의 메뉴와는 관계가 없을 때 $\{X_n = n\text{번째 날의 점심 메뉴}\}$는 마코프 연쇄가 되며 연관된 1단계 추이확률행렬은 다음과 같다.

$$P = \begin{bmatrix} 0 & 0.4 & 0.6 \\ 0.8 & 0 & 0.2 \\ 0.5 & 0.5 & 0 \end{bmatrix}$$

추이도를 그려라.

2. 다음 추이행렬 $P = (P_{ij})$의 추이도를 그려라.

(1) $P = \begin{bmatrix} \frac{1}{5} & \frac{4}{5} & 0 \\ \frac{1}{3} & \frac{1}{3} & \frac{1}{3} \\ \frac{1}{4} & \frac{1}{2} & \frac{1}{4} \end{bmatrix}$

(2) $P = \begin{bmatrix} \frac{1}{3} & \frac{2}{3} & 0 \\ 0 & \frac{1}{3} & \frac{2}{3} \\ \frac{1}{2} & 0 & \frac{1}{2} \end{bmatrix}$

(3) $P = \begin{bmatrix} \frac{1}{2} & \frac{1}{2} \\ 1 & 0 \end{bmatrix}$

연습문제 7.1

3. 어느 제품의 매 주의 매상률은 올라가거나, 변하지 않거나, 내려가는데 이들의 각 상태를 s_1, s_2, s_3라 하고, 이들의 움직임이 마코프 연쇄라고 하자. 이 경우 추이행렬은 다음과 같다.

$$P = \begin{array}{c} \\ s_1 \\ s_2 \\ s_3 \end{array} \begin{array}{c} \begin{array}{ccc} s_1 & s_2 & s_3 \end{array} \\ \begin{bmatrix} \frac{1}{2} & \frac{1}{4} & \frac{1}{2} \\ \frac{1}{2} & 0 & \frac{1}{2} \\ \frac{1}{4} & \frac{1}{4} & \frac{1}{2} \end{bmatrix} \end{array}$$

(1) 추이행렬 P를 설명하여라.

(2) 추이행렬 P의 추이도를 그려라.

4. $\begin{bmatrix} 1-a & a \\ b & 1-b \end{bmatrix}$가 추이확률행렬일 때, a와 b가 취하는 값의 범위를 구하여라.

5. 원주상에 등간격으로 6개의 기호 A,B,C,D,E,F가 순서로 매겨져 있다. 한 점이 인접한 문자에 각각 확률 $\frac{1}{4}$로, 마주보는(원의 중심에 관하여 대칭의 위치) 문자에는 확률 $\frac{1}{2}$로 이동한다. 이 과정을 추이확률행렬로 나타내어라.

6. 수직선상의 한점 $i(2 \le i \le 4)$에 입자가 있어서 1초마다 우 또는 좌로 각각 확률 $p, q(p, q > 0, p+q=1)$로 하나만 이동하고, 점 1 또는 5에 도달하면 그곳에 머물게 된다. n초 후의 위치를 나타내는 확률변수를 X_n이라 할 때, 마코프 연쇄 $X_0, X_1, \cdots$의 추이확률행렬을 구하여라.

7.2 n단계의 추이확률

주어진 마르코 연쇄 $\{X_n, n \geq 0\}$가 있을 때 상태 i에서 출발한 마르코 연쇄가 n시간 후에 상태 j에 있을 확률을 i에서 j로의 n단계 추이확률(n-step transition probability)이라 부르고 $P_{ij}^{(n)}$으로 표시한다. 즉,

$$P_{ij}^{(n)} = P(X_n = j | X_0 = i), n = 1, 2, \cdots$$

마르코 연쇄의 즉수한 성질인 추이확률의 시간에 관한 동질성으로부터 $P_{ij}^{(n)}$은 다음과 같이 표시된다. 모든 $n, m \geq 0$에 대해서

$$P_{ij}^{(n)} = P(X_{n+m} = j | X_m = i)$$

따라서 앞서 소개된 1단계 추이확률 P_{ij}는 $P_{ij}^{(1)}$과 동일한 표현이며 이제 n단계 추이확률 $P_{ij}^{(n)}$을 다 모아서 행렬로 나타낸 것을 $P^{(n)}$으로 나타내고 이를 n단계 추이확률행렬이라 부른다. 1단계 추이확률행열로부터 n단계 추이확률행렬을 구하는 방정식을 체프만-콜모고르프 방정식(Chapman-Kolmogorov equations)이라 한다.

임의의 정수 $n, m \geq 0$에 대해서 다음이 성립한다.

$$P^{(n+m)} = P^{(n)} \cdot P^{(m)}$$

2단계 추이확률 $P^{(2)}$는

$$P^{(2)} = P^{(1)} \cdot P^{(1)} = P \cdot P$$

로 구할 수 있으며 일반적으로

$$P^{(n)} = P^{n-1} \cdot P \quad = P \cdot P \cdots P(n\text{개})$$

이므로 n단계 추이확률행렬은 1단계 추이확률을 n번 곱해서 구할 수 있다.

예제 7.4

$$P = \begin{array}{c} \\ 0 \\ 1 \end{array} \begin{array}{c} \begin{array}{cc} 0 & 1 \end{array} \\ \begin{bmatrix} 0.1 & 0.9 \\ 0.3 & 0.7 \end{bmatrix} \end{array}$$

1단계 추이확률행렬 다음과 같이 주어진 마르코 연쇄 $\{X_n, n \geq 0\}$에서 2단계 추이확률행렬을 구하라.

풀이

먼저 상태 0에서 상태 1로의 2단계 추이확률을 그림을 통해서 생각해 보자.

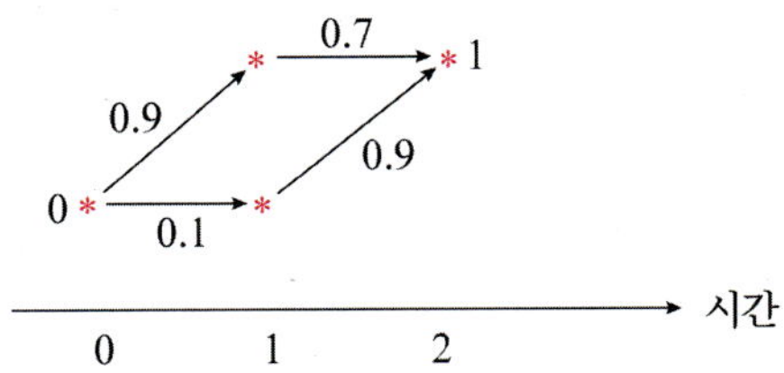

[그림 7.4]

여기서 화살표 상의 숫자는 각 단계로의 1단계 추이확률을 표시한다. 2단계 후에 0에서 1로의 추이행로는 다음의 2가지가 있다.

$$\text{첫번째 행로}: 0 \xrightarrow{0.1} 0 \xrightarrow{0.9} 1$$

$$\text{두번째 행로}: 0 \xrightarrow{0.9} 1 \xrightarrow{0.7} 1$$

첫 번째 행로의 확률은 (0.1)(0.9)=(0.09)이며 두 번째 행로의 확률은 (0.9)(0.7)=0.63이므로 $P_{01}^{(2)} = 0.09 + 0.63 = 0.72$이 된다. 같은 방법으로

$$P_{00}^{(2)} = 0.28,\ P_{01}^{(2)} = 0.24,\ P_{11}^{(2)} = 0.76$$

을 쉽게 구할 수 있다. 그러나 2단계 추이확률을 구하기 위해 위와 같이 가능한 모든 행로를 그려 보는 것은 쉬운 일이 아니며 상태공간의 원소 개수가 많으면 매우 번거로운 작업이 된다. 체프만-

콜모고로프 방정식을 이용하면 쉽게

$$P^{(2)} = P \cdot P$$
$$= \begin{bmatrix} 0.1 & 0.9 \\ 0.3 & 0.7 \end{bmatrix} \begin{bmatrix} 0.1 & 0.9 \\ 0.3 & 0.7 \end{bmatrix} = \begin{bmatrix} 0.28 & 0.72 \\ 0.24 & 0.76 \end{bmatrix}$$

임을 알 수 있고 앞의 풀이와 동일한 답을 얻을 수 있다.

예제 7.5

내일 비가 올 것인가 하는 문제는 오늘의 날씨에 따라 좌우될 뿐 지난날의 날씨와는 무관하다고 하자. 오늘 비가 온 상황에서 내일 비가 올 확률은 α, 오늘은 비가 안오는데 내일 비가 내릴 확률은 β라 하자. 비가 오는 상태를 0, 오지 않는 상태를 1이라 하면 X_n은 n번째 날 비가 왔는지의 여부를 나타내는 마르코프확률과정이 되고 상태공간 $S = \{0,1\}$, 전이확률행렬은 다음과 같다.

$$\rightarrow \begin{array}{c} \\ 0 \\ 1 \end{array} \begin{array}{c} \begin{array}{cc} 0 & 1 \end{array} \\ \begin{bmatrix} \alpha & 1-\alpha \\ \beta & 1-\beta \end{bmatrix} \end{array}$$

오늘/내일	0(비 옴)	1(비 안 옴)
0(비 옴)	P_{00}	P_{01}
1(비 안 옴)	P_{10}	P_{11}

α = 0.7, β = 0.4라 하면 오늘 비가 안 온다는 조건 아래에서 4일 후 비가 안 올 확률은 어떻게 될까?

풀이

구하는 확률은 P_{11}^4 이다. 먼저 $P^{(4)}$를 구하면

$$P^{(2)} = P^2 = \begin{bmatrix} 0.7 & 0.3 \\ 0.4 & 0.6 \end{bmatrix} \cdot \begin{bmatrix} 0.7 & 0.3 \\ 0.4 & 0.6 \end{bmatrix} = \begin{bmatrix} 0.61 & 0.39 \\ 0.52 & 0.48 \end{bmatrix}$$

$$P^{(4)} = P^2 \cdot P^2 = \begin{bmatrix} 0.5749 & 0.4521 \\ 0.5668 & 0.4332 \end{bmatrix}$$

따라서 $P_{11}^4 = 0.4332$가 된다.

예제 7.6

상태공간 $S = \{0, 1, 2\}$인 마코프 연쇄$\{X_n\}$의 전이확률행렬은

$$P = \begin{matrix} & \begin{matrix} 0 & 1 & 2 \end{matrix} \\ \begin{matrix} 0 \\ 1 \\ 2 \end{matrix} & \begin{bmatrix} 0.1 & 0.2 & 0.7 \\ 0.9 & 0.1 & 0 \\ 0.1 & 0.8 & 0.1 \end{bmatrix} \end{matrix}$$

이다. 초기분포 $p_i = P(X_0 = i)$이 $p_0 = 0.3, p_1 = 0.4, p_2 = 0.3$과 같이 주어질 때 $P(X_0 = 0, X_1 = 1, X_2 = 2)$를 구하여라.

풀이

확률의 곱 법칙 및 마코프 성질을 이용하면

$$\begin{aligned} P(X_0 = 0, X_1 = 1, X_2 = 2) &= P(X_0 = 0)P(X_1 = 1 | X_0 = 0)P(X_2 = 2 | X_0 = 0, X_1 = 1) \\ &= p_0 P_{01} P_{12} = 0.3 \times 0.2 \times 0 = 0 \end{aligned}$$

예제 7.7

초기분포가 $P_0 = P(X_0 = 0) = 0.2, P_1 = P(X_0 = 1) = 0.8$일 때 $X_2 = 1$일 확률, 즉 $P(X_2 = 1)$을 구하라.

풀이

1단계 혹은 일반적으로 n단계 추이확률은 조건부 확률이므로 $P(X_2 = 1)$을 구하려면 초기분포를 알아야 한다.

$$\begin{aligned} P(X_2 = 1) &= P(X_2 = 1 | X_0 = 0) \cdot P(X_0 = 0) + P(X_2 = 1 | X_0 = 1) \cdot P(X_0 = 1) \\ &= (0.72)(0.2) + (0.76)(0.8) = 0.752 \end{aligned}$$

1. 추이확률행렬 $P = \begin{bmatrix} 0 & 1 \\ 1 & 0 \end{bmatrix}$을 갖는 마코프 연쇄에서 $P^{(2)}$, $P^{(3)}$, $P^{(4)}$, $P^{(5)}$, $P^{(6)}$을 구하여라.

2. $P = \begin{bmatrix} 1 & 0 & 0 \\ \frac{1}{2} & \frac{1}{2} & 0 \\ \frac{1}{3} & 0 & \frac{2}{3} \end{bmatrix}$로 주어지는 마코프 과정에서 $P^{(2)}, P^{(3)}$을 구하여라.

3. 다음 확률행렬에 대하여 3단계 추이확률행렬을 구하여라. 또 (2), (3)에 대하여 n단계 추이확률은 어떻게 되느냐?

(1) $\begin{bmatrix} \frac{1}{2} & \frac{1}{2} & 0 \\ \frac{1}{2} & \frac{1}{2} & 0 \\ 0 & \frac{1}{2} & \frac{1}{2} \end{bmatrix}$

(2) $\begin{bmatrix} \frac{1}{2} & \frac{1}{2} & 0 \\ \frac{1}{2} & \frac{1}{2} & 0 \\ 0 & 0 & 1 \end{bmatrix}$

(3) $\begin{bmatrix} \frac{1}{2} & \frac{1}{2} & 0 \\ 0 & \frac{1}{2} & \frac{1}{2} \\ \frac{1}{2} & \frac{1}{2} & 0 \end{bmatrix}$

7.3 정칙 마코프 연쇄

P가 추이행렬일 때 어느 적당한 n에 대하여 P^n의 원소가 모두 양이면 P는 정칙이라 하고, 그 마코프 연쇄는 정칙인 연쇄라 한다. 모든 원소가 양인 추이행렬을 갖는 마코프 연쇄는 물론 정칙이다. 정칙인 연쇄에서는 어느 n에 대하여 P^n의 모든 원소가 양이므로, 출발한 상태의 여하에 불구하고 n단계에서는 모든 상태에 옮아갈 수 있다는 것이다.

상태 j가 상태 i로부터 도달 가능하다는 의미는 $P_{ij}^{(n)} > 0$을 만족하는 n을 찾을 수 있다는 것이며 $i \to j$로 표시한다. 또한 $i \to j$이고 $j \to i$일 때 $i\,j$는 상호도달가능(communicate)하다고 말하며, $i \leftrightarrow j$로 표시한다. 상태공간의 모든 상태가 서로 상호도달가능이면 이 마코프 연쇄는 분할불가(irreducible)라 하고 그렇지 않은 마코프 연쇄는 분할가능(reducible)이라 한다. 추이확률행렬이

$$P = \begin{bmatrix} \frac{1}{2} & \frac{1}{2} & 0 \\ \frac{1}{3} & \frac{1}{3} & \frac{1}{3} \\ 0 & \frac{1}{3} & \frac{2}{3} \end{bmatrix}$$

인 경우 이 마코프 연쇄는 분할불가이다. 한편 상태 i의 주기(period)는 $P_{ii}^{(n)} > 0$인 자연수 n들의 최대공약수로서 정의한다. 예를 들어 마코프 연쇄가 짝수 $n = 2, 4, 6, \cdots\cdots$에만 $P_{ii}^{(n)} > 0$라면 이 상태는 주기 2를 갖고 있다. 상태가 주기 1을 가지면 비주기적(aperiodic) 상태라고 부른다. 유한 마코프 연쇄(finite-state Markov chain)의 경우 분할불가이고 비주기적일때 이를 정규(regular) 유한 마코프 연쇄라 부른다. 다음 절에서 토의할 마코프 연쇄의 극한에 대해서는 정규 유한 마코프 연쇄만을 고려하기로 한다. P가 정칙인 마코프 연쇄 추이행렬이면 다음 관계가 성립한다.

① P^n은 n이 커짐에 따라서 특정의 행렬 T에 가까워진다(P^n의 원소가 T의 대응하는 원소에 가까워진다).

② T의 각행은 동일한 확률벡터 t이다(T의 각 행은 서로 같다).

③ T의 원소도 모두 양이다.

이 정리는 다음과 같은 의미를 갖는다.

①은 먼 시점(단계)에서는 각 상태로 옮아가는 확률이 시점의 여하에 관계없이 모든 시점에서 동일하게 된다는 것이다.

②는 먼 시점에서는 어떤 특정한 상태에 옮아갈 확률은 출발한 상태의 여하에 관계없이 모든 출발 상태에 대하여 동일하게 됨을 나타낸다.

③은 정칙성에서 당연한 사실이다.

추이행렬이 다음과 같이 주어져 있다.

$$P = \begin{bmatrix} \frac{1}{2} & \frac{1}{2} \\ \frac{1}{4} & \frac{3}{4} \end{bmatrix}$$

이에 대하여 위 정리의 내용을 살펴보자.

$$P^2 = \begin{bmatrix} \frac{6}{16} & \frac{10}{16} \\ \frac{5}{16} & \frac{11}{16} \end{bmatrix}$$

이므로 P는 정칙이다. 계속 제곱을 해 나가면

$$P^4 = \begin{bmatrix} \frac{86}{256} & \frac{170}{256} \\ \frac{85}{256} & \frac{171}{256} \end{bmatrix}$$

$$P^8 = \begin{bmatrix} \frac{1}{3} & \frac{2}{3} \\ \frac{1}{3} & \frac{2}{3} \end{bmatrix}$$

P^8에서 $n \geq 8$이면 P^n의 각 행은 동일 확률벡터 $t = \left(\frac{1}{3}, \frac{2}{3}\right)$이 됨을 알 수 있다. 이 확률벡터를 극한분포 또는 정상분포라고 한다.

P가 정칙인 마코프(Markov) 연쇄의 추이행렬이고, T와 t가 각각 정의된 추이행렬과 확률벡터라면, t는 다음 관계를 만족하는 일의적인 확률벡터이다.

$$tP = t$$

예제 7.8

다음과 같은 $P = \begin{bmatrix} \frac{1}{2} & \frac{1}{2} \\ \frac{1}{4} & \frac{3}{4} \end{bmatrix}$를 갖는 극한분포를 구하여라.

풀이

극한분포를 (t_1, t_2)이라면 $(t_1, t_2)\begin{bmatrix} \frac{1}{2} & \frac{1}{2} \\ \frac{1}{4} & \frac{3}{4} \end{bmatrix} = (t_1, t_2)$에서

$$t_1 = \frac{1}{2}t_1 + \frac{1}{4}t_2$$

$$t_2 = \frac{1}{2}t_1 + \frac{3}{4}t_2$$

$$t_1 + t_2 = 1$$

$$(t_1, t_2) = \left(\frac{1}{3}, \frac{2}{3}\right)$$

이것이 구하는 극한분포이다.

예제 7.9

추이확률행렬이 다음과 같이 주어져 있다.

$$P = \begin{bmatrix} \frac{1}{2} & \frac{1}{2} & 0 \\ \frac{1}{4} & \frac{1}{2} & \frac{1}{4} \\ 0 & \frac{1}{2} & \frac{1}{2} \end{bmatrix}$$

(1) P는 정칙임을 밝혀라.

(2) 극한분포를 구하여라.

풀이

(1) $$P^2 = \begin{bmatrix} \frac{1}{2} & \frac{1}{2} & 0 \\ \frac{1}{4} & \frac{1}{2} & \frac{1}{4} \\ 0 & \frac{1}{2} & \frac{1}{2} \end{bmatrix}\begin{bmatrix} \frac{1}{2} & \frac{1}{2} & 0 \\ \frac{1}{4} & \frac{1}{2} & \frac{1}{4} \\ 0 & \frac{1}{2} & \frac{1}{2} \end{bmatrix} = \begin{bmatrix} \frac{3}{8} & \frac{1}{2} & \frac{1}{8} \\ \frac{1}{4} & \frac{1}{2} & \frac{1}{4} \\ \frac{1}{8} & \frac{1}{2} & \frac{3}{8} \end{bmatrix}$$

P^2의 원소가 모두 양이므로 P는 정칙이다.

(2) 극한분포를 (t_1, t_2, t_3)이라면

$$(t_1, t_2, t_3)\begin{bmatrix} \frac{1}{2} & \frac{1}{2} & 0 \\ \frac{1}{4} & \frac{1}{2} & \frac{1}{4} \\ 0 & \frac{1}{2} & \frac{1}{2} \end{bmatrix} = (t_1, t_2, t_3)$$

에서

$$\begin{aligned} 2t_1 - t_2 \quad &= 0 \\ t_1 - t_2 + t_3 &= 0 \\ t_2 - 2t_3 &= 0 \\ t_1 + t_2 + t_3 &= 1 \end{aligned}$$

$$\begin{aligned} \frac{1}{2}t_1 + \frac{1}{4}t_2 \qquad\quad &= t_1 \\ \frac{1}{2}t_1 + \frac{1}{2}t_2 + \frac{1}{2}t_3 &= t_2 \\ \frac{1}{4}t_2 + \frac{1}{2}t_3 &= t_3 \\ t_1 + t_2 + t_3 &= 1 \end{aligned}$$

$$(t_1, t_2, t_3) = \left(\frac{1}{4}, \frac{1}{2}, \frac{1}{4}\right)$$

이것이 구하는 극한분포이다.

연습문제 7.3

1. $P = \begin{bmatrix} \frac{1}{2} & \frac{1}{4} & \frac{1}{4} \\ \frac{1}{2} & 0 & \frac{1}{2} \\ \frac{1}{4} & \frac{1}{4} & \frac{1}{2} \end{bmatrix}$일 때, 극한 행렬 T를 구하여라.

2. 다음 추이확률행렬은 정칙이냐?

(1) $\begin{bmatrix} 0 & 1 \\ \frac{1}{1} & \frac{3}{4} \end{bmatrix}$

(2) $\begin{bmatrix} 1 & 0 \\ \frac{1}{3} & \frac{2}{3} \end{bmatrix}$

(3) $\begin{bmatrix} \frac{1}{2} & \frac{1}{2} \\ 0 & 1 \end{bmatrix}$

(4) $\begin{bmatrix} \frac{1}{2} & \frac{1}{2} & 0 \\ 0 & \frac{1}{2} & \frac{1}{2} \\ \frac{1}{3} & \frac{1}{3} & \frac{1}{3} \end{bmatrix}$

(5) $\begin{bmatrix} \frac{1}{3} & 0 & \frac{2}{3} \\ 0 & 1 & 0 \\ 0 & \frac{1}{5} & \frac{4}{5} \end{bmatrix}$

연습문제 7.3

3. 다음 각 추이확률행렬에 대하여 고정벡터를 구하여라.

(1) $\begin{bmatrix} \frac{1}{3} & \frac{2}{3} \\ \frac{1}{2} & \frac{1}{2} \end{bmatrix}$

(2) $\begin{bmatrix} 0.8 & 0.2 \\ 0.3 & 0.7 \end{bmatrix}$

(3) $\begin{bmatrix} \frac{3}{4} & \frac{1}{4} & 0 \\ 0 & \frac{1}{3} & \frac{2}{3} \\ \frac{1}{4} & \frac{1}{4} & \frac{1}{2} \end{bmatrix}$

4. 다음 추이확률행렬에 대하여 그 극한분포를 구하여라.

(1) $\begin{bmatrix} \frac{3}{4} & \frac{1}{4} \\ \frac{1}{2} & \frac{1}{2} \end{bmatrix}$

(2) $\begin{bmatrix} \frac{3}{4} & \frac{1}{4} & 0 \\ 0 & \frac{2}{3} & \frac{1}{3} \\ \frac{1}{4} & \frac{1}{4} & \frac{1}{2} \end{bmatrix}$

(3) $\begin{bmatrix} \frac{1}{4} & \frac{1}{4} & \frac{1}{2} \\ 0 & \frac{2}{3} & \frac{1}{3} \\ \frac{3}{4} & \frac{1}{4} & 0 \end{bmatrix}$

연습문제 7.3

5. S시는 H강으로 강북지역(N)와 강남지역(S)의 2구역으로 구분되어 있다.

   근래 강남지역으로 이주현상이 두드러지게 나타나고 있는데 이주현황은 다음 추이확률행렬로 주어진다.

$$P = \begin{matrix} & N & S \\ N & 0.7 & 0.3 \\ S & 0.2 & 0.8 \end{matrix}$$

   위와 같이 이주가 계속될 때, 먼 훗날의 강북지역과 강남지역 주민의 비를 구하여라.

6. A운수회사에서는 갑시와 을시 사이를 1대의 화물차로 하물을 수송하고 있다. 매일 2시에 한쪽 지점을 출발하여 다음날 2시에 목적지에 도착한다. 갑시, 을시에서의 매일 어떤 손님이 60%, 40%의 확률로 하물을 의뢰한다. 만일 갑시에서는 수송할 하물이 있을 때까지 기다리나, 을시에서는 수송할 하물이 없을 때는 빈차로 갑시에 간다는 정책을 채용하는 경우의 정상확률분포를 구하여라.

7. D사와 E사는 빵을 만드는 2대 메이커이다. 어느 기에 D사의 빵을 산 사람이 차기에 E사의 빵을 살 확률은 $\frac{1}{4}$, E사의 빵을 산 사람이 차기에 D사의 빵을 살 확률은 $\frac{1}{3}$이다.

   정상확률분포를 구하여라.

CHAPTER

08

포아송 과정

구성

8.1 지수분포의 성질

지수분포란 음이 아닌 실수 값만을 가지는 확률변수의 분포의 일종으로서, 어느 사건이 일어날 때까지 걸리는 시간의 분포로 많이 이용되고 있다. 예를 들면, 제품 또는 사람의 수명, 손님이 은행창구에서 소비하는 시간, 정류장에서 버스가 도착할 때까지의 시간 등은 보통 지수분포를 따르는 경우가 대부분이다.

확률변수 X가 모수가 λ인 지수분포 $\mathrm{EXP}(\lambda)$를 따를 때 3장 11절에서 공부한 바와 같이, X의 확률밀도 함수는 $(\lambda > 0)$,

$$f(x) = \begin{cases} \lambda e^{-\lambda x}, & x \geq 0 \\ 0 & , x < 0 \end{cases}$$

으로 주어지며 X의 기대값과 분산은 각각

$$E(X) = \frac{1}{\lambda}$$
$$Var(X) = \frac{1}{\lambda^2}$$

이 된다.

예제 8.1

어느 반도체를 생산하는 공정라인에 있는 기계가 멈추는 시간은 하루 동안 모두 0.1인 지수분포에 따른다고 한다.

(1) 이 공정라인에 있는 기계가 멈추는 평균시간과 분산을 구하여라.

(2) 이 기계가 수리된 이후, 다시 멈추기까지 적어도 2주일 이상 지속적으로 사용할 확률을 구하여라.

풀이

(1) $E(X) = \frac{1}{\lambda} = \frac{1}{0.1} = 10$(일), $V(X) = \frac{1}{\lambda^2} = 100$

(2) $P(X > 14) = \int_{14}^{\infty} 0.1e^{-0.1x}dx = -e^{-0.1X}\Big|_{14}^{\infty}$

$= -e^{-1.4} = .2466$

지수분포의 중요한 특성 중의 하나는 비기억성(非記憶性; lack of memory)이다.

$X \sim \mathrm{EXP}(\lambda)$인 지수분포를 이룬다면, 임의의 양수 a,b에 대하여 다음이 성립한다.

$$P(X > a+b \mid X > a) = \frac{P(X < a, X > a+b)}{P(X > a)} = \frac{P(X > a+b)}{P(X > a)}$$
$$= \frac{e^{-\lambda(a+b)}}{e^{-\lambda a}} = e^{-\lambda b} = P(X > b)$$

이므로 우리는 $P(X > a+b \mid X > a) = P(X > b)$가 성립함을 알 수 있다.

이 식의 의미는 다음과 같다. "어느 제품이 x시간 사용한 후에 고장 나지 않았을 때 앞으로 y시간 더 사용할 수 있는 확률은 이 제품이 새롭게 만들어진 후부터 사용하여 y시간 사용할 수 있을 확률과 같다." 즉 어떤 제품의 수명이 지수분포를 이룬다고 할 때 중고품과 신제품의 앞으로 수명에 대한 확률구조는 동일하다는 것을 암시하고 있는 것이다.

즉, 이것은 X가 모수 λ인 지수분포를 이룬다면, 고정된 양수 a에 대하여 $X > a$일 때, $X - a$도 역시 동일한 모수를 갖는 지수분포를 갖는다는 사실을 보여준다. 다시 말해서, 어떤 사건이 관찰될 때까지 걸리는 시간을 X라 하고, 이 사건이 a시간이 지날 때까지 관찰되지 않았다고 하자. 그러면 a시간 이후로 이 사건이 관측될 때까지 걸리는 시간은 X와 동일한 분포를 이루는 것을 의미한다.

예제 8.2

어떤 기계의 일부 부품이 고장 날 때까지 걸리는 시간은 평균 1,000시간인 지수분포에 따른다고 한다.

(1) 이 기계를 500시간 이상 아무런 문제없이 사용한 후, 그 후로 다시 100시간 이상 사용할 확률을 구하여라.

(2) (1)의 조건에 대하여, 앞으로 x시간 이상 사용할 확률이 0.3이라면 x는 얼마인가?

풀이

(1) $X \sim \text{Exp}(1/1000)$이므로 밀도함수는

$$f(x) = \frac{1}{1000} e^{-x/1000}, x \ge 0$$

이고, 따라서 구하고자 하는 확률은

$$P(X \ge 600 | X \ge 500) = P(X \ge 100) = \int_{100}^{\infty} \frac{1}{1000} e^{-x/1000} dx$$

$$= (-e^{-x/1000})|_{100}^{\infty} = e^{-0.1} = 0.9048$$

(2) (1)의 조건 아래서 이 기계를 고장 없이 사용한 전체 시간은 500+x이므로

$$P(X \ge 500 + x \,|X \ge 500) = P(X \ge x) = S(x) = e^{-x/1000} = 0.3$$

이다. 그러므로 $e^{-x/1000} = 0.3$으로부터

$$-\frac{x}{1000} = \ln 0.3\,;\, x = (-1000)\ln 0.3 = 1203.97$$

을 얻는다.

$F(x), f(x)$를 각각 누적분포함수와 확률밀도함수로 갖는 확률변수 X가 있다. X가 수명시간을 나타낸다고 하면 $h > 0$에 대하여 다음 식은 수명시간 X가 t시간 이상이라고 할 때 추가되는 h시간 동안에 수명이 끝날 확률을 나타낸다.

$$P(X \le t + h | X > t) = \frac{P(t \le X \le t + h)}{P(X > t)} = \frac{F(t+h) - F(t)}{1 - F(t)} \quad (1)$$

(1) 식의 양변을 h에 대하여 미분하고 $h=0$을 대입하면 다음과 같다.

$$\frac{dP(X \le t+h \mid X > t)}{dh}]|_{h=0} = r(t) = \frac{f(t)}{1-F(t)}$$

$r(t)$는 t시간까지 생존한 것이 t시점을 지나면서 고장 날 조건부 확률의 강도, 즉 조건부 확률밀도함수를 나타내므로 이를 실패율함수(failure rate function) 또는 위험률함수(hazard rate function)라고 부른다. $r(t)$는 t시간 동안 생존한 X가 h시간 안에 사망할 확률을 의미한다. 한편 $P(X > x)$를 생존함수(survival function)라 하며, 다음과 같이 정의한다.

$$S(x) = P(X > x) = 1 - F(x)$$

예제 8.3

모수가 $\lambda = 1/600$인 지수확률변수 X에 대하여

(1) X의 확률밀도함수와 분포함수를 구하라. (2) X의 생존함수를 구하여라.

(3) X의 위험률을 구하여라. (4) X의 기대값과 분산을 구하여라.

풀이

(1) $X \sim \text{EXP}(1/600)$이므로 X의 확률밀도함수와 분포함수는 각각 다음과 같다.

$$f(x) = \begin{cases} 0, & x < 0 \\ \dfrac{1}{600}e^{-x/600}, & x \ge 0 \end{cases}, \quad F(x) = \begin{cases} 0, & x < 0 \\ 1 - e^{-x/600}, & x \ge 0 \end{cases}$$

(2) $S(x) = 1 - F(x) = e^{-x/600}, x \ge 0$

(3) $h(x) = \dfrac{e^{-(x/600)}/600}{e^{-x/600}} = \dfrac{1}{600}, x \ge 0$

(4) $\mu = E(X) = \dfrac{1}{\lambda}|_{\lambda=1/600} = 600, \sigma^2 = Var(X) = \dfrac{1}{\lambda^2}|_{\lambda=1/600} = 360000$

모수 λ를 갖는 지수분포의 고장율 함수는

$$r(t) = \lambda$$

로 주어지며, 지수분포의 평균은 $\frac{1}{\lambda}$이므로 지수분포의 경우에는 고장율과 평균이 서로 반비례 관계에 있다. 즉 고장률이 큰 지수분포를 따르는 수명확률변수는 평균수명이 반비례로 작게 된다.

예제 8.4

암 말기인 어떤 환자는 의사로부터 평균 100일 정도 살 수 있다는 통보를 받았다. 그리고 이 환자가 사망할 때까지 걸리는 시간을 X라 하면, X는 확률밀도함수

$$f(x) = \begin{cases} \frac{1}{100} e^{-x/100}, & x > 0 \\ 0, & \text{다른 곳에서} \end{cases}$$

을 갖는다고 한다.

(1) 이 환자가 150일 이내에 사망할 확률을 구하여라.

(2) 이 환자가 200일 이상 생존할 확률을 구하여라.

풀이

$\lambda = 0.01$이므로 분포함수와 생존함수는 각각 다음과 같다.

$$F(x) = 1 - e^{-0.01x},\ S(x) = e^{-0.01x}$$

따라서 환자가 150일 이내에 사망할 확률은

$$P(X < 150) = F(150) = 1 - e^{-1.5} = 1 - 0.2231 = 0.7769$$

환자가 200일 이상 생존할 확률은 다음과 같다.

$$P(X \geq 200) = S(200) = e^{-2} = 0.1353$$

연습문제 8.1

1. 어떤 기계의 고장 나는 날의 간격이 $\lambda = 0.3$인 지수분포에 따른다고 한다.

(1) 이 기계가 고장 나는 날의 평균 간격을 구하여라.

(2) 고장 나는 날의 간격에 대한 표준편차를 구하여라.

(3) 이 기계가 수리된 후 다시 고장 나기까지 적어도 일주일 이상 사용할 확률을 구하여라.

(4) 이 기계를 5일 동안 정상적으로 사용했을 때, 고장 나기까지 적어도 이틀 이상 사용할 확률을 구하여라.

2. 어느 집단의 구성원이 사망할 때까지 걸리는 시간은 평균 60년인 지수분포를 이룬다고 한다.

(1) 이 집단의 구성원을 임의로 선정하였을 때, 이 사람이 50세 이전에 사망할 확률을 구하여라.

(2) 임의로 선정된 사람이 80세 이후까지 생존할 확률을 구하여라.

(3) 임의로 선정된 사람이 40세까지 생존 했을 때, 이 사람이 50세 이전에 사망할 확률을 구하여라.

3. 어느 백화점에서 한 손님이 소비하는 시간 X는 평균이 30분인 지수분포를 따른다고 하자. 다음을 구하여라.

(1) X의 분산

(2) 한 손님이 30분 이상 소비할 확률

연습문제 8.1

4. 어느 정류장에 버스가 도착하는 시간이 평균 5분인 지수분포를 따른다고 한다. 한 손님이 정류장에서 5분을 기다려도 버스가 오지 않았다면 앞으로 2분 이상 더 소비할 확률을 구하라.

5. TV의 수명은 평균 10년인 지수분포를 따른다고 가정하자. 혜영이는 알뜰시장에서 중고 TV를 하나 구입하였다. 이 TV를 앞으로 5년 이상 사용할 확률은 얼마인가?

6. $X \sim \mathrm{EXP}(2)$에 대하여 다음을 구하여라.

(1) $P(X \leq 1)$

(2) $P(1 < X \leq 3)$

(3) $P(X \geq 2)$

(4) $F(x)$

(5) $S(3)$

(6) $h(x)$

8.2 계수과정과 포아송 과정

8.2.1 계수과정

계수과정(計數過程; counting process)이란 시간이 흐름에 따라 사건이 누적적으로 얼마나 자주 일어나는가를 확률적으로 설명해주는 확률과정이다. 계수과정은 보통 $N(t)$는 t시간까지 일어나는 사건들의 총수를 의미한다.

어느 음식점에서 t시간까지 들어온 총 손님수를 $N(t)$라고 표시한다면 $N(t)$는 계수과정이 되며 $N(t)$를 그림으로 표시하면 다음과 같다.

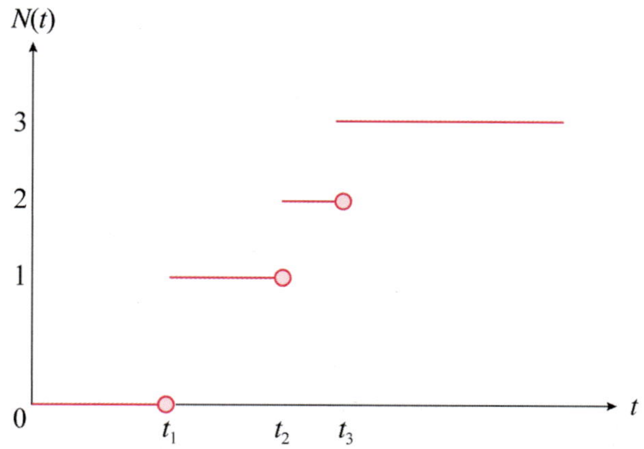

[그림 8.1]

이 그림에서 t_1은 첫 번째 사건이 일어난(즉 첫 번째 손님이 들어온) 시간을 나타내며 t_2, t_3는 각각 두 번째와 세 번째 사건이 일어난 시간을 표시한다.

일반적으로 계수과정 $N(t)$는 다음의 3가지 성질을 만족시킨다.

(i) $N(t)$는 음이 아닌 정수값만을 택한다.

(ii) $s \le t$이면 $N(s) \le N(t)$이다.

(iii) $s < t$일 때 $N(t) - N(s)$는 시간구간$(s, t]$에서 일어나는 사건의 수이다.

위의 (iii)에서 $N(t)-N(s)$를 구간$(s,t]$에서의 증분(increment)이라 부른다. 즉 시간 s부터 시간 t까지 $t-s$ 동안에 일어나는 사건의 수를 나타낸다.

예제 8.5

다음의 $N(t)$는 계수과정인가?

(1) $N(t)$가 어느 백화점에서 t시간까지 들어온 총 손님 수를 나타낸다.

(2) $N(t)$가 어느 백화점에서 t시간에 백화점 내에 있는 손님 수를 나타낸다.

(3) $N(t)$가 특정 야구선수의 t시간까지 친 총 홈런의 수를 나타낸다.

풀이

(1)계수과정. (3)계수과정. 하지만 (2)는 계수과정이 아니다. 왜냐하면 계수과정은 시간 t에 따라 증가(감소하지 않는)하는 성질이 있는데 백화점 내의 손님의 수는 시간에 따라 감소할 수도 있기 때문이다.

다음에는 계수과정에서 많이 나오는 두 가지 조건인 독립증분과 정상증분에 대한 소개를 한다. 계수과정에서 서로 겹치지 않은 시간구간에서의 증분들이 서로 독립일 때 그 계수과정은 독립증분(獨立增分; independent increment)을 가진다고 말하며, $(s,t]$에서의 증분 $N(t)-N(s)$의 확률 분포가 t와 s 그 자체에는 의존하지 않고 시간구간의 길이 $t-s$에만 의존할 때 그 계수과정은 정상증분(定常增分; stationary increment)을 가진다고 말한다. 이를 좀 더 쉽게 이해하기 위해서 주어진 계수과정 $N(t)$에서 특정한 4개의 시간 $t_1=1, t_2=2, t_3=9, t_4=10$을 생각해 보자. 그러면 $N(2)-N(1)$은 시간$(1,2]$와 $(2,9]$는 서로 겹치지 않은 시간이므로 $N(t)$가 독립증분을 가지고 있다면 $N(2)-N(1)$과 $N(9)-N(2)$는 서로 독립인 확률변수가 된다. 또한 $N(t)$가 정상증분을 가지고 있다면 $(1,2]$와 $(9,10]$은 똑같이 시간구간의 길이 1을 가지고 있으므로 $N(2)-N(1)$과 $N(10)-N(9)$은 같은 분포를 가지고 있는 확률변수가 된다. 정상증분을 이야기할 때는 서로 겹쳐지는 두 개의 시간구간이라도 길이만 같으면 같은 길이의 시간구간에서 발생하는 사건의 수의 분포는 동일하므로 $N(9)-N(1)$과 $N(10)-N(2)$는 같은 분포를 가지게 된다. 예제 8.5에서 ①의 경우에서 $N(t)$는 독립증분을 가진다고 할 수 있는데 왜냐하면 서로 다른 시간대에 백화점에 들어오는 손님 수는 서로 관계없이 독립이라고 생각되어지기 때문이다. 하지만 정상증분에 대해서는 시간에 관계없이 꾸준히 손님이 적게 혹은 많이 들어오는 백화점이라면 정상증분이 없는 경우가 된다. 똑같은 계수과정 $N(t)$를 놓고서 사람에 따라서는 정상증분과 독립증분에 대해서 서로 다른 견해를 가질 수가 있다. 하지만 이론은 쉽게 하기 위해서 주어진 계수과정이 큰 모순만 없다면 정상증분과 독립증분을 가지고 있다고 가정할 때가 많이 있게 된다. 즉, 요약하면 다음과 같다.

$t_1 \le t_2 \cdots \ \le t_n$일 때 n개의 확률변수

$$N(t_1), N(t_2), -N(t_1), \cdots, N(t_n)-N(t_{n-1})$$

가 서로 독립이라면 $N(t)$가 독립증분을 가진다고 하며, 일정 시간 동안에 일어나는 사건의 수의 분포가 단지 시간구간의 길이에만 의존할 때 $N(t)$가 정상증분을 가진다고 한다.

예제 8.6

첫째 기계의 수명을 X_1, 고장난 기계와 교체된 2번째 기계의 수명을 X_2, ⋯ 이라 할 때, 가령 X_1, X_2, X_3, X_4가 3,2,4,6이라면 시각 t까지의 고장 난 총 기계 수$N(t)$을 도시하여라.

풀이

$S_n = \sum_{k=1}^{n} X_k$은 제 n번째까지 총 고장 난 기계의 총 시간이다.

$S_1 = X_1 = 3,\ S_2 = X_1 + X_2 = 3+2=5,\ S_3 = X_1+X_2+X_3 = 5+4=9,$

$S_4 = X_1+X_2+X_3+X_4 = 9+6=15$

가 되어

$$N(1) = N(2) = 0, N(3) = N(4) = 1, N(5) = N(6) = N(7) = N(8) = 2,$$
$$N(9) = N(10) = N(11) = N(12) = N(13) = N(14) = 3, N(15) = 4$$

이것을 도시하면 다음 그림과 같다.

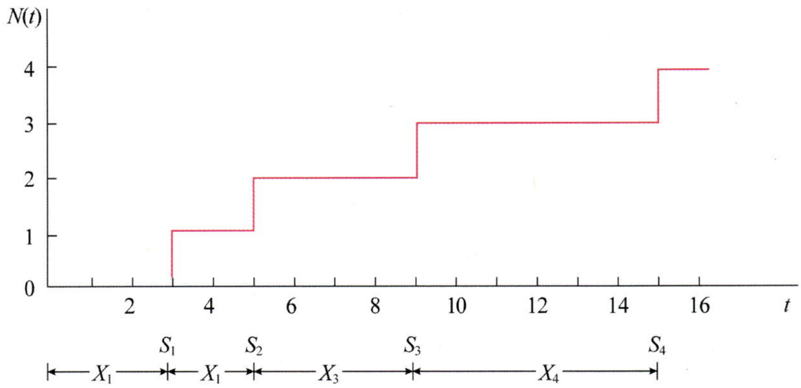

[그림 8.2]

8.2.2 포아송 과정

포아송 과정(Poisson process)이란 정상, 독립증분을 가지고 있는 계수과정의 하나로서 다음과 같이 정의된다.

계수과정 $N(t), t \geq 0$이 다음 조건

(i) $N(0) = 0$

(ii) $N(t), t \geq 0$는 독립증분을 갖는다.

(iii) 임의의 시간간격 t 사이에 일어나는 사상의 수는 파라미터 λt의 포아송(Poisson) 분포에 따른다.

즉,

$$P(N(t) = n) = \frac{e^{-\lambda t}(\lambda t)^n}{n!}, \; n = 0, 1, 2, \cdots$$

임의의 $t, s \geq 0$에 대하여

$$P(N(t+s)-N(s)) = k = \frac{(\lambda t)^k}{k!}e^{-\lambda t} \quad (k = 0, 1, 2, \cdots)$$

을 만족하면, 이 계수과정은 파라미터 $\lambda > 0$를 가지는 포아송(Poisson) 과정이라 한다.

예제 8.7

오전 10시부터 11시까지 평균 3명의 손님이 찾아오는 어떤 상점에, 오늘 오전 10시부터 30분 사이에 손님이 적어도 2명 이상 찾아올 확률을 구하여라.

풀이

그러면 오전 10시부터 11시 까지 1시간이 단위시간이고, 이 시간 동안 평균 3명이 찾아온다. 이때 오전 10시부터 10시 30분 사이이면 $t = 1/2$이고, 이 30분 동안에 상점에 찾아오는 손님의 수를 $N(1/2)$이라 하자. 그러면 확률변수 $N(1/2)$은 모수 $\lambda t = 3 \cdot (1/2) = 3/2$인 포아송 분포를 이룬다. 따라서 오전 10시에서 10시 30분 사이에 적어도 두 명의 손님이 상점에 찾아올 확률이 다음과 같이 0.219이다.

$$\begin{aligned} P[N(1/2) \geq 2] &= 1-(P[N(1/2)=0]+P[N(1/2)=1]) = 1-\left(\frac{e^{-\frac{3}{2}}}{0!}+\frac{e^{-\frac{3}{2}}(\frac{3}{2})^1}{1!}\right) \\ &= 1-(0.223+0.558) = 0.219 \end{aligned}$$

예제 8.8

해저 케이블에 생긴 결함의 수는 1km당 발생비율 $\lambda = 0.15$인 포아송 과정에 따른다고 한다.

(1) 처음 3km에서 결함이 발견되지 않을 확률을 구하여라.

(2) 처음 3km에서 결함이 발견되지 않았다고 할 때, 처음부터 3km 지점과 4km 지점에서 결함이 발견되지 않을 확률을 구하여라.

(3) 처음 3km 지점 이전에 1개 그리고 3km 지점과 4km 지점에서 1개의 결함이 발견되지만, 4km 지점과 5km 지점에서 결함이 발견되지 않을 확률을 구하여라.

풀이

(1) $[0,t]$에서 발견된 결함의 횟수를 $N(t)$라 하면, 발생비율이 $\lambda = 0.15$이므로 $N(t) \sim P(0.15t)$이다. 그러므로 $N(3) \sim P(0.45)$이며, 따라서 구하고자 하는 확률은 다음과 같다.

$$P(N(3)=0) = \frac{(0.45)^0}{0!}e^{-0.45} = 0.6376$$

(2) 구하고자 하는 확률은 $P(N(4)-N(3)=0 \mid N(3)=0)$이고, 포아송 과정은 독립증분을 가지므로 $P(N(4)-N(3)=0 \mid N(3)=0) = P(N(4)-N(3)=0)$이다. 한편 동일한 시구간에서 발생한 사건은 동일한 분포를 가지므로

$$P(N(4)-N(3)=0 \mid N(3)=0) = P(N(4)-N(3)=0) = P(N(1)=0)$$

이다. 그러면 $\lambda = 0.15$이므로 $(1) \sim P(0.15)$이며, 따라서 구하고자 하는 확률은 다음과 같다.

$$P(N(4)-N(3)=0 \mid N(3)=0) = P(N(1)=0) = e^{-0.15} = 0.8607$$

(3) 구하고자 하는 확률은 $P(N(3)=1, N(4)-N(3)=1, N(5)-N(4)=0)$이고, 따라서 다음과 같다.

$$\begin{aligned}
&P(N(3)=1,\ N(4)-N(3)=1,\ N(5)-N(4)=0) \\
&= P(N(3)=1)P(N(4)-N(3)=1)P(N(5)-N(4)=0) \\
&= P(N(3)=1)\,P(N(1)=1)P(N(1)=0) \\
&= \frac{(0.45)^1}{1!}e^{-0.45} \cdot \frac{(0.15)^1}{1!}e^{-0.15} \cdot \frac{(0.15)^0}{0!}e^{-0.15} = (0.0675) \cdot (0.4724) = 0.0319
\end{aligned}$$

연습문제 8.2

1. 시간에 따라 컴퓨터 시스템에 수신되는 어떤 신호의 관찰 횟수 (t)가 $\lambda = 8$인 포아송 과정을 이룬다고 할 때, 다음 확률을 구하여라.

$$P[N(2.5) = 17, N(3.7) = 22, N(4.3) = 36]$$

2. 하루 24시간 운영되는 전철노선이 있다고 할 때 어느 특정한 날 어느 특정한 역에서 t시간까지 들어온 총 손님 수를 $N(t)$라고 표시하자. $N(t)$가 시간당 발생률 $\lambda = 100$을 갖는 포아송이라고 가정할 때 다음에 답하여라.

(1) 12시에서 15시까지 들어올 손님 수의 기대값

(2) 12시에서 12시 12분까지 들어오는 손님이 25명 이하일 확률

3. 어느 상점에 찾아오는 손님은 시간당 $\lambda = 4$인 포아송 과정에 따른다고 한다. 아침 8시에 문을 열어, 8시 30분까지 꼭 한 사람이 찾아오고 11시까지 찾아온 손님이 모두 5사람일 확률을 구하여라.

4. 600쪽으로 된 책 속에 총 240자의 오자가 있다. 세 쪽 연속해서 한 자의 오자도 없을 확률을 포아송 근사를 사용하여 구하여라.

5. 어떤 사무실에 고객이 매 시간당 도착률 $\lambda = 4$인 포아송 과정을 따라 들어온다고 하자. 오전 9시에 문을 열었을 때 10시까지 2명의 손님이 찾아올 확률을 구하여라. 또 10시까지 2명, 11시 30분까지 5명의 손님이 들어올 확률은 얼마인가?

8.3 도착시간간격의 분포와 비정상 포아송 과정

8.3.1 도착시간간격의 분포

$N(t)$를 주어진 포아송 과정이라고 하고 다음 그림을 생각해보자

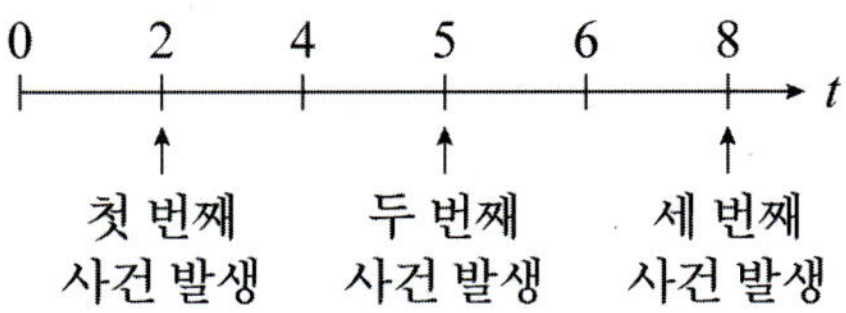

[그림 8.3]

즉 $t=2$에서 첫 번째 사건이 발생하고 $t=5$에서 두 번째 사건이, $t=8$에서 세 번째 사건이 발생한다고 하면 도착간격시간들 T_1, T_2, T_3는 다음과 같이 계산이 된다.

T_1 =처음 사건이 일어날 때까지의 시간 $=2$

T_2 =처음 사건과 두 번째 사건 사이의 시간간격 $=5-2=3$

T_3 =두 번째 사건과 세 번째 사건 사이의 시간간격 $=8-5=3$

즉 사건발생시간을 우리가 이미 관측했다면 T_1, T_2, T_3들은 위와 같이 계산되지만 관측하기 이전에 T_1, T_2, T_3들은 확률변수로서 특정한 분포를 가지고 있을 것이다. 사건 $\{T_1 > t\}$은 t시간이 지난 후에도 사건이 한 번도 일어나지 않는 것과 동치이므로

$$\{T_1 > t\} = \{N(t) = 0\}$$

즉,

$$P\{T_1 > t\} = P\{N(t) = 0\} = e^{-\lambda t}$$

위의 양변을 미분해서 부호를 바꾸어 주면 T_1의 분포는 모수가 λ인 지수분포 $EXP(\lambda)$임을 알 수가 있다. T_n을 다음과 같이 정의하고

$$T_n = (n-1)\text{번째 사건과 n번째 사건 사이의 시간간격}$$

도착간격시간(倒着間隔時間; interarrival time)이라고 부르기로 한다.

이제 T_2의 분포를 알아보면,

$$\begin{aligned}
P(T_2 > t \mid T_1 = s) &= P((s, t+s]\text{에서 사건이 발생하지 않음} \mid T_1 = s) \\
&= P(N(t+s) - N(s) = 0 \mid N(s) = 1, N(u) = 0, u < s) \\
&= P(N(t+s) - N(s) = 0)\ (\text{독립증분에 의해서}) \\
&= P(N(t) = 0)\ (\text{정상증분에 의해서}) \\
&= e^{-\lambda t}
\end{aligned}$$

즉 $T_1 = s$일 때 T_2의 조건부 확률분포는 s에 관계없으므로 T_1과 T_2는 서로 독립이 되며 T_2는 T_1과 마찬가지로 모수가 λ인 지수분포를 따르게 된다. 이를 계속해 나가며 $T_1, \cdots, T_n$은 모수가 λ인 지수분포 EXP(λ)를 따르며 서로 독립임을 보일 수가 있다.

$N(t)$가 발생률 λ를 갖는 포아송 과정일 때 도착간격시간들 $T_1, \cdots, T_n$은 서로 독립이고 모수 λ인 지수분포 EXP(λ)를 따른다.

예제 8.9

고속도로의 어느 톨게이트에 도착하는 자동차는 평균 30초$\left(\frac{1}{2}\text{분}\right)$간격으로 도착하는 지수에 따른다고 한다. 1분간에 자동차가 한 대도 도착하지 않을 확률을 구하여라.

풀이

$$P(X>1)=P_0(1)=e^{-2\times 1}=e^{-2}=0.135\left(\frac{1}{\lambda}=\frac{1}{2},\lambda=2\right)$$

또는

$$P(X>1)=\int_1^{\infty}2e^{-2t}dt=[-e^{-2t}]_1^{\infty}=-(-e^{-2\times 1})=e^{-2}=0.135$$

예제 8.10

어느 서비스 창구에 도착하는 손님의 도착시간간격의 분포가 다음과 같을 때 도착시간간격 x 의 분포가 지수분포를 한다고 가정하고, x 의 확률밀도 함수를 구하여라.

〈표 8.1〉 도착시간간격의 분포의 예

손님의 도착시간간격	도착한 손님의 비율	도착한 손님의 누적비율
0~4 시간	86	86
4~8	9	95
8~12	4	99
12~16	1	100
계	100	-

풀이

$$E(T)=2\times 0.86+6\times 0.09+10\times 0.04+14\times 0.01=2.84$$

$$\lambda=\frac{1}{E(T)}=\frac{1}{2.84}=0.35,\ f(t)=\lambda e^{-\lambda t}=0.35e^{-0.35t}$$

예제 8.11

고속도로의 어느 지점을 통과하는 자동차의 시간간격은 평균 30초의 지수분포에 따른다고 한다. 1분간에 2대 이상 통과할 확률을 구하여라.

풀이

$$P(N(1) \geq 2) = P((N(1) \geq 0) - P(N(1) = 0) - P(N(1) = 1)$$
$$= 1 - e^{-2\times1} - 2 \times e^{-2\times1} = 0.594$$

8.3.2 비정상 포아송 과정

발생률 λ를 갖는 포아송 과정에는 λ가 시간에 관계없는 상수로서 임의의 시간간격 t사이에 일어나는 사건의 수는 평균 λt를 갖는 포아송 분포를 따른다는 것은 앞 절에서 공부하였다. 그러나 실제 상황에서는 λ가 고정되어 있는 상수라기보다는 시간에 따라서 변하는 함수로서의 $\lambda(t)$ 형태가 더 적합한 경우가 많다. 왜냐하면 앞에서 배운 발생률 λ는 단위시간당 사건의 평균 발생률을 나타내므로 모든 시간대에 있어서 사건의 평균 발생률이 동일하다고 가정하였으나 이 가정이 맞지 않는 경우가 많다. 예를 들어 어느 상점에 들어오는 손님의 수는 시간구간의 길이뿐만 아니라 흔히 그 시간이 오전, 오후, 저녁 등 어느 시점인가에도 영향을 받게 된다. 이러한 경우에는 정상증분을 가진다는 조건이 있는 포아송 과정은 적용 불가능하게 된다.

이와 같이 포아송 과정의 조건 가운데 정상증분을 갖는다는 조건을 생략한 계수과정을 비정상 포아송 과정(nonhomogeneous Poisson process)이라고 부른다. 이 비정상 포아송 과정에서는 사건의 발생률 λ가 시간에 따라 변하는 $\lambda(t)$의 형태를 가지고 있으며 $\lambda(t)$를 특별히 강력함수(intensity function)라고 부른다.

계수과정 $N(t)$가 다음 조건을 만족시킬 때 강력함수 $\lambda(t)$를 갖는 비정상 포아송 과정이라 한다.

(i) $N(0) = 0$

(ii) 독립증분을 갖는다.

(iii) $P(N(t+h) - N(t) \geq 2) = 0(h)$

(iv) $P(N(t+h) - N(t) = 1) = \lambda(t)h + 0(h)$

다음과 같이 정의된 평균값 함수 $m(t)$는 다음과 같다. 비정상 포아송 과정의 분석에 있어서 가장 먼저 해야할 일은

$$m(t) = \int_0^t \lambda(x)dx$$

를 $\lambda(t)$로부터 도출해 내는 일이다. $(t, t+s]$에서의 증분 $N(t+s) - N(t)$의 분포는 평균이 $m(t+s) - m(t)$인 포아송 분포를 따른다. (증명생략) 즉,

$$P(N(t+s) - N(t) = n) = \frac{e^{-m(t+s) - m(t)}(m(t+s) - m(t))^n}{n!}$$

또한 비정상 포아송 과정에서 강력함수 $\lambda(t)$가 t와 관계없다면, 즉 $\lambda(t) = \lambda$이면, 비정상 포아송 과정은 발생률이 λ인 포아송 과정이 되며 이 경우 $m(t) = \lambda t$임은 명백하다.

예제 8.12

특정 시설에 대한 시간대별 이용 횟수를 조사해 본 결과 다음과 같은 강력함수 $\lambda(t)$를 가지는 비정상 포아송 과정임을 알았다.

$$\lambda(t) = \begin{cases} 2t, & 0 \leq t \leq 1 \\ 2, & 1 < t < 2 \\ 4-t, & 2 \leq t \leq 4 \end{cases}$$

여기서 t는 아침에 시설을 개방한 후 경과된 시간을 나타낸다. 문을 연 후 처음 두 시간 동안 2번 이용될 확률은? 또한 2시간 이후부터 4시간 이전까지 3번 이용될 확률은 얼마나 되나?

풀이

$$P(N(2)=2)=\frac{(m(2))^2 e^{-m(2)}}{2}$$

$$P(N(4)-N(2)=3)=\frac{[m(4)-m(2)]^3 e^{-[m(4)-m(2)]}}{3!}$$

여기서

$$m(2)=\int_0^1 2t\,dt+2=3,\ m(4)=3+\int_2^4 4-t\,dt=5$$

예제 8.13

어느 주간 식당에 오는 손님의 수는 비정상 포아송 과정에 따름을 알고 있다. 아침 10시에 개점($t=0$시)해서 저녁 4시에 폐점($t=6$시)까지의 도착율(강도함수)은

$$\lambda(t)=\begin{cases}12, & (0\le t\le 2)\\ 24t, & (2\le t\le 3)\\ 48-8t, & (3\le t\le 6)\end{cases}$$

에 의하여 주어질 때

(1) 개점에서 폐점까지에 오는 손님 수의 평균 및 분산을 구하여라.

(2) $t=2$에서 $t=3$까지(12~13시 사이) 오는 손님 수의 평균을 구하여라.

(3) 폐점 1시간($t=5$에서 $t=6$까지)에 오는 손님 수의 평균을 구하여라.

풀이

(1) $\Lambda(6)=\int_0^2 12\,dt+\int_2^3 24t\,dt+\int_3^6 (48-8t)\,dt=84$

(2) $\Lambda(3)-\Lambda(2)=\int_2^3 24dt=24$

(3) $\Lambda(6)-\Lambda(5)=\int_5^6 (48-8t)dt=4$

연습문제 8.3

1. 호돌이는 편의점을 하루 0시부터 20시까지 운영한다. 이 편의점에 손님이 도착하는 현상이 강조함수가 다음과 같은 비정상 포아송 과정을 따른다고 한다.

$$\lambda(t) = \begin{cases} t, & 0 \le t \le 5 \\ 5, & 5 \le t \le 15 \\ 20-t, & 15 \le t \le 20 \\ 0, & 20 \le t \le 24 \end{cases}$$

$$\lambda(t) = \lambda(t-24), t > 24$$

(1) $N(t)$는 정상증분이 있는가?

(2) $t=3$에서 $t=7$ 사이에 발생하는 손님 수의 분포

(3) $t=3$에서 $t=7$ 사이에 한 명도 오지 않을 확률

(4) 하루 동안의 손님 수의 기대값은?

2. 어떤 슈퍼마켓에 오는 손님의 수는 비정상 포아송 과정에 따르고 있다. 아침 10시에 개점($t=0$시)에서 밤 8시에 폐점($t=10$시) 까지 도착률(강도함수)은

$$\lambda(t) = \begin{cases} 10t, & (0 \le t \le 2) \\ 5t+10, & (2 \le t \le 6) \\ 40t, & (6 \le t \le 8) \\ 200-20t, & (8 \le t \le 10) \end{cases}$$

에 의하여 주어진다.

(1) 개점에서 폐점까지 오는 손님의 평균 및 분산을 구하여라.

(2) 가장 혼잡한 저녁 6시부터 8시까지 오는 손님의 수의 평균을 구하여라.

(3) 개점에서 낮 12시까지 오는 손님의 수의 평균을 구하여라.

연습문제 8.3

3. $m(t)=t^2+2t$인 비정상 포아송 과정에서 시간간격$(3,5)$동안 n번의 사건이 발생할 확률을 구하여라.

4. 어떤 상점에 들어오는 고객 수는 모수 $\lambda(t)$인 비정상 포아송 분포를 따른다. 모수 $\lambda(t)$는 시간 t의 함수로 개점 시간인 오전 8시를 $t=0$로 하고 폐점시간인 $t=10$까지의 변화는 아래와 같다.

$$\lambda(t)=\begin{cases}3+3t, & 0\le t<4\\ 15, & 4\le t<7\\ 15-3(t-7), & 7\le t<10\end{cases}$$

(1) 10시까지 10명의 손님이 들어올 확률을 구하여라.

(2) 2시에서 4시까지 20명의 손님이 들어올 확률을 구하여라.

연습문제 해답

CHAPTER 01 확률

연습문제 1.1

1. (1) $S=\{HHH, HHT, HTH, THH, HTT, THT, TTH, TTT\}$

   (2) $E=\{HHH, HHT, THH, THT\}$, $F=\{HHT, HTH, THH\}$

   (3) $E\cup F=\{HHH, HHT, HTH, THH, THT\}$

   $E\cap F=\{HHT, THH\}$

   $E^C=\{HTH, HTT, TTH, TTT\}$

   $F^C=\{HHH, HTT, THT, TTH, TTT\}$

   $(E\cap F)^C=\{HHH, HTH, HTT, THT, TTH, TTT\}$

   $E^C\cap F=\{HTH\}$

2. (1) $A\cup B\supset A$, $A\cap B\supset B$, $A\cup B=A\cap B$ 에서 $A\subset B$, 또

   $A\cup B\supset B$, $A\cap B\subset A$, $A\cup B=A\cap B$ 에서 $A\supset B$ 따라서

   $A=B$ 이면

   $A\cup B=A=B$, $A\cap B=A=B$, 따라서 $A\cup B=A\cap B$

   (2) $A\cap B=\varnothing$ 이면, $(A\cap B)\cap(B\cap C)=\varnothing$, 좌변$=(A\cap C)\cap(B\cap C)=\varnothing$

   (3) $A-(B\cup C)=A\cap(B\cup C)^C=A\cap(B^C\cap C^C)=(A\cap B^C)\cap(A\cap C^C)$

   $=(A-B)\cap(A-C)$

   (4) $A-(B\cap C)=A\cap(B\cap C)^C=A\cap(B^C\cup C^C)=(A\cap B^C)\cup(A\cap C^C)$

   $=(A-B)\cup(A-C)$

3. $A-(A\cap B)=A\cap B^C$이므로,

   $[A-(A\cap B)]\cup B=(A\cap B^C)\cup B=(A\cup B)\cap(B^C\cup B)=(A\cup B)\cap S=A\cup B$

4. (1) $A^c=\{4\}$, $B^c=\{1, 2\}$, $A\cap B=\{3\}$, $A\cup B=\{1, 2, 3, 4\}$, $A-B=\{1, 2\}$, $B-A=\{4\}$

   $A\triangle B=\{1, 2, 4\}$

   (2) $A^c=(-\infty, -1]\cup[1, \infty)$, $B^c=(-\infty, 0)\cup(1, \infty)$, $A\cap B=[0, 1)$, $A\cup B=(-1, 1]$,

   $A-B=(-1, 0)$, $B-A=\{1\}$

   $A\triangle B=(-1, 0)\cup\{1\}$

   (3) $A^c=Z^-$, $B^c=Z^-\cup\{0\}$, $A\cap B=Z^+$, $A\cup B=N$, $A-B=\{0\}$, $B-A=\varnothing$

   $A\triangle B=\{0\}$

   (4) $A^c=[3, \infty)$, $B^c=(0, 2)$, $A\cap B=[2, 3)$, $A\cup B=(0, \infty)$, $A-B=(0, 2)$, $B-A=$ $[3, \infty)$, $A\triangle B=(0, 2)\cup[3, \infty)$

5. 생략

6. (1) $A\cap(A^c\cup B\cup C)=(A\cap A^c)\cup(A\cap B)\cup(A\cap C)=\varnothing\cup(A\cap B)\cup(A\cap C)$
$=(A\cap B)\cup(A\cap C)$
(2) $A\cap((B\cap C)^c)=A\cap(B^c\cup C^c)=(A\cap B^c)\cup(A\cap C^c)$
(3) $A\cap B\cap C\subseteq A\cap B$이므로 흡수법칙에 대해 성립.

연습문제 1.2

1. 눈의 합이 3인 경우의 집합을 A라 하고 눈의 합이 8인 경우의 집합을 B라고 하면
$A=(1,2),(2,1),\ B=(2,6),(3,5),(4,4),(5,3),(6,2)$
여기서 A, B 가 동시에 일어날 수 없으므로 구하는 경우의 수는
$n(A)+n(B)=2+5=7$

2. A → B → C → A $4\times3\times5=60$　　A → C → B → A $5\times3\times4=60$
따라서 120

3. $3\times5\times7\times2=210$

4. ${}_5P_3=5\times4\times3=60$

5. (1) ${}_{30}P_2\times2=1740$
(2) 위원장은 이미 A, 나머지 4명에서 두명 ${}_4P_2=12$

6. (1) ${}_3\Pi_5=3^5=243$　　(2) ${}_2\Pi_9=2^9=512$

7. 세 호텔에 다섯 사람이 투숙하는 중복 순열이므로
${}_3\Pi_5=3^5=243$(가지)

8. 동자 순열 : n개 중 p개, q개가 각각 같은 것일 때 일렬로 나열하는 방법의 가지 수는 $\frac{n!}{p!q!}$ 이다.
$\therefore \frac{7!}{2!3!}$

9. 1, 3, 5, 7, 9가 이 순서대로 나열된 자리를 a로 바꾸어 놓고 생각하면 a, a, a, a, a, 2, 4, 6, 8의 문자를 일렬로 나열하는 순열의 수와 같다.
$\therefore \frac{9!}{5!\times1!\times1!\times1!\times1!}=3024$ (가지)

10. ${}_6C_3\times{}_4C_2=120$

11. n개에서 r개를 뽑는 방법의 가지 수는

$_nC_r = \frac{_nP_r}{r!} = \frac{n!}{r!(n-r)!}$ 이므로

$_7C_3 = \frac{_7P_3}{3!} = \frac{7!}{3!(7-3)!} = \frac{7\cdot6\cdot5\cdot4\cdot3\cdot2\cdot1}{3\cdot2\cdot1\cdot4\cdot3\cdot2\cdot1} = 35$

C는 Combination(조합)의 약자이다.

12. 조합의 수이므로 $_{10}C_6 = \frac{10!}{6!4!} = 210$(가지)

13. $_{10}C_4 = \frac{_{10}P_4}{4!} = 210$

14. (1) x, y, z의 3개의 문자 중 중복을 허락하여 7개를 뽑는 조합의 수와 같으므로 $x+y+z=7$ 에서 $_3H_7 = {}_{3+7-1}C_7 = {}_9C_7 = {}_9C_2 = 36$

(2) $x-1=a,\ y-1=b,\ z-1=c$로 놓으면 $(a+1)+(b+1)+(c+1)=7$
즉, 구하는 해의 개수는 방정식 $a+b+c=4$에서 음이 아닌 정수인 해(a,b,c)의 개수와 같으므로 $_3H_4 = {}_{3+4-1}C_4 = {}_6C_4 = {}_6C_2 = 15$

15. $_3H_8 = {}_{10}C_8 = {}_{10}C_2 = 45$

16. 같은 물건 10개를 4명에게 나누어 주는 방법의 가지수는 $_4H_{10} = {}_{4+10-1}C_{10} = {}_{13}C_{10} = 286$ 이다.

연습문제 1.3

1. $\frac{5}{7+5} = \frac{5}{12}$

2. 주사위를 던졌을 때 나올 수 있는 전체 수의 집합을 U라 하고, 그 중 짝수의 집합을 A라 하면 $U = \{1,2,3,4,5,6\}$이고, A = {2, 4, 6}이므로 짝수가 나올 확률은 다음과 같다.

$P(A) = \frac{n(A)}{n(U)} = \frac{3}{6} = \frac{1}{2}$

3. $\frac{_2C_1\,{}_5C_4}{_7C_5}$

4. 3개 중 최대 번호가 5이려면 1, 2, 3, 4 중에서 2개 택하면 되므로 경우의 수는 $_4C_2$이다.

$\therefore \frac{_4C_2}{_{10}C_3} = \frac{1}{20}$

5. a, e를 이웃하게 배열하는 방법의 수는 $4! \times 2$

$$\therefore \frac{4! \times 2}{5!} = \frac{48}{120}$$

6. $P(A \cup B) = P(A) + P(B) - P(A \cap B)$

$$\therefore P(A \cap B) = P(A) + P(B) - P(A \cup B)$$
$$= \frac{1}{3} + \frac{1}{4} - \frac{1}{2} = \frac{1}{12}$$

7. M : 통계 시험에 합격할 사상

E : 전산 시험에 합격할 사상이라 하면

$$P(M \cap E) = P(M) + P(E) - P(M \cup E)$$
$$= \frac{2}{3} + \frac{4}{9} - \frac{4}{5} = \frac{14}{45}$$

8. 세 사람 모두 당첨 제비를 뽑지 못할 확률 q는

$$q = \frac{7}{10} \cdot \frac{6}{9} \cdot \frac{5}{8} = \frac{7}{24}$$

이고 적어도 한 사람이 당첨되는 것은 이것의 여사건이므로 구하는 확률 p는

$$p = 1 - q = 1 - \frac{7}{24} = \frac{17}{24}$$

10. 표면이 한 개도 나오지 않을 사건의 확률 q는

$$q = {}_5C_0\left(\frac{1}{2}\right)^0\left(\frac{1}{2}\right)^5 = \left(\frac{1}{2}\right)^5$$

이다. 따라서 적어도 한 개가 표면이 될 확률 p은

$$p = 1 - q = 1 - \left(\frac{1}{2}\right)^5 = \frac{31}{32}$$

11. $4! \times 2 = 48$

12. $1 - \frac{{}_4C_2}{{}_6C_2}$

연습문제 1.4

1. A 주머니에서 나오거나 B 주머니에서 나올 확률

$$\therefore \frac{1}{2} \times \frac{3}{5} + \frac{1}{2} \times \frac{1}{3} = \frac{7}{15}$$

2. 첫 번째, 두 번째 모두 당첨될 확률 : $\frac{3}{10}\times\frac{2}{9}=\frac{1}{15}$

첫 번째는 당첨되지 않고, 두 번째만 당첨될 확률 : $\frac{7}{10}\times\frac{3}{9}=\frac{7}{30}$

$\therefore \frac{1}{15}+\frac{7}{30}=\frac{3}{10}$

3. 특정한 두 사람이 뽑힐 확률을 $P(A)$, 두 사람이 나란히 서있게 될 확률을 $P(B)$라 하면

$P(A)=\frac{{}_5C_3}{{}_7C_5}=\frac{10}{21}$

사건 A가 일어난 다음에 사건 B가 일어날 조건부 확률은

$P(B|A)=\frac{4!\times 2}{5!}=\frac{2}{5}$

∴구하는 확률은

$P(A\cap B)=P(A)\cdot P(B|A)=\frac{10}{21}\times\frac{2}{5}=\frac{4}{21}$

4. E: 취업자가 뽑힐 사건

A : 로터리 클럽 회원을 뽑는 사건이라 하면

$P(E|A)=\frac{P(E\cap A)}{P(A)}$

$A=(E\cap A)\cup(E^c\cap A) \quad \therefore P(A)=P(E\cap A)+P(E^c\cap A)$

따라서

$P(E|A)=\frac{P(E\cap A)}{P(E\cap A)+P(E^c\cap A)}$

$P(E\cap A)=\frac{36}{900}=\frac{1}{25}$

$P(E^c\cap A)=\frac{12}{900}=\frac{1}{75}$

$\therefore P(E|A)=\frac{P(A\cap E)}{P(A)}=\frac{\frac{1}{25}}{\frac{4}{75}}=\frac{3}{4}$

5. $P(A|B)=\frac{P(A\cap B)}{P(B)}=\frac{P(A\cap B)}{0.2}=0.6$이므로

$\therefore P(A\cap B)=0.12$

$\therefore P(B|A)=\frac{P(A\cap B)}{P(A)}=\frac{0.12}{0.4}=0.3$

6. $P(C \mid A \cap B) = \dfrac{P(A \cap B \cap C)}{P(A \cap B)} = \dfrac{\frac{1}{20}}{\frac{1}{5}} = \dfrac{1}{4}$

7. 환경운동에 참여하는 사람을 E, 남자를 F라 할 때,

$$P(F|E) = \frac{P(F \cup E)}{P(E)} = \frac{0.2 \times 0.4}{0.2} = \frac{2}{5}$$

8. (결핵에 걸려 있음)을 G, (양성반응을 나타냄)을 Y라 하면

$P(G \cap Y) = 0.02 \times 0.95$,

$P(G^c \cap Y) = 0.98 \times 0.03$ 이므로

$$P(G|Y) = \frac{P(G \cap Y)}{P(Y)} = \frac{2 \times 95}{2 \times 95 + 98 \times 3} = \frac{95}{242}$$

9. 제품이 불량일 사건을 E라 하면,

$$\begin{aligned} P(E) &= P(A \cap E) + P(B \cap E) + P(C \cap E) \\ &= P(A)P(E|A) + P(B)P(E|B) + P(C)P(E|C) \\ &= 0.25 \times 0.05 + 0.35 \times 0.04 + 0.4 \times 0.02 = 0.0345 \end{aligned}$$

$$P(A|E) = \frac{P(A \cap E)}{P(E)} = \frac{0.0125}{0.0345} = \frac{25}{69}$$

10. 꼭 한 사람이 판매에 성공할 확률은 A가 성공 B, C가 실패 또는 B가 성공 A, C가 실패 또는 C가 성공 A, B가 실패할 확률을 뜻한다.

$$\therefore \frac{5}{8} \times \frac{5}{8} \times \frac{2}{3} + \frac{3}{8} \times \frac{3}{8} \times \frac{2}{3} + \frac{3}{8} \times \frac{5}{8} \times \frac{1}{3} = \frac{83}{192}$$

11. 주사위를 던져 3의 배수 3, 6의 눈이 나올 확률은 $\frac{1}{3}$이다. 따라서 구하는 확률은

$${}_5C_3\left(\frac{1}{3}\right)^3\left(\frac{2}{3}\right)^2 = \frac{40}{243}$$

CHAPTER 02 확률변수

연습문제 2.1

1. (1) $P(X=1)=.17$
   (2) $P(X\leq 1)=P(X=0)+P(X=1)=.03+.17=.20$
   (3) $P(X\geq 3)=P(X=3)+P(X=4)+P(X=5)=.31+.15+.12=.58$
   (4) $P(0\leq X\leq 2)=P(X=0)+P(X=1)+P(X=2)=.03+.17+.22=.42$
   (5) $P(X<3)=P(X=0)+P(X=1)+P(X=2)=.03+.17+.22=.42$
   (6) $P(X>3)=P(X=4)+P(X=5)=.15+.12=.27$
   (7) $P(2\leq X\leq 4)=P(X=2)+P(X=3)+P(X=4)=.22+.31+.15=.68$

2. (1) x는 선택된 가구가 소유하고 있는 TV의 수라 하자.

x	$P(x)$
0	120/2500 = .048
1	970/2500 = .388
2	730/2500 = .292
3	410/2500 = .164
4	270/2500 = .108

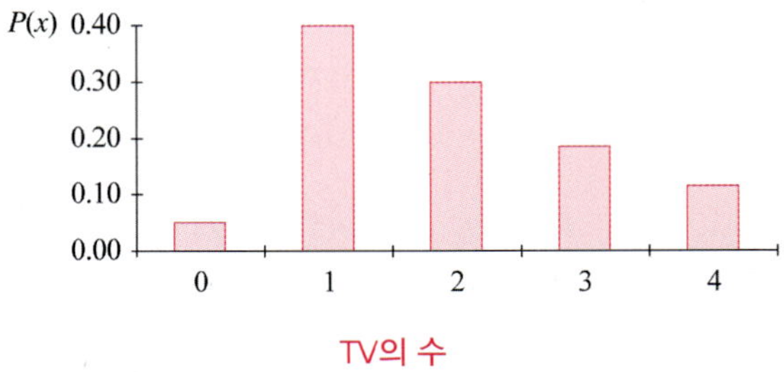

   (2) (i) $P(X=1)=.388$
   (ii) $P(X>2)=P(X=3)+P(X=4)=.164+.108=.272$
   (iii) $P(X\leq 1)=P(X=0)+P(X=1)=.048+.388=.436$
   (iv) $P(1\leq X\leq 3)=P(X=1)+P(X=2)+P(X=3)=.388+.292+.164=.844$

3. (1) $$P(0<X<1)=\int_0^1 \frac{2(x+2)}{5}dx$$
   $$=\left[\frac{(x+2)^2}{5}\right]_0^1=1$$

   (2) $$P\left(\frac{1}{4}<X<\frac{1}{2}\right)=\int_{\frac{1}{4}}^{\frac{1}{2}} \frac{2(x+2)}{5}dx$$
   $$=\left[\frac{(x+2)^2}{5}\right]_{\frac{1}{4}}^{\frac{1}{2}}=\frac{19}{80}$$

4. (1) $P(X<4)=\int_{2}^{4}\frac{2(1+x)}{27}dx$

$=\frac{(1+x)^2}{27}\Big]_{2}^{4}=\frac{16}{27}$

(2) $P(3\le X<4)=\int_{3}^{4}\frac{2(1+x)}{27}dx$

$=\left[\frac{(1+x)^2}{27}\right]_{3}^{4}=\frac{1}{3}$

5. (1) $F(x)=\int_{0}^{x}\frac{1}{2000}exp\left(-\frac{t}{2000}\right)dt$

$=-\exp\left(-\frac{t}{2000}\right)\Big]_{0}^{x}$

$=1-\exp\left(-\frac{x}{2000}\right)$

따라서,

$$F(x)=\begin{cases}0, & x<0\\ 1-\exp(-\frac{x}{2000}), & x\ge 0\end{cases}$$

(2) $P(X\ge 1000)=1-F(1000)$

$=1-\left(1-\exp\left(-\frac{1000}{2000}\right)\right)$

$=0.6065$

(3) $P(X\le 2000)=F(2000)$

$=1-\exp\left(-\frac{2000}{2000}\right)$

$=0.6321$

6. (1) $F(y)=\frac{1}{4}\int_{0}^{y}e^{-\frac{t}{4}}dt=1-e^{\frac{y}{4}}$,

따라서 $P(Y>6)=e^{-\frac{6}{4}}=0.2231$

(2) $P(Y\le 1)=1-e^{-\frac{1}{4}}=0.2212$

연습문제 2.2

1. (1) $y=2x-1, x=\dfrac{y+1}{2}$

$$\left|\frac{dx}{dy}\right|=\frac{1}{2}$$

$$f_Y(y)=f_X(x)\left|\frac{dy}{dx}\right|=(1-y)\frac{1}{2}=\frac{1-y}{2},\ -1\le y\le 1$$

(2) $f_Y(y)=\dfrac{y+1}{2},\ -1\le y\le 1$

(3) $x=\sqrt{y},\ \left|\dfrac{dx}{dy}\right|=\dfrac{1}{2\sqrt{y}}$

$$f_Y(y)=2(1-\sqrt{y})\frac{1}{2\sqrt{y}}=y^{-1/2}-1, 0\le y\le 1$$

2. $dy=\dfrac{1}{x}dx, |\dfrac{dx}{dy}|=e^y,$

$$f_Y(y)=f_X(x)|\frac{dx}{dy}|$$
$$=\exp(-e^y)e^y=\exp(y-e^y), x\ge 0, y=\ln x \text{ 이므로 } -\infty<y<\infty$$

3. $f_Y(y)=\dfrac{1}{y^3}$

4. 확률변수 X가 평균 1인 지수분포 $f_X(x)=e^{-x}$에 따를 때 $Y=\sqrt{X}$의 밀도함수를 구하여라.

$y=\sqrt{x}, x=y^2, |\dfrac{dy}{dx}|=2y,\ f_Y(y)=f_X(x)|\dfrac{dy}{dx}|=e^{-y^2}(2y)=2ye^{-y^2}, y>0$

5. $y=x^2,\ x_1=\sqrt{y}, x_2=-\sqrt{y},\ J_1=1/2\sqrt{y}, J_2=1/2\sqrt{y},$

$$g(y)=f(\sqrt{y})|J_1|+f(-\sqrt{y})|J_2|$$
$$=\frac{1+\sqrt{y}}{2}\frac{1}{2\sqrt{y}}+\frac{1-\sqrt{y}}{2}\frac{1}{2\sqrt{y}}=1/2\sqrt{y}, 0<y<1$$

6. $f_Y(y)=\dfrac{1}{\pi}\dfrac{1}{\sqrt{y}(1+y)}, y>0$

7. (1) $f_Y(y)=\dfrac{\lambda}{y^2}\exp\left[-\dfrac{\lambda(1-y)}{y}\right], 0<y<1$

(2) $f_Y(y)=\dfrac{\lambda}{2\sqrt{y}}\exp[-\lambda\sqrt{y}], 0<y$

(3) $f_Y(y)=1, 0<y<1$

(4) $f_Y(y) = \dfrac{2\lambda}{y^3}\exp\left[-\dfrac{\lambda}{y^2}\right], 0 < y$

8. (1) $f_X(x) = \dfrac{3}{\sqrt{2\pi x}} e^{-\frac{3}{2}x}, x > 0$

(2) $f_X(x) = \dfrac{1}{\sqrt{2\pi}\,\sigma}\exp(-\dfrac{(x-\mu)^2}{2\sigma^2}), -\infty < x < \infty$

9. Y의 분포함수 F_Y는 사상 $\{Y \le y\}$의 확률로서 확률변수 X의 확률을 써서 직접 구할 수 있다. 우선 $Y \ge 0$이므로 $y < 0$일 때, $\{X_2 \le y\} = \varnothing$ 이므로 $F_Y(y) = P\{Y \le y\} = 0$이다.

$y \ge 0$이면 $Y \le y$는 $-\sqrt{y} \le X_1 \le \sqrt{y}$ 일 때만 성립하므로, $y \ge 0$이면

$$P\{Y \le y\} = P\{-\sqrt{y} \le X \le \sqrt{y}\} = \int_{-\sqrt{y}}^{\sqrt{y}} f_X(x)dx$$

특히 $0 \le y \le 1$이면

$$F_Y(y) = \int_{-\sqrt{y}}^{\sqrt{y}} f_X(x)dx = \int_{-\sqrt{y}}^{0} \frac{1}{2}dx + \int_{0}^{\sqrt{y}} \frac{1}{2}e^{-x}dx = \frac{1}{2}\sqrt{y} + \frac{1}{2}\left(1 - e^{-\sqrt{y}}\right)$$

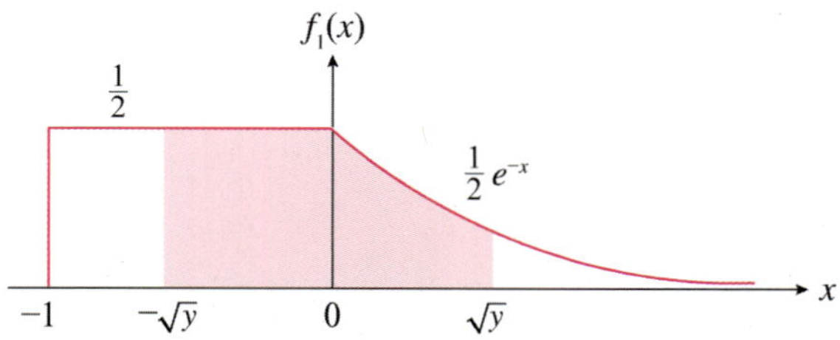

$y > 1$이면

$$F_Y(y) = \int_{-\sqrt{y}}^{\sqrt{y}} f_X(x)dx = \int_{-\sqrt{y}}^{-1} 0dx + \int_{-1}^{0} \frac{1}{2}dx + \int_{0}^{\sqrt{y}} \frac{1}{2}e^{-x}dx = \frac{1}{2} + \frac{1}{2}\left(1 - e^{-\sqrt{y}}\right)$$

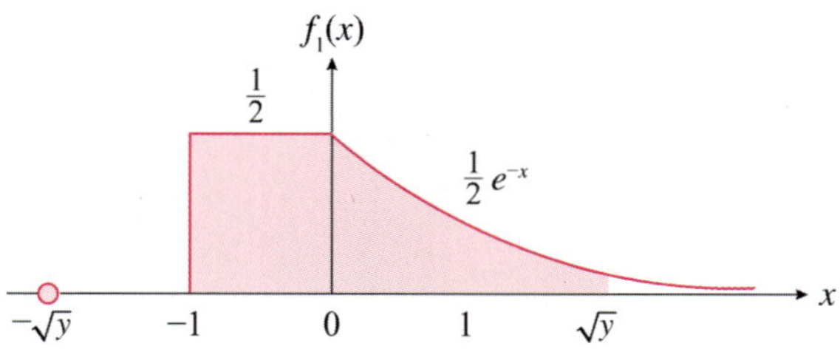

이므로, $F_Y(y)$의 그래프는 다음과 같다.

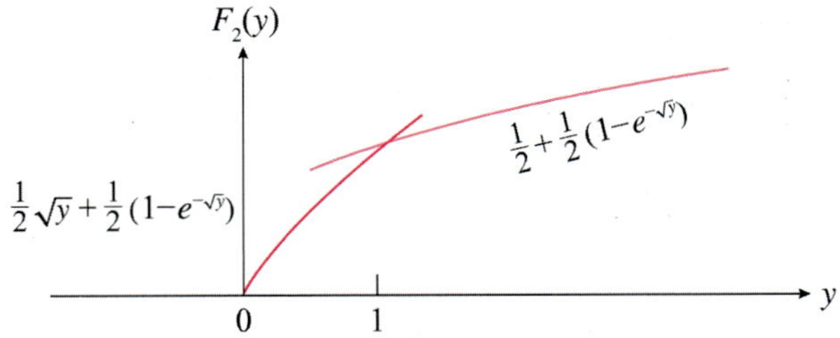

Y의 밀도함수 f_Y는 F_Y를 미분하여 얻어짐으로

$$f_Y(y)=\frac{dF_Y(y)}{dy}=\begin{cases} 0, & y<0 \\ \frac{1}{4\sqrt{y}}\left(1+e^{-\sqrt{y}}\right), & 0<y<1 \\ \frac{1}{4\sqrt{y}}e^{-\sqrt{y}}, & y>1 \end{cases}$$

이 방법을 분포함수의 방법이라고 한다.

연습문제 2.3

1. (1) $\int_0^\infty \int_0^\infty 2e^{-(x+xy)}dxdy=1$

(2) $f_X(x)=e^{-x}, x>0,$

$f_Y(y)=\frac{1}{(1+y)^2}, y>0$

(3) $F_X(x)=1-e^{-x}, x>0,$

$F_Y(y)=1-\frac{1}{(1+y)^2}, y>0$

(4) $F_X(x)=1-e^{-x}$

$F_Y(y)=-\frac{1}{(1+y)}(1-e^{-x(1+y)}), x, y>0$

2. (1) $c=\frac{15}{8}$

(2) $f_X(x)=\frac{15}{16}x^2(2-x)^2, 0<x<2$

$f_Y(y)=\frac{5}{8}(2-y)^2, 0<y<2$

(3) $f(x,y)\neq f_X(x)f_Y(y)$

3. (1) $\frac{23}{32}$ (2) $\frac{23}{32}$ (3) $\frac{5+\log 4}{8}$ (4) $\frac{5}{8}$ (5) $\frac{1}{4}$ (6) $\frac{1}{2}$ (7) $1-\frac{1}{2}e^{-1}$

4. (1) $\frac{1}{2}$ (2) $\frac{1}{2}$ (3) $\frac{1}{2}$

5. (1) 0.36 (2) 0.6 (3) $\frac{1}{2}$ (4) 0 (5) 1 (6) $\frac{\pi}{6}$

6. $g(y)=\int_0^{1-y} 6(1-x-y)dx=6\left[x-\frac{x^2}{2}-xy\right]_0^{1-y}$

7. X, Y의 결합밀도함수 $f(x,y)$는 정사각형 내에서 균등분포를 함으로 각 사상의 확률은 이 정사각형 내에서 이들 사상이 차지하는 면적에 비례한다.

(1) 구하는 확률은$\{X+Y<1\}$이 차지하는 면적 $4-\frac{1}{2}=\frac{7}{2}$의 전체 면적에 대한 비와 같으므로

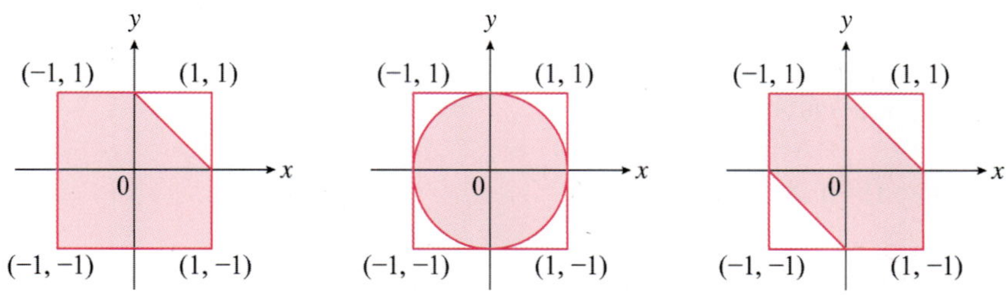

$$P\{X+Y<1\}=\frac{\frac{7}{2}}{4}=\frac{7}{8}$$

(2) 사상 $X^2+Y^2<1$의 확률은 (1)과 마찬가지로

$$P\{X^2+Y^2<1\}=\frac{\pi}{4}$$

(3) (1)과 마찬가지로

$$P\{|X+Y|<1\}=\frac{3}{4}$$

CHAPTER 03 확률분포

연습문제 3.1

1. $P\{X=0\}=\frac{1}{32}$, $P\{X=1\}=\frac{5}{32}$, $P\{X=2\}=\frac{10}{32}$, $P\{X=3\}=\frac{10}{32}$

   $P\{X=4\}=\frac{5}{32}$, $P\{X=5\}=\frac{1}{32}$

2. $1-P\{X=0\}-P\{X=1\}=1-\binom{10}{0}(0.01)^0(0.99)^{10}-\binom{10}{1}(0.01)^1(0.99)^9=0.004266$

```
> #ex  3.2
> 1-dbinom(0,10,0.1)-dbinom(1,10,0.01) #1-pbinom(1,10,0.01)
[1] 0.0042662
```

3. (1) $B(20, 0.3)$에서 $P(X \geq 10)=1-P(X \leq 9)=1-0.9520=0.0480$

```
> #ex  3.3
> #(1)
> 1-pbinom(9,20,0.3)  #pbinom(9,20,0.3,lower.tail=FALSE)
[1] 0.0479619
```

   (2) $P(X \leq 4)=0.2375$

```
> #(2)
> pbinom(4,20,0.3)  #1-pbinom(4,20,0.3,lower.tail=FALSE)
[1] 0.2375078
```

   (3) $P(X=5)=0.1789$

```
> #(3)
> dbinom(5,20,0.3)
[1] 0.1788631
```

연습문제 3.2

1. $P\{X=x\}=\left(\frac{5}{6}\right)^x\left(\frac{1}{6}\right)$

2. $P(X=4)=(0.05)(0.95)^3=0.0429$

```
> #ex  2
> dgeom(3,0.05)  #실패횟수, 성공확률
[1] 0.04286875
```

3. (1) $P\{X=n\}=\left(\frac{r}{r+s}\right)^{n-1}\frac{s}{r+s}=\frac{r^{n-1}s}{(r+s)^n}$

(2) $P\{X \geq k\}=\frac{s}{r+s}\sum_{n=k}^{\infty}\left(\frac{r}{r+s}\right)^{n-1}=\frac{s}{r+s}\left(\frac{r}{r+s}\right)^{k-1}\Big/\left[1-\frac{r}{r+s}\right]=\left(\frac{r}{r+s}\right)^{k-1}$

4. (1) $P\{X=Y\}=\sum_{k=0}^{\infty}P\{X=k, Y=k\}=\sum_{k=0}^{\infty}P\{X=k\}P\{Y=k\}$ ($\because$ X, Y 독립)

$$=\sum_{k=0}^{\infty}q^k p q^k p=p^2\sum_{k=0}^{\infty}q^{2k}=p^2\frac{1}{1-q^2}=\frac{p}{1+q}$$

(2) $P\{X \geq Y\}=\sum_{y=0}^{\infty}P\{X \geq y, Y \geq y\}=\sum_{y=0}^{\infty}\sum_{k=0}^{\infty}P\{X=y+k, Y=y\}$

$$=\sum_{y=0}^{\infty}\sum_{k=0}^{\infty}P\{X=y+k\}P\{Y=y\}=\sum_{y=0}^{\infty}\sum_{k=0}^{\infty}q^{y+k}pq^y p$$

$$=\sum_{y=0}^{\infty}p^2q^{2y}\left(\sum_{k=0}^{\infty}q^k\right)=p^2\frac{1}{1-q}\sum_{y=0}^{\infty}q^{2y}=p\frac{1}{1-q^2}=\frac{1}{1+q}\quad(\because 1-q=p)$$

연습문제 3.3

1. $X \sim NB(4, 0.6)$이므로 $f(x=n)=\binom{n-1}{4-1}(0.6)^3(0.4)^2 0.6$에

(1) $P(X=6)=\binom{5}{3}(0.6)^3(0.4)^2 0.6=0.2074$

```
> #(1)
> dnbinom(2,4,0.6)  #실패횟수, 성공횟수, 성공확률
[1] 0.20736
```

(2) $P(6 \leq X \leq 8)=0.282$

```
> #(2)
> pnbinom(4,4,0.6)-pnbinom(2,4,0.6)  #실패횟수(누적), 성공횟수, 성공확률
[1] 0.2820096
```

2. (1) 신용카드 한 장을 판매할 확률이 0.1이고 3장의 카드를 판매할 때까지 예상 구매자를 방문하므로 그 사람이 방문한 예상 구매자의 수를 X라 하면, 모수 $r=3, p=0.1$인 음이항분포를 이루므로 X의 확률 질량함수는 다음과 같다.

$$P(X=x)=\binom{x-1}{2}(0.1)^3(0.9)^{x-3},\ x=3, 4, 5, \cdots$$

(2) 3번째에서 처음으로 구매자를 만날 확률을 모수 $p=0.1$인 기하분포이므로 구하고자 하는 확률 $(0.9)^2 \cdot (0.1)=0.081$

```
> #(2)
> dgeom(2,0.1)  #실패횟수, 성공확률
[1] 0.081
```

(3) 10번째에서 3장의 카드를 모두 판매할 확률은 10번째 만난 예상 구매자에게서 3번째 카드를 판매할 확률이므로

$$P(X=10)=\binom{10-1}{2}(0.1)^3(0.9)^{10-3}=\binom{9}{2}(0.1)^3(0.9)^7=0.0172$$

```
> #(3)
> dnbinom(7,3,0.1)  #실패횟수, 성공횟수, 성공확률
[1] 0.01721869
```

3. (1) 0에서 9까지의 숫자가 선정될 가능성이 동일하므로, 숫자 0이 나올 확률은 0.1이고, 숫자 0이 나올 시뮬레이션을 반복한 횟수를 X라 하면, $X\sim G(0.1)$이다. 그러므로 X의 확률 질량함수는 $f_X(x)=0.9(0.9)^{x-1}$, $x=1,2,3,\cdots$이다.

(2) 4번째 0이 나올 때까지 반복 시행한 횟수를 Y라 하면, $Y\sim NB(4,0.1)$이고 $y=10$, $r=4$, $p=0.1$이므로 $f_Y(10)=\binom{9}{3}(0.1)^4(0.9)^6=0.0045$이다.

연습문제 3.4

1. $P(X=3)=\dfrac{\binom{6}{3}\binom{4}{2}}{\binom{10}{5}}=\dfrac{10}{21}$

```
> #1
> dhyper(3,6,4,5)  #x, m, n, k
[1] 0.4761905
```

2. $\dfrac{\binom{4}{2}\binom{26}{3}}{\binom{30}{5}}=0.1095$

3. (1) $\dfrac{\binom{2}{1}\binom{13}{4}}{\binom{15}{5}}=0.4762$

```
> #(1)
> dhyper(1,2,13,5)  #x, m, n, k
[1] 0.4761905
```

(2) $\dfrac{\binom{2}{2}\binom{13}{3}}{\binom{15}{5}}=0.0952$

```
> #(2)
> dhyper(2,2,13,5)  #x, m, n, k
[1] 0.0952381
```

4. (1) $\dfrac{\binom{3}{0}\binom{17}{5}}{\binom{20}{5}}=0.3991$

(2) $\dfrac{\binom{3}{2}\binom{17}{3}}{\binom{20}{5}}=0.1316$

연습문제 3.5

1. $P(X=0)=\dfrac{e^{-0.2}(0.2)^0}{0!}=0.8187$

즉, 범죄가 없을 가능성은 0.8187이다.

```
> #1
> dpois(0,0.2)
[1] 0.8187308
```

2. X를 n=400이고 p=0.005인 이항확률변수라고 하자. 그러면 $np=2$이고, 포아송 근사를 이용하면

(1) $P(X=1)=e^{-2}2^1=0.271$

(2) $P(X\le 3)=\sum_{x=0}^{3}e^{-2}2^x/x!=0.857$

3. (1) $P(X=5)=\dfrac{e^{-3}3^5}{5!}=0.1008$

```
> #(1)
> dpois(5,3)
[1] 0.1008188
```

(2) $P(X<3)=0.4232$

```
> #(2)
> ppois(2,3)
[1] 0.4231901
```

연습문제 3.6

1. $\dfrac{6!}{1!2!3!}\left(\dfrac{1}{6}\right)^1\left(\dfrac{1}{6}\right)^2\left(\dfrac{3}{6}\right)^3=0.069$

```
> #(1)
> dmultinom(c(1,2,3),6,c(2/6,1/6,3/6)) #x집합, 총횟수, 확률집합
[1] 0.06944444
```

2. $\left(\dfrac{6!}{3!\ 1!\ 2!}\right)\left(\dfrac{2}{9}\right)^3\left(\dfrac{1}{6}\right)^1\left(\dfrac{11}{18}\right)^2=0.0737$

3. $\dfrac{20!}{5!8!4!3!}\left(\dfrac{1}{4}\right)^5\left(\dfrac{2}{5}\right)^8\left(\dfrac{1}{4}\right)^4\left(\dfrac{1}{10}\right)^3$

```
> #(3)
> dmultinom(c(5,8,4,3),20,c(0.25,0.4,0.25,0.1)) #x집합, 총횟수, 확률집합
[1] 0.008729721
```

4. $\dfrac{4!}{4!0!0!}(0.4)^4(0.4)^0(0.2)^0+\dfrac{4!}{0!4!0!}(0.4)^4+\dfrac{4!}{0!0!4!}(0.2)^4=0.0528$

연습문제 3.7

1. (1) (a) $\dfrac{3}{4}$ (b) $\dfrac{3}{4}$

(2) $\dfrac{1}{4}$

2. (1) $P(X>7)=\displaystyle\int_7^{10}\frac{1}{10}dx=\frac{3}{10}$

```
> #(1)
> 1-punif(7,0,10)  #punif(7,0,10,lower.tail=FALSE)
[1] 0.3
```

(2) $P(2<X<7)=\displaystyle\int_2^{7}\frac{1}{10}dx=\frac{5}{10}$

```
> #(2)
> punif(7,0,10)-punif(2,0,10)
[1] 0.5
```

3. (1) X의 확률밀도함수와 분포함수는 각각 다음과 같다.

$$f(x)=\frac{1}{1.65-1.45}=5,\ 1.45 \le x \le 1.65,$$

$$F(x)=\begin{cases} 0 & x<1.45 \\ 5(x-1.45) & 1.45 \leqq x<1.65 \\ 1 & x \geqq 1.65 \end{cases}$$

(2) $P(X \leqq 1.5)=F(1.5)=5 \cdot (1.5-1.45)=0.25$

(3) $P(Y \geqq 10)=1-P(Y \leqq 9)=1-0.9861=0.0139$

연습문제 3.8

1. (1) $x_1=2.0537$ (2) $x_2=-2.0537$ (3) $x_3=2.3263$

2. (1) 0.1959 (2) 14.3052 (3) $x_2 ≒ 10.3032$

```
> #(1)
> pnorm(6.5,5,4)-pnorm(4.5,5,4)  #x, mu, sd
[1] 0.195908
> #(2)
> qnorm(0.99,5,4)  #x, mu, sd
[1] 14.30539
> qnorm(0.01,5,4,lower.tail=FALSE)  #x, mu, sd
[1] 14.30539
> #(3)
> qnorm(0.995,0,4,)  #x, mu, sd
[1] 10.30332
> qnorm(0.005,0,4,lower.tail=FALSE)  #x, mu, sd
[1] 10.30332
```

3. $P(778<X<834)=P(-0.55<Z<0.85)=0.8023-0.2912=0.5111$

```
> #3
> pnorm(834,800,40)-pnorm(778,800,40)  #x, mu, sd
[1] 0.5111778
```

4. $P(0<Z<2)=0.4772$이므로

$$Z=\frac{x-\mu}{\sigma}=\frac{k-100}{15}=2,\ k=130$$

5. $P\left(0 \le Z \le \frac{X-70}{10}\right)=0.5-\frac{60}{300}=0.3$

$\frac{X-70}{10} ≒ 0.84$,

$X=70+0.84 \times 10 ≒ 78$

```
> #5
> qnorm(0.8,70,10)  #x, mu, sd
[1] 78.41621
> qnorm(0.2,70,10,lower.tail=FALSE)  #x, mu, sd
[1] 78.41621
```

연습문제 3.9

1. (1) 1분에 평균 3건의 전화가 포아송 과정에 따라 걸려오므로, X는 모수 $\alpha=4, \beta=1/3$인 감마분포 $\Gamma(4, 1/3)$에 따른다. 그러므로 X의 확률밀도함수는 다음과 같다.

$$f(x)=\frac{1}{\Gamma(4)(1/3)^1}x^{4-1}e^{-3x}=\frac{27}{2}x^3e^{-3x},\ 0<x<\infty$$

(2) $P(X\geq 5)=\int_5^\infty \frac{27}{5}x^3e^{-3x}dx=-\frac{1}{2}\left[(9x^3+9x^2+6x+2)e^{-3x}\right]_5^\infty=691e^{-15}=0.0002$

2. 첫 번째가 사고가 발생할 때까지 걸리는 시간을 X_1 그리고 첫 번째 사고와 두 번째 사고 사이의 시간을 X_2라 하면, $X_i\sim \text{Exp}(3),\ i=1,2$이고 독립이다. 그리면 두 번째 사고가 발생할 때까지 걸리는 시간 $S=X_1+X_2$는 $\alpha=2,\ \beta=1/3$인 감마분포를 이루고, 따라서 S의 확률밀도함수는 $f_S(x)=\frac{1}{\Gamma(2)(1/3)^2}x^{2-1}\exp\left(-\frac{x}{1/3}\right)=9xe^{-3x},\ x>0$이다. 그러므로 구하고자 하는 확률은 다음과 같다.

$$P(1<S<2)=\int_1^2 9xe^{-3x}dx=(-1)(3x+1)e^{-3x}\Big|_1^2=4e^{-3}-7e^{-6}=0.1818$$

```
> #ex2
> pgamma(2,2,3)-pgamma(1,2,3)  #x, alpha, 1/beta(beta)
[1] 0.181797
```

3. (1) $f(x)=\frac{1}{\Gamma(2)1^2}x^{2-1}e^{-x/1}=xe^{-x},\ 0<x<\infty$

(2) $P(X<2)=\int_0^2 xe^{-x}dx=-(x+1)e^{-x}\Big|_0^2=1-3e^{-2}=0.5994$

```
> #(2)
> pgamma(2,2,1)  #x, alpha, 1/beta(beta)
[1] 0.5939942
```

4. (1) $1-\frac{13}{8\sqrt{e}}$

```
> #(1)
> pgamma(1,3,1/2)  #x, alpha, 1/beta(beta)
[1] 0.01438768
```

(2) $\frac{13}{8}e^{-1/2}-\frac{5}{2}e^{-1}$

```
> #(2)
> pgamma(2,3,1/2)-pgamma(1,3,1/2)  #x, alpha, 1/beta(beta)
[1] 0.06591372
```

연습문제 3.10

1. (1) $f(x)=\frac{\Gamma(3)}{\Gamma(1)\Gamma(2)}x^{1-1}(1-x)^{2-1}=2(1-x),\ 0<x<1$

(2) $P(X<0.8)=\int_0^{0.8}2(1-x)dx=2\left(x-\frac{1}{2}x^2\right)\Big|_0^{0.8}=0.96$

```
> #(2)
> pbeta(0.8,1,2)  #x, alpha, beta
[1] 0.96
```

2. (1) $\int_0^1 kx^2(1-x)^3dx=\frac{k}{60}x^3(20-45x+36x^2-10x^3)\ \Big|_0^1=\frac{k}{60}=1$이므로 $k=60$

(2) $60x^2(1-x)^3=60x^{3-1}(1-x)^{4-1}$이고 $\frac{\Gamma(3+4)}{\Gamma(3)\Gamma(4)}=60$이므로 밀도함수는

$f(x)=\frac{\Gamma(3+4)}{\Gamma(3)\Gamma(4)}x^{3-1}(1-x)^{4-1},\ 0<x<1$이다. 따라서 $\alpha=3,\ \beta=4$이다.

3. (1) $f(x)=\frac{\Gamma(22)}{\Gamma(2)\Gamma(20)}x(1-x)^{19}=420x(1-x)^{19},\ 0<x<1$

(2) $F(x)=\int_0^x 420t(1-t)^{19}dt=420\int_{1-x}^1(u^{19}-u^{20})du$

$=420\left(\frac{1}{20}u^{20}-\frac{1}{21}u^{21}\right)\Big|_{1-x}^1=1-(1+20x)(1-x)^{20},\ 0<x<1$

(3) $f(x)=\frac{\Gamma(22)}{\Gamma(2)\Gamma(22)}x(1-x)^{19}=420x(1-x)^{19}$에서 $x_0=1/20=0.05$일 때 극대이며 최대이다.

(4) 수입금의 5% 이하를 저축할 확률

$P(X<0.05)=F(0.05)=1-(1+20\cdot(0.05))(1-0.05)^{20}=0.2830$

```
> #(4)
> pbeta(0.05,2,20)  #x, alpha, beta
[1] 0.2830282
```

(5) 수입금의 10% 이상을 저축할 확률

$P(X\geq 0.10)=1-F(0.1)=(1+20\cdot(0.1))(1-0.1)^{20}=0.3647$

```
> #(5)
> 1-pbeta(0.1,2,20)  #x, alpha, beta
[1] 0.36473
> pbeta(0.1,2,20,lower.tail=FALSE)  #x, alpha, beta
[1] 036473
```

연습문제 3.11

1. (1) X의 확률밀도함수가 $f(x)=2e^{-2x}(x \geq 0)$이므로

$$P(X \leq 1)=\int_0^1 2e^{-2x}dx = 1-e^{-2}=0.8647$$

```
> #(1)
> pexp(1,2)  #x, 1/mean
[1] 0.8646647
```

(2) $P(1 < X \leq 3)=\int_1^3 2e^{-2x}dx = -e^{-2x}\Big|_1^3 = e^{-2}-e^{-6}=0.1329$

```
> #(2)
> pexp(3,2)-pexp(1,2)  #x, 1/mean
[1] 0.1328565
```

(3) $P(X \geq 2)=\int_2^\infty 2e^{-2x}dx = -e^{-2x}\Big|_2^\infty = e^{-4}=0.0183$

```
> #(3)
> 1-pexp(2,2)  #x, 1/mean
[1] 0.01831564
> pexp(2,2,lower.tail=FALSE)  #x, 1/mean
[1] 0.01831564
```

(4) $F(x)=\int_0^x 2e^{-2t}dt = -e^{2t}\Big|_0^x = 1-e^{-2x}$

(5) 하위 10%인 x_{10}은 $F(x_{10})=1-e^{-2x_{10}}=0.1$이므로 $e^{-2x_{10}}=0.9$; $-2x_{10}=\ln 0.9$;

$x_{10}=-\frac{1}{2}\ln 0.9 = 0.053$

```
> #(5)
> qexp(0.1,2)  #p, 1/mean
[1] 0.05268026
```

(6) 하위 10%인 x_{90}은 $F(x_{90})=1-e^{-2x_{90}}=0.9$이므로 $e^{-2x_{90}}=0.1$; $-2x_{90}=\ln 0.1$;

$x_{90}=-\frac{1}{2}\ln 0.1 = 1.1513$

```
> #(6)
> qexp(0.9,2)  #p, 1/mean
[1] 1.151293
> qexp(0.1,2,lower.tail=FALSE)  #p, 1/mean
[1] 1151293
```

2. 기계가 멈추는 시간을 확률변수 X라 하면, 모수 0.1인 지수분포를 이루므로 X의 밀도함수는 $f(x)=\frac{1}{10}e^{-x/10}$, $x>0$이고, 따라서 평균은 10일이다.

3. (1) 고장 날 때까지 기다리는 시간을 X라 하면, $\lambda=0.3$이므로 X의 평균은 $\mu=1/\lambda=10/3$일이다.

   (2) $\sigma^2=1/\lambda^2=(10/3)^2$이므로 표준편차는 $\sigma=10/3$일이다.

   (3) 분포함수는 $F(x)=P(X\leqq x)=\int_0^x 0.3e^{-0.3t}dt=-e^{-0.3t}\Big|_0^x=1-e^{-0.3x}$이므로

   $F(x_0)=1-e^{-0.3x_0}=0.5;\ e^{-0.3x_0}=0.5;\ -0.3x_0=\ln(0.5);\ x_0=-\frac{10}{3}\ln(0.5)=2.3105$

   즉, $M_c=2.3105$

   (4) 이 기계가 수리된 후 다시 사용하여 고장 날 때까지 걸리는 시간은 동일한 지수분포를 이루므로 이 기계가 수리된 후 다시 고장 나기까지 적어도 일주일 이상 사용할 확률은 $P(X\geqq 7)=1-(1-e^{-2.1})=e^{-2.1}=0.1225$

4. $\int_{-\infty}^{\infty}f(x)dx=\int_{-\infty}^{\infty}\lambda e^{-\lambda x}dx=\left[-e^{-\lambda x}\right]_0^{\infty}=1$

5. $P(X\geq 3{,}000)=P(X\geq 2\mu)=0.135$

```
> #5
> 1-pexp(3000,1/1500)  #p, 1/mean
[1] 0.1353353
> pexp(3000,1/1500,lower.tail=FALSE)  #p, 1/mean
[1] 0.1353353
```

연습문제 3.12

1. (1) 15.51

```
> #(1)
> qchisq(0.95,8)  #p, df
[1] 15.50731
> qchisq(0.05,8,lower.tail=FALSE)  #p, df
[1] 15.50731
```

(2) 33.41

```
> #(2)
> qchisq(0.99,17)  #p, df
[1] 33.40866
> qchisq(0.01,17,lower.tail=FALSE)  #p, df
[1] 33.40866
```

(3) 21.92

```
> #(3)
> qchisq(0.975,11)  #p, df
[1] 21.92005
> qchisq(0.025,11,lower.tail=FALSE)  #p, df
[1] 21.92005
```

(4) 13.09

```
> #(4)
> qchisq(0.05,23)  #p, df
[1] 13.09051
> qchisq(0.95,23,lower.tail=FALSE)  #p, df
[1] 13.09051
```

2. (1) 0.05

```
> #(1)
> 1-pchisq(30.14,19)  #x, df
[1] 0.05004353
> pchisq(30.14,19,lower.tail=FALSE)  #x, df
[1] 0.05004353
```

(2) 0.875

```
> #(2)
> pchisq(15.99,10)-pchisq(3.24,10)  #x, df
[1] 0.8752795
```

3. (1) $\chi^2_{0.99} = 0.297$

(2) $\chi^2_{0.025} = 32.852$

(3) $\chi^2_{0.05} = 37.652$

그러므로 $\alpha = 0.05 - 0.045 = 0.005$,

$\chi^2_{0.005} = 46.928$

4. (1) $\chi_2{}^2 = \chi^2{}_{.025,(7)} = 16.01$ (2) $\chi_1{}^2 = \chi^2{}_{.5,(7)} = 6.35$

(3) 양쪽 부분의 면적이 같다면 $\chi_1{}^2 = \chi^2{}_{.95,(7)} = 2.17$, $\chi_2{}^2 = \chi^2{}_{.05,(7)} = 14.07$

연습문제 3.13

1. (1) 0.05

```
> #(1)
> pt(-1.740,17)  #x, df
[1] 0.04996462
```

(2) 0.98

```
> #(2)
> pt(3.143,6)-pt(-3.143,6)  #x, df
[1] 0.9800084
```

(3) 0.8

```
> #(3)
> pt(1.33,18)-pt(-1.33,18)  #x, df
[1] 0.7998738
> 1-2*pt(1.33,18,lower.tail=FALSE)  #x, df
[1] 0.7998738
```

(4) 0.99

```
> #(4)
> 1-pt(-2.567,17)  #x, df
[1] 0.9900014
> pt(-2.567,17,lower.tail=FALSE)  #x, df
[1] 0.9900014
```

2. (1) 1.94

```
> #(1)
> qt(0.95,6)  #p, df
[1] 1.94318
```

(2) 2.13

```
> #(2)
> qt(0.975,15)  #p, df
[1] 2.13145
```

(3) 2.89

```
> #(3)
> qt(0.99,8)  #p, df
[1] 2.896459
> qt(0.01,8,lower.tail=FALSE)  #p, df
[1] 2.896459
```

(4) -2.72

```
> #(4)
> qt(0.01,11)  #p, df
[1] -2.718079
> qt(0.99,11,lower.tail=FALSE)  #p, df
[1] -2.718079
```

3. (1) $P(-t_{0.005} < t < t_{0.01}) = 0.985$

(2) $P(t > -t_{0.025}) = 0.975$

4. (1) $t_{.95} = 1.83$ (2) $t_{.90} = 1.38$

(3) $t_{.975} = 2.26$

5. (1) 1.81 (2) 2.76

(3) -0.879 (4) -1.37

연습문제 3.14

1. (1) 1.88

```
> #(1)
> qf(0.75,3,5)  #p, df1, df2
[1] 1.884268
> qf(0.25,3,5,lower.tail=FALSE)  #p, df1, df2
[1] 1.884268
```

(2) 0.0672

```
> #(2)
> qf(0.025,3,5)  #p, df1, df2
[1] 0.06718253
> qf(0.975,3,5,lower.tail=FALSE)  #p, df1, df2
[1] 0.06718253
```

(3) 5.4095

```
> #(3)
> qf(0.95,3,5)  #p, df1, df2
[1] 5.409451
> qf(0.05,3,5,lower.tail=FALSE)  #p, df1, df2
[1] 5.409451
```

(4) 0.1109

```
> #(4)
> qf(0.05,3,5)  #p, df1, df2
[1] 0.1109452
> qf(0.95,3,5,lower.tail=FALSE)  #p, df1, df2
[1] 0.1109452
```

2. $a = 0.279$, $b = 4.15$

3. $a = 3.50$, $b = 2.62$

```
> #a
> qf(0.95,7,8)  #p, df1, df2
[1] 3.500464
> qf(0.05,7,8,lower.tail=FALSE)  #p, df1, df2
[1] 3.500464
```

```
> #b
> qf(0.90,7,8)  #p, df1, df2
[1] 2.624135
> qf(0.10,7,8,lower.tail=FALSE)  #p, df1, df2
[1] 2.624135
```

4. (1) 2.71 (2) 3.51
(3) 2.92 (4) 0.47
(5) 0.34

연습문제 3.15

1. $\mu = \int_0^\infty xe^{-x}dx = 1, E(X^2) = \int_0^\infty x^2e^{-x}dx = 2$ 이므로, $\sigma^2 = E(X^2) - \mu^2 = 2 - 1 = 1$

$P\{|X-\mu| \geq k\sigma\} = P\{|X-1| \geq k\}, 0 < k \leq 1$ 이면 이 확률은

$\int_0^{1-k} e^{-x}dx + \int_{1+k}^\infty e^{-x}dx = 1 - e^{-(1-k)} + e^{-(1+k)}, k > 1$ 이면 이 확률은

$\int_{1+k}^\infty e^{-x} = e^{-(1+k)}$ 체비셰프(Chebyshev)의 부등식에서 $k \leq 1$이면 부적합하고, $k > 1$ 이면 $e^{-(1+k)}$은 $\frac{1}{k^2}$보다 빨리 0에 접근한다.

2. $\epsilon = \frac{1}{100}, n = 10{,}000$이므로, 구하는 확률은 $1 - \frac{\frac{1}{6} \times \frac{5}{6}}{10{,}000 \times \left(\frac{1}{100}\right)^2} = \frac{31}{36}$보다 크다.

3. $1-\dfrac{\frac{1}{2}\times\frac{1}{2}}{n\times\left(\frac{1}{100}\right)^2}=0.95$ 이것을 풀어서 n=50,000을 넣는다. 즉 50,000회 실험하면 그 상대도구가 $1/2\pm 1/100$의 범위 내에 들 확률은 95% 이상이라고 할 수 있다.

4. X의 $p.d.f.$를 $f(x)$이라면,

$$E(X)=\int_0^x xf(x)dx=\int_0^a xf(x)dx+\int_a^\infty xf(x)dx\geq\int_a^\infty xf(x)dx\geq\int_a^\infty af(x)dx$$

$$=a\int_a^\infty f(x)dx=aP\{X\geq a\},P\{X\geq a\}\leq\frac{E(X)}{a}$$

$$P\{X\geq 75\}\leq\frac{E(X)}{75}=\frac{50}{75}=\frac{2}{3}$$

5. 체비셰프(Chebyshev)의 부등식에 의하여, $n\geq 1$에 대하여 $V(X)=0$이므로

$P\left\{|X-\mu|>\frac{1}{n}\right\}=0, n\to\infty$ 이라면

$$0=\lim_{n\to\infty}P\left\{|X-\mu|>\frac{1}{n}\right\}=P\left\{\lim_{n\to\infty}\left\{|X-\mu|>\frac{1}{n}\right\}\right\}=P(X\neq\mu)$$

따라서 $P\{X=\mu\}=1$

6. $p\geq\frac{19}{20}$

7. $\frac{15}{17}$

8. 동전을 던져 표면이 나오는 비율은 던지는 횟수 n을 늘리면 $\frac{1}{2}$이 되는 것이 아니고, $\frac{1}{2}$에서의 차가 작은 값 ϵ이상이 되는 확률이 한없이 0에 가까워짐을 나타내고 있다.

CHAPTER 04 기대값

연습문제 4.1

1. $E(X)=\frac{4}{3}$, $E(3X^2-2X)=\int_0^2(3x^2-2x)\left(\frac{1}{2}x\right)dx=\frac{10}{3}$

2. $E(X)=\sum_{x=1}^{\infty}x\left(\frac{1}{2}\right)^x=\frac{1}{2}+2\left(\frac{1}{4}\right)+3\left(\frac{1}{8}\right)+\cdots=s$

   $s-\frac{1}{2}s=\frac{1}{2}+\frac{1}{4}+\frac{1}{8}+\cdots=1,\ s=E(X)=2$

3. $E(X)=\int_{-\infty}^{\infty}\int_{-\infty}^{\infty}xf(x,y)dydx=\int_{x=0}^{4}\int_{y=1}^{5}x\left(\frac{xy}{96}\right)=\frac{8}{3}$

   $E(Y)=\frac{31}{9}, E(XY)=\int_{x=0}^{4}\int_{y=1}^{5}xy\left(\frac{xy}{96}\right)dxdy=\frac{248}{27}$

   $E(2X+3Y)=\int_{x=0}^{4}\int_{y=1}^{5}(2x+3y)\left(\frac{xy}{96}\right)dxdy=\frac{47}{3}$

4. $E(Z)=E\left(\frac{X-\mu}{\sigma}\right)=\frac{1}{\sigma}E[(X-\mu)]=\frac{1}{\sigma}[E(X)-\mu]=0$

5. $Y=X(1-X)$에서 $X=1$일 때, $Y=0, X=0$일 때, $Y=0$이므로

   $f_Y(y)=\begin{cases}1, y=0\text{ 때}\\0, \text{그 밖에서}\end{cases}$, $E[Y]=0\times1=0$

연습문제 4.2

1. $E\left[\frac{X}{n}\right]=\frac{1}{n}E[X]=\frac{1}{n}np=p$

2. $P\{X=x\}=\binom{3}{x}\left(\frac{1}{2}\right)^3$이므로,

   $E[X]=\sum_{x=0}^{3}x\binom{3}{x}\left(\frac{1}{2}\right)^3=\frac{1}{8}[0\times1+1\times3+2\times3+3\times1]=\frac{12}{8}=\frac{3}{2}$

   $Y=X-E[X]=X-\frac{3}{2}$이고, X가 0,1,2,3을 취할 때 Y는 $-\frac{3}{2},-\frac{1}{2},\frac{1}{2},\frac{3}{2}$을 취하여,

   그 확률은 $\frac{1}{8},\frac{3}{8},\frac{3}{8},\frac{1}{8}$이므로 $E[Y]=\left(-\frac{3}{2}\right)\times\frac{1}{8}+\left(-\frac{1}{2}\right)\times\frac{3}{8}+\left(\frac{1}{2}\right)\times\frac{3}{8}+\left(\frac{3}{2}\right)\times\frac{1}{8}=0$

또는 $E[Y]=E[X]-E[E[X]]=\frac{3}{2}-\frac{3}{2}=0$

3. $E[X]=\sum_{k=1}^{\infty}kpq^{k-1}=p\sum_{k=1}^{\infty}kq^{k-1}=p\frac{d}{dq}\left(\sum_{k=1}^{\infty}q^k\right)=p\frac{d}{dq}\left(\frac{q}{1-q}\right)=p\frac{(1-q)+q}{(1-q)^2}=\frac{p}{p^2}=\frac{1}{p}$

4. $E(X)=np=1000\times 0.0025=2.5$

   $V(X)=\lambda=np=2.5$

연습문제 4.3

1. $E[X]=\int_0^2 x\frac{x}{2}dx=\frac{4}{3}$

2. (1) $E[T]=\frac{1}{2}E[X_1]-\frac{1}{2}E[X_2]=\frac{1}{2}\mu-\frac{1}{2}\mu=0$

   (2) $E[T]=\frac{1}{4}\{E[X_1]+E[X_2]+E[X_3]+E[X_4]\}=\frac{1}{4}(4\mu)=\mu$

3. $E(X)=\frac{0+10}{2}=5$

   $V(X)=\frac{(10-0)^2}{12}=\frac{100}{12}$

4. (1) $f(x)=\frac{1}{\Gamma(2)1^2}x^{2-1}e^{-x/1}=xe^{-x},\ 0<x<\infty$

   (2) $\mu=E(X)=(2)\cdot(1)=2$

   (3) $\sigma^2=Var(X)=(2)\cdot(1)^2=2$

5. (1) 1분에 평균 3건의 전화가 포아송 과정에 따라 걸려오므로, X는 모수 $\alpha=4, \beta=1/3$인 감마분포 $\Gamma(4,\ 1/3)$에 따른다. 그러므로 X의 확률밀도함수는 다음과 같다.

   $f(x)=\frac{1}{\Gamma(4)(1/3)^1}x^{1-1}e^{-3x}=\frac{27}{2}x^3e^{-3x},\ 0<x<\infty$

   (2) $\mu=\alpha\beta=\frac{4}{3},\ \sigma^2=\alpha\beta^2=\frac{4}{9}$

6. $E(X)=\frac{3.5}{3.5+4.4}=0.4430,\ Var(X)=\frac{(3.5)\cdot(4.4)}{(3.5+4.4)^2\cdot(3.5+4.4+1)}=0.0277$

7. (1) $f(x)=\frac{\Gamma(3)}{\Gamma(1)\Gamma(2)}x^{1-1}(1-x)^{2-1}=2(1-x),\ 0<x<1$

(2) $\mu = E(X) = \dfrac{\alpha}{\alpha+\beta} = \dfrac{1}{3}$

(3) $\sigma^2 = Var(X) = \dfrac{\alpha\beta}{(\alpha+\beta)^2(\alpha+\beta+1)} = \dfrac{1}{18}$

(4) $P(X<0.8) = \displaystyle\int_0^{0.8} 2(1-x)\,dx = 2\left(x - \frac{1}{2}x^2\right)\Big|_0^{0.8} = 0.96$

연습문제 4.4

1. $E[Y] = E\left[\dfrac{X-\mu}{\sigma}\right] = \dfrac{1}{\sigma}E[X-\mu] = \dfrac{1}{\sigma}[E(X)-\mu] = 0$

2. (1) $E[X] = \displaystyle\int_o^{\infty} xe^{-x}dx = [-xe^{-x}]_0^{\infty} + \int_0^{\infty} e^{-x}dx = [-e^{-x}]_0^{\infty} = 1$

   $E[3X-2] = 3E[X]-2 = 3(1)-2 = 1$

   (2) $E[X^2] = \displaystyle\int_0^{\infty} x^2e^{-x}dx = [-x^2e^{-x}]_0^{\infty} + \int_0^{\infty} xe^{-x}dx = 0+2(1) = 2$

   (3) $E[(X-1)^2] = E[X^2-2X+1] = E[X^2]-2E[X]+1 = 2-2(1)+1 = 1$

3. $E(X) = \dfrac{4}{\pi}\displaystyle\int_0^1 \frac{x}{1+x^2}dx = \frac{\ln 4}{\pi}$

4. $E(X) = \displaystyle\int_0^1 \frac{2x(x+2)}{5}dx = \frac{8}{15}$

5. $E(X) = \displaystyle\int_0^1 x^2\,dx + \int_1^2 x(2-x)dx = 1$. 따라서 연간 평균사용시간은 $(1)(100) = 100$시간.

6. $\mu_Y = E(3X-2) = \dfrac{1}{4}\displaystyle\int_0^{\infty}(3x-2)e^{-\frac{x}{4}}dx = 10$

   따라서 $\sigma_Y^2 = E\{[(3X-2)-10]^2\} = \dfrac{9}{4}\displaystyle\int_0^{\infty}(x-4)^2e^{-\frac{x}{4}}dx = 144$

7. $E(X) = \dfrac{11}{2}$, $E(X^2) = \dfrac{93}{2}$, 따라서

   $E[(2X+1)^2] = 4E(X^2)+4E(X)+1 = 209$

연습문제 4.5

1. $E[(X-a)^2]=E[\{(X-\mu)+(\mu-a)\}^2]$

$$=E[(X-\mu)^2+2(X-\mu)(\mu-a)+(\mu-a)^2]$$

$$=E[(X-\mu)^2]+2(\mu-a)E(X-\mu)+(\mu-a)^2=E[(X-\mu)^2]+(\mu-a)^2$$

따라서 $a=\mu=E[X]$ 일 때, 최소값 $E[(X-\mu)^2]$ 이 된다.

2. $\dfrac{39}{4}$

3. $E[X]=\sum_{x=0}^{\infty}xp(x)=\sum xq^x p=pq(1+2q+3q^2+4q^3+\cdots)=pq\dfrac{1}{(1-q)^2}=\dfrac{q}{p}$ 이므로

$$E[X^2]-(E[X])^2=\sum_{x=0}^{\infty}x^2p(x)-\left(\frac{q}{p}\right)^2=\sum_{x=0}^{\infty}x^2q^xp-\left(\frac{q}{p}\right)^2$$

$$=\sum x(x-1)q^xp+\sum xq^xp-\left(\frac{q}{p}\right)^2$$

$$=pq^2(2\cdot1+3\cdot2q+4\cdot3q^2+5\cdot4q^3+\cdots)+\frac{q}{p}-\left(\frac{q}{p}\right)^2$$

그런데 $1+2q+3q^2+4q^3+\cdots=\dfrac{1}{(1-q)^2}$ 은 미분하여

$$2\cdot1+3\cdot2q+4\cdot3q^2+5\cdot4q^3+\cdots=\frac{2}{(1-q)^3}$$

$$V(X)=pq^2\frac{2}{(1-q)^3}+\frac{q}{p}-\left(\frac{q}{p}\right)^2=\frac{q(p+q)}{p2}=\frac{q}{p^2}$$

4. $E(X^2)-2E(X)=9,\quad E(X^2)-4E(X)=2$

따라서 $E(X)=\dfrac{7}{2},\ E(X^2)=16$

따라서 $\mu=\dfrac{7}{2},\quad \sigma^2=16-\left(\dfrac{7}{2}\right)^2=\dfrac{15}{4}$

5. (1) $E(Y)=\displaystyle\int_0^{\infty}ye^{-\frac{y}{4}}dy=4$

(2) $E(Y^2)=\displaystyle\int_0^{\infty}y^2e^{-\frac{y}{4}}dy=32$

$V(Y)=32-4^2=16$

6. $E(X)=\dfrac{0+10}{2}=5$

$$V(X)=\frac{(10-0)^2}{12}=\frac{100}{12}$$

7. $\sigma^2=Var(X)=(2)\cdot(1)^2=2$

8. $\sigma^2 = \alpha\beta^2 = \frac{4}{9}$

9. $Var(X) = \frac{(3.5) \cdot (4.4)}{(3.5+4.4)^2 \cdot (3.5+4.4+1)} = 0.0277$

10. $\sigma^2 = Var(X) = \frac{\alpha\beta}{(\alpha+\beta)^2(\alpha+\beta+1)} = \frac{1}{18}$

연습문제 4.6

1. (1) $E[g(X, Y)] = E(XY^2)$
$$= \sum_x \sum_y xy^2 f(x, y)$$
$$= 14.4$$
(2) $\mu_X = E(X) = 3.20,\ \mu_Y = E(Y) = 2.0$

2. $E(XY) = \sum_{x=0}^{2}\sum_{y=0}^{2} xyf(x,y)$
$$= (0)(0)f(0,0) + (0)(1)f(0,1) + (0)(2)f(0,2)$$
$$= (1)(0)f(1,0) + (1)(1)f(1,1) + (1)(2)f(1,2)$$
$$= (2)(0)f(2,0) + (2)(1)f(2,1) + (2)(2)f(2,2)$$
$$= 0.2 + 2 \times 0.06 + 0.14 + 4 \times 0.3 = 1.66$$
또한 $\mu_X = \sum_{x=0}^{2} xf_X(x) = 0(0.16) + 1(0.34) + 2(0.5) = 1.34$ 이고
$\mu_y = \sum_{y=0}^{2} yf_Y(y) = 0(0.24) + 1(0.38) + 2(0.38) = 1.14$ 이다.
따라서, $\sigma_{XY} = E(XY) - \mu_X\mu_Y = 1.66 - 1.34 \times 1.14 = 1.5176$

3. $E[X+Y] = \int_0^1 \int_0^1 (x+y)4xy\, dx\, dy = \frac{4}{3}$

4. $E\left(\frac{Y}{X}\right) = \int_0^1 \int_0^2 \frac{y(1+3y^2)}{1} dx\, dy = \frac{5}{8}$

5. (1) $f_X(x) = \frac{3}{2}\int_0^1 (x^2+y^2)dy = \frac{1}{2}(3x^2+1),\quad 0 < x < 1$
그리고
$f_Y(y) = \frac{1}{2}(3y^2+1),\ 0 < y < 1$

$f(x, y) \neq f_X(x)f_Y(x)$

따라서 X, Y는 독립이 아니다.

(2) $E(X+Y) = E(X) + E(Y) = 2E(X) = \int_0^1 x(3x^2+1)dx = \frac{3}{4} + \frac{1}{2} = \frac{5}{4}$

$E(XY) = \frac{3}{2}\int_0^1\int_0^1 xy(x^2+y^2)dx\,dy = \frac{3}{2}\int_0^1 y\left(\frac{1}{4}+\frac{y^2}{2}\right)dy = \frac{3}{8}$

(3) $V(X) = E(X^2) - [E(X)]^2 = \frac{1}{2}\int_0^1 x^2(3x^2+1)dx - \left(\frac{5}{8}\right)^2 = \frac{73}{960}$

$V(Y) = \frac{73}{960}$

$Cov(X, Y) = E(XY) - E(X)E(Y) = \frac{3}{8} - \left(\frac{5}{8}\right)^2 = -\frac{1}{64}$

(4) $V(X+Y) = V(X) + V(Y) + 2Cov(X, Y) = \frac{29}{240}$

6. (1) $f_X(x) = \frac{3}{2}\int_0^1 (x^2+y^2)dy = \frac{1}{2}(3x^2+1),\quad 0 < x < 1,$

그리고 $f_Y(y) = \frac{1}{2}(3y^2+1),\quad 0 < y < 1$

$f(x, y) \neq f_X(x)f_Y(y)$ 따라서 X, Y는 독립이 아니다.

(2) $E(X+Y) = E(X) + E(Y) = 2E(X) = \int_0^1 x(3x^2+1)dx = \frac{3}{4} + \frac{1}{2} = \frac{5}{4}$

$E(XY) = \frac{3}{2}\int_0^1\int_0^1 xy(x^2+y^2)dx\,dy = \frac{3}{2}\int_0^1 y\left(\frac{1}{4}+\frac{y^2}{2}\right)dy = \frac{3}{8}$

(3) $V(X) = E(X^2) - [E(X)]^2 = \frac{1}{2}\int_0^1 x^2(3x^2+1)dx - \left(\frac{5}{8}\right)^2 = \frac{73}{960}$

$V(Y) = \frac{73}{960}$

$Cov(X, Y) = E(XY) - E(X)E(Y) = \frac{3}{8} - \left(\frac{5}{8}\right)^2 = -\frac{1}{64}$

(4) $V(X+Y) = V(X) + V(Y) + 2Cov(X, Y) = \frac{29}{240}$

7. $U = aX + bp \quad V = cY + d, \quad E(X) = \mu_1, \ E(Y) = \mu_2$이라면

$\mu_1' = E(U) = a\mu_1 + b, \quad \mu_2' = E(V) = (c\mu_2) + d$

$U - \mu_1' = a(X - \mu_1), \quad V - \mu_2' = c(Y - \mu_2)$

$Cov(aX+b, cY+d) = Cov(U, V) = E[(U-\mu_1)(V-\mu_2)]$

$= E[ac(X-\mu_1)(Y-\mu_2)] = acE[(X-\mu_1)(Y-\mu_2)] = ac\,Cov(X, Y)$

8. 1

CHAPTER 05 적률생성함수와 중심극한정리

연습문제 5.1

1. $E(X^2)=\frac{1}{\sqrt{2\pi}}\int_{-\infty}^{\infty}x^2e^{-x^2/2}dx=\frac{2}{\sqrt{2\pi}}\int_0^{\infty}x^2e^{-x^2/2}dx=\frac{2}{\sqrt{\pi}}\int_0^{\infty}v^{1/2}e^{-v}dv$

$$=\frac{2}{\sqrt{\pi}}\Gamma\left(\frac{3}{2}\right)=\frac{2}{\sqrt{\pi}}\cdot\frac{1}{2}\Gamma\left(\frac{1}{2}\right)=1\ (\therefore\ \Gamma\left(\frac{1}{2}\right)=\sqrt{\pi})$$

$$E(X^4)=\frac{1}{\sqrt{2\pi}}\int_{-\infty}^{\infty}x^4e^{-x^2/2}dx=\frac{2}{\sqrt{2\pi}}\int_0^{\infty}x^4e^{-x^2/2}dx=\frac{4}{\sqrt{2\pi}}\int_0^{\infty}v^{3/2}e^{-v}dv$$

$$=\frac{4}{\sqrt{\pi}}\Gamma\left(\frac{5}{2}\right)=\frac{4}{\sqrt{\pi}}\cdot\frac{3}{2}\cdot\frac{1}{2}\Gamma\left(\frac{1}{2}\right)=3$$

2. (1) $\frac{3}{2}$　(2) $\frac{39}{4}$

(3) $\frac{\sqrt{39}}{2}$

3. $\mu_1=0,\ \mu_2=1,\ \mu_3=2,\ \mu_4=33$

4. $\mu'=1,\ \mu_2{}'=2,\ \mu_3{}'=6,\ \mu_4{}'=24$

연습문제 5.2

1. $M_X(t)=E(e^{tX})=\sum e^{tx}\frac{e^{-\lambda}}{x!}\lambda^x=e^{-\lambda}\left[1+\frac{e^t\lambda}{1!}+\frac{e^{2t}\lambda^2}{2!}+\frac{e^{3t}\lambda^3}{3!}+\cdots\cdots\right]$

$$=e^{-\lambda}e^{e^t\lambda}=e^{-\lambda(1-e^t)} \quad ①$$

$$M_X(t)=e^{\lambda(t+t^2/2!+t^3/3!+t^4/4!\ \cdots\cdots)}$$

$$=1+\frac{\lambda}{1!}\left(t+\frac{t^2}{2}+\frac{t^3}{3!}+\cdots\cdots\right)+\frac{\lambda^2}{2!}\left(t+\frac{t^2}{2!}+\frac{t^3}{3!}+\cdots\cdots\right)^2+\frac{\lambda^3}{3!}\left(t+\frac{t^2}{2!}+\frac{t^3}{3!}+\cdots\cdots\right)^3+\cdots\cdots$$

$$=1+\lambda t+\frac{\lambda+\lambda^2}{2!}t^2+\frac{\lambda+3\lambda^2+\lambda^3}{3!}t^3+\cdots\cdots \quad ②$$

$$\left.\frac{\partial M'_X(t)}{\partial t}\right|_{t=0}=\left[\lambda+(\lambda+\lambda^2)t+\frac{1}{2!}(\lambda+3\lambda^2+\lambda^3)t^2+\cdots\cdots\right]_{t=0}=\lambda$$

$$\left.\frac{\partial M''_X(t)}{\partial t^2}\right|_{t=0} = [\lambda+\lambda^2+(\lambda+3\lambda^2+\lambda^3)t+\cdots\cdots \text{[각 항에 } t\text{포함]}+\cdots\cdots]_{t=0}$$

$$=\lambda+\lambda^2 \qquad ③$$

따라서

분산 $V(X)=E(X^2)-[E(X)]^2=\lambda+\lambda^2-\lambda^2=\lambda$

평균 $E(X)=\lambda$, 분산 $V(X)=\lambda$

2. $M(t)=E(e^{tX})=\sum \frac{2}{5^{x+1}}e^{tx}=\frac{2}{5}\left[1+\frac{e^t}{5}+\frac{e^{2t}}{5^2}+\frac{e^{3t}}{5^3}+\cdots\cdots\right]$

$$=\frac{2}{5}\left[\frac{1}{1-\frac{e^t}{5}}\right]=\frac{2}{5-e^t} \qquad ①$$

$$M'(t)\Big|_{t=0}=\left.\frac{-2(-e^t)}{(5-e^t)^2}\right|_{t=0}=\left.\frac{2e^t}{(5-e^t)^2}\right|_{t=0}=\frac{1}{8}$$

따라서 평균 $E(X)=\frac{1}{8}$

$$M''(t)\Big|_{t=0}=\left.\frac{2e^t(5-e^t)^2+4e^{2t}(5-e^t)}{(5-e^t)^4}\right|_{t=0}=\left.\frac{2e^t(5-e^t)+4e^{2t}}{(5-e^t)^3}\right|_{t=0}$$

$$=\frac{8+4}{4^3}=\frac{3}{16}$$

따라서 분산 $V(X)=E(X^2)-[E(X)]^2=\frac{3}{16}-\left(\frac{1}{8}\right)^2=\frac{11}{64}$

3. $M_X(t)=\sum_{x=1}^{n}e^{tx}\frac{1}{n}=\frac{1}{n}(e^t+e^{2t}+e^{3t}+\cdots+e^{nt})$

$M'_X(t)=\frac{1}{n}(e^t+2e^{2t}+3e^{3t}+\cdots+ne^{nt})$,

$E(X)=M'_X(0)=\frac{1}{n}(1+2+3+\cdots+n)=\frac{n+1}{2}$

$M''_X(t)=\frac{1}{n}(e^t+2^2e^{2t}+3^2e^{3t}+\cdots+n^2e^{nt})$,

$E(X^2)=M''_X(0)=\frac{1}{n}(1^2+2^2+3^2+\cdots+n^2)=\frac{n(n+1)(2n+1)}{6n}=\frac{(n+1)(2n+1)}{6}$

$V(X)=E(X^2)-[E(X)]^2=\frac{(n+1)(2n+1)}{6}-[\frac{n+1}{2}]^2=\frac{(n-1)(n+1)}{12}$

4. $(1+2te^{2t}-e^{2t})/2t^2$

5. $1/(1-t)$, $|t|<1$

연습문제 5.3

1. (1) $M_X(t) = \dfrac{p}{1-qe^t}$ (단, $qe^t < 1$)

(2) $M_X'(t) = pqe^t(1-qe^t)^{-2}$, $M_X''(t) = pqe^t(1+qe^t)(1-qe^t)^{-3}$

$M_X'(0) = \dfrac{q}{p}$, $M_X''(0) = \dfrac{q(1+q)}{p^2}$

$E(X) = M_X'(0) = \dfrac{q}{p}$, $Var(X) = M_X''(0) - [M_X'(0)]^2 = \dfrac{q}{p^2}$

2. (1) 1

(2) $\dfrac{e^t - 1}{t}$

(3) $E(X) = \dfrac{1}{2}$, $V(X) = \dfrac{1}{12}$

3. 임의의 t에 대하여 확률변수 $e^{tX_1}, \cdots, e^{tX_n}$ 은 독립이므로

$E[e^{tS}] = E[e^{t(X_1+\cdots+X_n)}] = E\left[\prod_{i=1}^{n} e^{tX_i}\right] = \left[\prod_{i=1}^{n} E[e^{tX_i}]\right] = \prod_{i=1}^{n} M_i(t)$, $a < t < b$

4. $M_S(t) = \exp\left(t\mu + \dfrac{1}{2}\sigma^2 t^2\right)$

단, $\mu = \mu_1 + \mu_2 + \cdots + \mu_n$, $\sigma^2 = \sigma_1^2 + \sigma_2^2 + \cdots + \sigma_n^2$

연습문제 5.4

1. $p = 1/6$, $q = 5/6$, $n = 6{,}000$, $S_n = S$라 하여 (6)을 적용하면 $np = 1{,}000$, $\sqrt{npq} = 50/\sqrt{3}$ 이므로

$x = 950$일 때, $z = \dfrac{950 - 1000}{50/\sqrt{3}} = -1.73$

$x = 1{,}050$일 때, $z = 1.73$

이므로

$$P(950 < S < 1{,}050) = P\left(-1.73 < \frac{X - np}{\sqrt{npq}} < 1.73\right) = \int_{-1.73}^{1.73} \frac{1}{\sqrt{2\pi}} e^{-x^2/2} dx$$

$$= 2 \cdot P(0 \le Z \le 1.73) = 2 \times 0.4582 = 0.9164$$

```
> #1
> n=6000; p=1/6  #n,p
> xbar=n*p  #mu
> sd=sqrt(n*p*(1-p))  #sd
> pnorm(1050,xbar,sd)-pnorm(950,xbar,sd)
[1] 0.9167355
```

2. 실제 답은 $\left(\frac{40!}{5!35!}\right)(.15)^5(.85)^{35}$이다. 정규를 이용해 답의 근사치를 구하려면, 먼저 평균값 μ과 표준편차 σ를 다음과 같이 계산해야 한다 :

$\mu = np = 40(.15) = 6$

$\sigma = \sqrt{np(1-p)} = \sqrt{40(.15)(.85)} = 2.258$

$P(4.5 \le X \le 5.5) = P\left(\frac{4.5-6}{2.258} \le Z \le \frac{5.5-6}{2.258}\right) = P(-0.66 \le Z \le -0.22) = .1583$

이다.

3. 실제 답은 이항식 156개를 더한 답이다

${}_{250}C_0(0.6)^0(0.4)^{250} + {}_{250}C_1(0.6)^1(0.4)^{249} + \cdots + {}_{250}C_{155}(0.6)^{155}(0.4)^{95}$

근사치는 정규분포를 이용하여 쉽게 얻어질 수 있다. μ와 σ를 계산한다.

$\mu = np = 250(0.6) = 150$

$\sigma = \sqrt{np(1-p)} = \sqrt{250(0.6)(0.4)} = 7.746$

$P(X \le 155.5) = P(Z \le \frac{155.5-150}{7.746}) = P(Z \le 0.71) = 0.7611$이다.

```
> #3
> n=250; p=0.6  #n,p
> xbar=n*p  #mu
> sd=sqrt(n*p*(1-p))  #sd
> pnorm(155.5, xbar, sd)
[1] 0.7611625
```

4. X가 1년 동안에 사고를 당한 노동자의 수라고 하자. 그러면 X는 n=200, p=0.4인 이항분포를 한다. 이 분포를 정규근사화하면

평균 : $\mu = 200 \times 0.4 = 80$

표준편차 : $\sigma = \sqrt{200 \times 0.4 \times 0.6} = 6.928$

인 정규분포를 한다. 여기에서 75명 이상이 사고를 당할 확률을 이항확률의 공식을 이용하면

$$P(X > 75) = P(X=76) + P(X=77) + \cdots + P(X=200)$$
$$= \frac{200!}{76!\,124!}(0.4)^{76}(0.6)^{124} + \cdots + \frac{200!}{200!\,0!}(0.4)^{200}(0.6)^0$$

이다 이 계산을 정규근사법으로 하면

$P(X > 75) \approx P(Z > \frac{75.5-80}{6.928}) = P(Z > -0.65) = P(Z \le 0.65) = 0.7422$

5. X가 면역성을 갖게 될 사람의 수로 나타낸다고 하자.

$n = 100,\ p = 0.8$이므로

$\mu = 100 \times 0.8 = 80,\ \sigma = \sqrt{100 \times 0.8 \times 0.2} = 4$

(1) $P(X < 74)$를 구하자. 이 확률의 근사값은 $\mu = 80$, $\sigma = 4$인 정규곡선 아래에서 73.5의

왼쪽 면적과 같다. 이것을 표준화해서 다음과 같이 구한다.

$$\begin{aligned}P(X<74) &\approx P(Z<\frac{73.5-80}{4}) \\ &= P(Z\le -1.62) \\ &= P(Z>1.62) \\ &= 1-P(Z<1.62) \\ &= 1-0.9474=0.0526\end{aligned}$$

(2) $P(74 \le X \le 85)$는 $\mu=80$, $\sigma=4$인 정규곡선 아래에서 73.5와 85.5 사이의 면적을 구하면 된다. 이것을 표준화해서 다음과 같이 구한다.

$$\begin{aligned}P(74 \le X \le 85) &\approx P(\frac{73.5-80}{4}<Z<\frac{85.5-80}{4}) \\ &= P(-1.63<Z<1.37) \\ &= P(0<Z<1.37)+P(0<Z<1.63) \\ &= 0.4147+0.4487=0.8631\end{aligned}$$

6. $$\begin{aligned}P(75 \le \overline{X} \le 95) &= P\left(\frac{75-85}{\frac{37}{\sqrt{30}}} \le Z \le \frac{95-85}{\frac{37}{\sqrt{30}}}\right) \\ &= P(-1.48 \le Z \le 1.48) = 0.8611\end{aligned}$$

```
> #6
> mu=85 ; sd=37/sqrt(30) #mu, sd
> pnorm(95,mu,sd)-pnorm(75,mu,sd)
[1] 0.8612151
```

7. 표본 크기는 30 이상이고, 중심극한정리에 의해 $\mu_{\bar{x}}=650$, $\sigma_{\bar{x}}=\frac{420}{\sqrt{100}}=42$인 정규분포이다. $P(\overline{X}>700)=P\left(Z>\frac{700-650}{42}\right)=P(Z>1.19)=1-.8830=.1170$

```
> #7
> mu=650 ; sd=420/sqrt(100) #mu, sd
> 1-pnorm(700,mu,sd)
[1] 0.1169296
```

CHAPTER 06 확률분포

연습문제 6.1

1. 크기가 12이고, 이 표본평균값들의 평균값은 모집단의 평균값 10 온스와 같다. 이 표본평균값들의 표준편차는 $\frac{3}{\sqrt{12}}=0.866$온스이다.

2. $\mu_{\bar{x}}=\mu=10,\ \sigma^2_{\bar{x}}=\frac{a^2}{n}=\frac{6}{3}=2$

3. $P(600\le \overline{X}\le 700)=P\left(\frac{600-650}{37.95}\le Z\le \frac{700-650}{37.95}\right)=P(-1.32\le Z\le 1.32)$
$=P(Z\le 1.32)-P(Z\le -1.32)=0.9066-0.0934=0.8132$이다.

```
> #3
> mu=650; n=10; sd=120/sqrt(10)  #mu, n, sd
> pnorm(700,mu,sd)-pnorm(600,mu,sd)
[1] 0.8123677
```

4. $\mu=500{,}000,\ \sigma=80{,}000$, 그리고 $n=64$이므로 다음을 우선 구한다.
$\mu_{\bar{x}}=500{,}000,\ \ \sigma_{\bar{x}}=\frac{80{,}000}{\sqrt{64}}=10{,}000$
(1) 우리는 확률 $P(\overline{X}>482{,}000)$을 구하면 된다.
$$P(\overline{X}>482{,}000)\approx P\left(Z>\frac{482{,}000-500{,}000}{10{,}000}\right)$$
$$=P(Z>-1.8)=0.9641$$
(2) 우리는 확률 $P(4{,}800{,}000<\overline{X}<512{,}000)$을 구하면 된다.
$$P(480{,}000<\overline{X}<512{,}000)\approx P\left(\frac{480{,}000-50{,}000}{10{,}000}<Z<\frac{512{,}000-500{,}000}{10{,}000}\right)$$
$$=P(-2<Z<1.2)=0.3849+0.4772$$
$$=0.8621$$

5. 표본 크기는 30 이상이고, 중심극한정리에 의해 $\mu_{\bar{x}}=650,\ \sigma_{\bar{x}}=\frac{420}{\sqrt{100}}=42$인 정규분포이다. $P(\overline{X}>700)=P\left(Z>\frac{700-650}{42}\right)=P(Z>1.19)=1-.8830=.1170$

```
> #5
> mu=650; n=100; sd=420/sqrt(n)  #mu, n, sd
> 1-pnorm(700,mu,sd)
[1] 0.1169296
```

6. 여기에서 $\mu=16$, $\sigma=0.6$, $n=36$이다. 36개의 용기에 담아진 내용물의 무게의 합이 585 온스를 넘을 확률은, 즉 평균 무게 $\overline{X}$가 $585/36=16.25$ 온스를 넘을 확률을 구하면 된다.

$\mu_{\overline{x}}=16$, $\sigma_{\overline{x}}=0.6/\sqrt{36}=0.1$

$$P(\overline{X}>16.25)\approx P\left(Z>\frac{16.25-16}{0.1}\right)=P(Z>2.5)=0.0062$$

연습문제 6.2

1. 평균값들의 차이 $4.5-4.3=0.2$이며, 표준편차는 $\sqrt{\frac{(0.7)^2}{45}+\frac{(0.4)^2}{50}}=0.119$이다.

$P(\overline{X_1}-\overline{X_2}<0)=P\left(Z<\frac{0-(4.5-4.3)}{0.119}\right)=(Z<-1.68)=0.465$이다. 그러므로 비료 A를 쓰는 분포표의 평균 수확이 비료 B를 쓰는 분포표의 평균 수확보다 작을 가망은 4.65%이다.

```
> #1
> mu1=4.5; mu2=4.3  #mu
> sd1=0.7; sd2=0.4  #sd
> n1=45; n2=50      #n
>
> mu=mu1-mu2  #differance of mean
> sd=sqrt(sd1^2/n1+sd2^2/n2)  #sd
> pnorm(0,mu,sd)
[1] 0.04599739
```

2. 평균값들의 차이 $8.5-5.3=3.2$이며 표준편차는 $\sqrt{\frac{(4.1)^2}{200}+\frac{(2.9)^2}{150}}=0.374$이다.

$P(\overline{X_1}-\overline{X_2}>x_0)=0.95$, $P\left(Z>\frac{x_0-(8.5-5.3)}{0.374}\right)=0.95$.

따라서 $\frac{x_0-3.2}{0.374}=-1.645$ $x_0=3.2-1.645\cdot 0.374=2.6$이다.

3. $P(48\le\overline{X}-\overline{Y}\le 52)=P(-0.706\le Z\le 0.706)=0.5199$

```
> #3
> mu1=550; mu2=500  #mu
> sd1=9; sd2=16  #sd
> n1=50; n2=40      #n
>
> mu=mu1-mu2  #differance of mean
> sd=sqrt(sd1^2/n1+sd2^2/n2)  #sd
> pnorm(52,mu,sd)-pnorm(48,mu,sd)
[1] 0.5199515
```

4. $P(\overline{X}-\overline{Y}\geq 1)=P\left(Z\geq \dfrac{1-(12.5-12)}{\sqrt{\dfrac{2^2}{36}+\dfrac{1.8^2}{49}}}\right)$

$=P(Z\geq 1.19)=0.117$

연습문제 6.3

1. $\mu_{\hat{p}}=0.48$과 $\sigma_{\hat{p}}=\sqrt{\dfrac{(.48)(.52)}{400}}=0.0250$이므로

$$P(0.45\leq \hat{p}\leq 0.55)=P\left(\frac{.45-.48}{.0250}\leq Z\leq \frac{.55-.48}{.0250}\right)=P(-1.2\leq Z\leq 2.8)$$
$$=P(Z\leq 2.8)-P(Z\leq -1.2)=0.9974-0.1151=0.8823\text{이다.}$$

```
> #1
> n=400; p=0.48
> sd=sqrt(p*(1-p)/n)
> pnorm(0.55,p,sd)-pnorm(0.45,p,sd)
[1] 0.8825794
```

2. $\mu_{\hat{P}}=70$과 $\sigma_{\hat{p}}=\sqrt{\dfrac{(.7)(.3)}{100}}=0.0458$이므로

$$P(\hat{p}>0.8)=P\left(Z>\frac{.80-.70}{.0458}\right)=P(Z>2.18)=1-P(Z\leq 2.18)=1-.9854=0.0146\text{이다.}$$

```
> #2
> n=100; p=0.7
> sd=sqrt(p*(1-p)/n)
> 1-pnorm(0.8,p,sd)
[1] 0.01454817
```

3. 모비율이 $p=0.36$이고 표본의 크기가 $n=100$이므로 표본비율 $\hat{p}$의 평균과 분산은

$\mathrm{E}(\hat{p})=0.36,\ \ \mathrm{V}(\hat{p})=\dfrac{pq}{n}=\dfrac{0.36\times 0.64}{100}=0.048^2$

그런데 n은 충분히 크므로 $\hat{p}$은 정규분포 $N(0.36,\ 0.048^2)$을 따른다.

따라서 $Z=\dfrac{\hat{p}-0.36}{0.048}$으로 표준화하면

$$P(0.33\leq \hat{p}\leq 0.42)\fallingdotseq P(-0.63\leq Z\leq 1.25)$$
$$=P(0\leq Z\leq 0.63)+P(0\leq Z\leq 1.25)$$
$$=0.2357+0.3944=0.6301$$

연습문제 6.4

1. $p_1 - p_2 = 0.23 - 0.12 = 0.11$이고 표준편차는 $\sqrt{\frac{(.23)(.77)}{100} + \frac{(.12)(.88)}{125}} = .0511$이다.

$$P(\hat{p}_1 - \hat{p}_2 > 0.1) = P\left(Z > \frac{0.1 - 0.11}{0.0511}\right) = P(Z > 0.20)$$
$$= 1 - P(Z < -0.20) = 1 - 0.4207 = 0.5793$$이다.

```
> #1
> p1=0.23; p2=0.12
> n1=100; n2=125
> sd1=sqrt(p1*(1-p1)/n1)
> sd2=sqrt(p2*(1-p2)/n2)
> 1-pnorm(0.1,p1-p2,sqrt(sd1^2+sd2^2))
[1] 0.5775082
```

2. $$P(\hat{p}_1 - \hat{p}_2 \le 0.20) = P\left(Z \le \frac{0.20 - \left(\frac{245}{470} - \frac{223}{619}\right)}{\sqrt{\frac{\frac{245}{470}\left(1 - \frac{245}{470}\right)}{1000} + \frac{\frac{223}{619}\left(1 - \frac{223}{619}\right)}{1000}}} \right)$$
$$= P(Z \le 1.297) = 0.9026$$

```
> #2
> p1=245/470; p2=223/619
> n1=470; n2=619
> sd1=sqrt(p1*(1-p1)/n1)
> sd2=sqrt(p2*(1-p2)/n2)
> pnorm(0.2,p1-p2,sqrt(sd1^2+sd2^2))
[1] 0.9026902
```

3. $$P(\hat{p}_1 - \hat{p}_2 \ge 0.03) = P\left(Z \ge \frac{0.03 - (0.08 - 0.06)}{\sqrt{\frac{0.08 \times 0.92}{100} + \frac{0.06 \times 0.94}{200}}} \right) = P(Z \ge 0.313) = 0.377$$

CHAPTER 07 마코프 연쇄

연습문제 7.1

1. 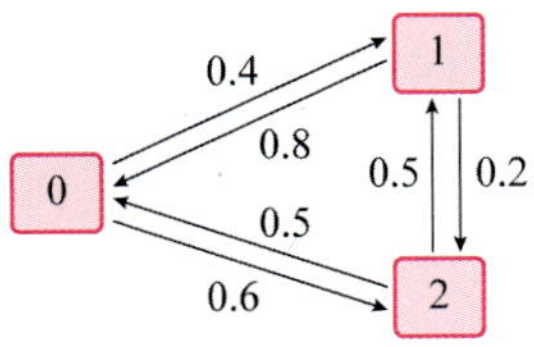

2. 생략

3. 생략

4. $0 \le a \le 1,\ 0 \le b \le 1.$

5. $P = \begin{bmatrix} 0 & \frac{1}{4} & 0 & \frac{1}{2} & 0 & \frac{1}{4} \\ \frac{1}{4} & 0 & \frac{1}{4} & 0 & \frac{1}{2} & 0 \\ 0 & \frac{1}{4} & 0 & \frac{1}{4} & 0 & \frac{1}{2} \\ \frac{1}{2} & 0 & \frac{1}{4} & 0 & \frac{1}{4} & 0 \\ 0 & \frac{1}{2} & 0 & \frac{1}{4} & 0 & \frac{1}{4} \\ \frac{1}{4} & 0 & \frac{1}{2} & 0 & \frac{1}{4} & 0 \end{bmatrix}$

6. $P = \begin{bmatrix} 1 & 0 & 0 & 0 & 0 \\ q & 0 & p & 0 & 0 \\ 0 & q & 0 & p & 0 \\ 0 & 0 & q & 0 & p \\ 0 & 0 & 0 & 0 & 1 \end{bmatrix}$

연습문제 7.2

1. $P^{(2)} = P \cdot P = \begin{bmatrix} 0 & 1 \\ 1 & 0 \end{bmatrix}\begin{bmatrix} 0 & 1 \\ 1 & 0 \end{bmatrix} = \begin{bmatrix} 0\times 0+1\times 1 & 0\times 1+1\times 0 \\ 1\times 0+0\times 1 & 1\times 1+0\times 0 \end{bmatrix} = \begin{bmatrix} 1 & 0 \\ 0 & 1 \end{bmatrix}$

$P^{(3)} = P^{(2)} \cdot P = \begin{bmatrix} 1 & 0 \\ 0 & 1 \end{bmatrix}\begin{bmatrix} 0 & 1 \\ 1 & 0 \end{bmatrix} = \begin{bmatrix} 0 & 1 \\ 1 & 0 \end{bmatrix}$

$P^{(4)} = P^{(3)} \cdot P = \begin{bmatrix} 0 & 1 \\ 1 & 0 \end{bmatrix}\begin{bmatrix} 0 & 1 \\ 1 & 0 \end{bmatrix} = \begin{bmatrix} 1 & 0 \\ 0 & 1 \end{bmatrix}$

$$P^{(5)} = P^{(4)} \cdot P = \begin{bmatrix} 1 & 0 \\ 0 & 1 \end{bmatrix} \begin{bmatrix} 0 & 1 \\ 1 & 0 \end{bmatrix} = \begin{bmatrix} 0 & 1 \\ 1 & 0 \end{bmatrix}$$

$$P^{(6)} = P^{(5)} \cdot P = \begin{bmatrix} 0 & 1 \\ 1 & 0 \end{bmatrix} \begin{bmatrix} 0 & 1 \\ 1 & 0 \end{bmatrix} = \begin{bmatrix} 1 & 0 \\ 0 & 1 \end{bmatrix}$$

2. $P^{(2)} = \begin{bmatrix} 1 & 0 & 0 \\ \frac{3}{4} & \frac{1}{4} & 0 \\ \frac{5}{9} & 0 & \frac{4}{9} \end{bmatrix}$

$$P^{(3)} = \begin{bmatrix} 1 & 0 & 0 \\ \frac{7}{8} & \frac{1}{8} & 0 \\ \frac{19}{27} & 0 & \frac{8}{27} \end{bmatrix}$$

3. (1) $P^{(3)} = \begin{bmatrix} \frac{1}{2} & \frac{1}{2} & 0 \\ \frac{1}{2} & \frac{1}{2} & 0 \\ \frac{3}{8} & \frac{1}{2} & \frac{1}{8} \end{bmatrix}$

(2) $P^{(3)} = P^{(n)} = \begin{bmatrix} \frac{1}{2} & \frac{1}{2} & 0 \\ \frac{1}{2} & \frac{1}{2} & 0 \\ 0 & 0 & 1 \end{bmatrix}$ $(n \geq 1)$

(3) $P^{(3)} = P^{(n)} = \begin{bmatrix} \frac{1}{2} & \frac{1}{2} & 0 \\ \frac{1}{2} & \frac{1}{2} & 0 \\ 0 & 0 & 1 \end{bmatrix}$ $(n \geq 3)$

연습문제 7.3

1. T의 행으로 되는 벡터를 $t = (t_1, t_2, t_3)$라면 t는 확률벡터이므로

$t_1 + t_2 + t_3 = 1$

이 된다. t는 고정벡터이므로, 식 ①에 의하여

$$(t_1, t_2, t_3) \begin{bmatrix} \frac{1}{2} & \frac{1}{4} & \frac{1}{4} \\ \frac{1}{2} & 0 & \frac{1}{2} \\ \frac{1}{4} & \frac{1}{4} & \frac{1}{2} \end{bmatrix} = (t_1, t_2, t_3)$$

이들을 연립방정식으로 나타내면

$t_1 \quad + \quad t_2 \quad + \quad t_3 \quad = 1$

$\frac{1}{2}t_1 + \frac{1}{2}t_2 + \frac{1}{4}t_3 = t_1$

$$\frac{1}{4}t_1 \qquad\quad + \frac{1}{4}t_3 = t_2$$

$$\frac{1}{4}t_1 + \frac{1}{2}t_2 + \frac{1}{2}t_3 = t_3$$

이들을 연립하여 풀면

$t = (t_1, t_2, t_3) = (0.4, 0.2, 0.4)$

를 얻으므로

$$T = \begin{bmatrix} 0.4 & 0.2 & 0.4 \\ 0.4 & 0.2 & 0.4 \\ 0.4 & 0.2 & 0.4 \end{bmatrix}$$

이다(P^n은 $n=8$에서 T와 일치한다).

2. (1) 정칙 (2) 정칙이 아니다.
(3) 정칙이 아니다. (4) 정칙
(5) 정칙이 아니다.

3. (1) $\left(\frac{3}{7}, \frac{4}{7}\right)$ (2) $(0.6, 0.4)$
(3) $\left(\frac{4}{11}, \frac{3}{11}, \frac{4}{11}\right)$

4. (1) $\left(\frac{2}{3}, \frac{1}{3}\right)$ (2) $\left(\frac{2}{7}, \frac{3}{7}, \frac{2}{7}\right)$
(3) $\left(\frac{2}{7}, \frac{3}{7}, \frac{2}{7}\right)$

5. 오랜 훗날의 강북(N)와 강남(S)의 주민 비를 t_1, t_2이라고 하면

$$(t_1, t_2)\begin{bmatrix} 0.7 & 0.3 \\ 0.2 & 0.8 \end{bmatrix} = (t_1, t_2)$$

$t_1 + t_2 = 1$

이를 식에서

$$\begin{cases} 0.7t_1 + 0.2t_2 = t_1 \\ 0.3t_1 + 0.8t_2 = t_2 \\ t_1 + t_2 = 1 \end{cases}$$

이 연립방정식을 풀어서

$t_1 = 0.4,\ t_2 = 0.6$

따라서 강북지역과 강남지역의 먼 훗날의 주민 수의 비는 40% 대 60%가 된다.

6. 이 경우의 추이행렬은 다음과 같다.

$$P = \begin{array}{c} \\ s_1 \\ s_2 \end{array}\begin{array}{c} \begin{array}{cc} s_1 & s_2 \end{array} \\ \begin{bmatrix} 0.4 & 0.6 \\ 1 & 0 \end{bmatrix} \end{array}$$

구하는 정상확률분포를 (t_1, t_2)라고 하면

$$\begin{cases} t_1 + t_2 = 1 \\ 0.4t_1 + t_2 = t_1 \\ 0.6t_1 = t_2 \end{cases}$$

에서

$$t_1 = \frac{5}{8}, \quad t_2 = \frac{3}{8}$$

이 경우의 연쇄도 정칙형이므로, 충분히 시간이 경과하면, 최초의 차가 어느 시에 있건 관계 없이 오후 2시에 갑시에 있을 확률이 $\frac{5}{8}$, 을시에 있을 확률이 $\frac{3}{8}$이 된다.

7. D사의 빵을 살 상태를 s_1, E사의 빵을 살 상태를 s_2라면, 추이행렬은 다음과 같다.

$$P = \begin{matrix} s_1 \\ s_2 \end{matrix} \begin{bmatrix} \frac{3}{4} & \frac{1}{4} \\ \frac{1}{3} & \frac{2}{3} \end{bmatrix}$$

이 추이확률에 대한 정상확률분포를 (t_1, t_2)라고 하면

$$t_1 + t_2 = 1$$

및

$$(t_1, t_2) \begin{bmatrix} \frac{3}{4} & \frac{1}{4} \\ \frac{1}{3} & \frac{2}{3} \end{bmatrix} = (t_1, t_2)$$

에서

$$\begin{cases} \frac{3}{4}t_1 + \frac{1}{3}t_2 = t_1 \\ \frac{1}{4}t_1 + \frac{2}{3}t_2 = t_2 \end{cases}$$

이들을 연립하여 풀면

$$t_1 = \frac{4}{7}, \quad t_2 = \frac{3}{7}$$

이 된다. 이 연쇄는 정칙형이므로 충분히 시간이 경과하면 시장의 $\frac{4}{7}$는 D사가 지배하게 된다.

CHAPTER 08 포아송 과정

연습문제 8.1

1. (1) 10/3(일)

(2) 10/3(일)

(3) $P(X>7)=\int_7^{\infty} 0.3e^{-0.3x}dx$

$=-e^{-0.3x}|_7^{\infty}$

$=e^{-0.3\times 7}$

$=e^{-2.1}$

(4) $P(X>5+2|X>5)=P(X>2)$

$=\int_2^{\infty} 0.3e^{-0.3x}dx$

$=e^{-0.3\times 2}=e^{-0.6}$

2. (1) 구성원이 사망할 때까지 걸리는 시간을 확률변수 X라 하면, 평균 60인 지수분포를 이루므로 X의 밀도함수는 $f(x)=\frac{1}{60}e^{-x/60}, x>0$이고, 구하고자 하는 확률은 다음과 같다.

$P(X<50)=F(50)=1-e^{-5/6}=0.5654$

(2) 80세 이상 생존할 확률은 $P(X>80)=S(80)=e^{-4/3}=0.2636$이다.

(3) 임의로 선정된 사람이 40세 이상 생존할 확률은 $P(X\geq 40)=S(40)=e^{-4/6}=0.5134$이고, 따라서 이 조건 아래서 이 사람이 50세 이전에 사망할 조건부 확률은 다음과 같다.

$$P(X<50|X\geq 40)=\frac{P(X<50, X\geq 40)}{P(X\geq 40)}=\frac{P(40\leq X<50)}{P(X\geq 40)}$$

$$=\frac{1}{0.5134}\int_{40}^{50}\frac{1}{60}e^{-x/60}dx=\frac{0.0788}{0.5134}=0.1535$$

3. (1) $\frac{1}{\lambda}=30$(분)이므로 $\lambda=\frac{1}{30}$, 그러므로 $Var(X)=\frac{1}{\lambda^2}=900$, 여기에서 분산의 단위는 (분)^{2}이 된다.

(2) $P(X>30)$을 구하기 위해

$$\int_{30}^{\infty} f(x)\,dx=\left[-e^{-\frac{1}{30}x}\right]_{30}^{\infty}=e^{-1}$$

4. X를 손님이 버스가 올 때까지 기다리는 시간변수라고하면 조건부 확률은

$$P(X>5+2\,|\,X>5)=\frac{P(X>7,\, X>5)}{P(X>5)}=e^{-0.4}=0.67$$

한편 지수분포의 비기억성을 이용하면, 지금까지 기다린 시간은 앞으로 기다리는 시간의 확률 구조와 무관하므로

$P(X>2)=e^{-0.4}$

로서 위와 동일한 결과를 얻는다.

5. TV의 수명을 X라 하면 X는 모수 1/10인 지수분포를 따르며 지수분포는 과거에 대한 기억이 없으므로

$P(X>t+5 \mid X>t)=P(X>5)=1-F(5)=e^{-\frac{1}{2}}$

이 된다. 여기서 t는 구입 당시의 중고 TV의 연령을 나타낸다.

만약 TV의 수명이 지수분포가 아니라면 위의 확률은

$P(X>t+5 \mid X>t)=\dfrac{P(X>t+5)}{P(X>t}=\dfrac{1-F(t+5)}{1-F(t)}$

로 t의 함수가 된다. 즉 앞으로 남은 수명은 과거 몇 년을 사용했느냐에 따라 달라질 것이다.

6. (1) X의 확률밀도함수가 $f(x)=2e^{-2x}\,(x \geq 0)$이므로

$P(X \leq 1)=\int_0^1 2e^{-2x}dx=1-e^{-2}=0.8647$

(2) $P(1<X \leq 3)=\int_1^3 2e^{-2x}dx=-e^{-2x}|_1^3=e^{-2}-e^{-6}=0.1329$

(3) $P(X \geq 2)=\int_2^\infty 2e^{-2x}dx=-e^{-2x}|_2^\infty=e^{-4}=0.0183$

(4) $F(x)=\int_0^x 2e^{-2t}dt=-e^{-2x}|_0^x=1-e^{-2x}$

(5) $S(3)=1-F(3)=1-(1-e^{-6})=e^{-6}=0.0025$

(6) $h(x)=\dfrac{f(x)}{S(x)}=\dfrac{2e^{-2x}}{e^{-2x}}=2$

연습문제 8.2

1. 사건 $\{N(2.5)=17, N(3.7)=22, N(4.3)=36\}$은 그림과 같이 처음 2.5시간 동안 어떤 신호가 17건 관찰되고, 처음 3.7시간 동안 22건 그리고 처음 4.3시간 동안 36건이 관찰됨을 의미한다. 따라서 이 신호는 (0, 2.5]에서 17건 그리고 (2.5, 3.7]에서 5건, (3.7, 4.3]에서 14건이 관찰된다. 즉, 사건$\{N(2.5)=17, (3.7)=22, (4.3)=36\}$은

$\{N(2.5)=17, N(3.7)-X(2.5)=5, N(4.3)-N(3.7)=14\}$

와 동일하다. 그러므로 포아송 과정의 특성에 의하여

$P[N(2.5)=17, N(3.7)=22, N(4.3)=36]$

$\quad=P[N(2.5)=17, N(3.7)-N(2.5)=5, N(4.3)-N(3.7)=14]$

$= P[N(2.5)=17]\, P[N(3.7)-N(2.5)=5]\, P[N(4.3)-N(3.7)=14]$

이다.

한편 성질에 의하여 동일한 크기의 시구간에서 관찰된 횟수는 동일한 분포를 이루므로

$P[N(3.7)-N(2.5)=5] = P[N(1.2)=5]$

$P[N(4.3)-N(3.7)=14] = P[N(0.6)=14]$

이다. 또한 $\lambda = 8$이므로

$N(2.5) \sim P(20),\ N(1.2) \sim P(9.6),\ N(0.6) \sim P(4.8)$

이고 따라서 구하고자 하는 확률은

$$P[N(2.5)=17]\, P[N(3.7)-N(2.5)=5]\, P[N(4.3)-N(3.7)=14]$$

$$= \left(\frac{20^{17}}{17!}e^{-20}\right)\left(\frac{9.6^{5}}{5!}e^{-9.6}\right)\left(\frac{4.8^{14}}{14!}e^{-4.8}\right)$$

$$= (0.07595)(0.04602)(0.00033) = 1.15 \times 10^{-6}$$

이다.

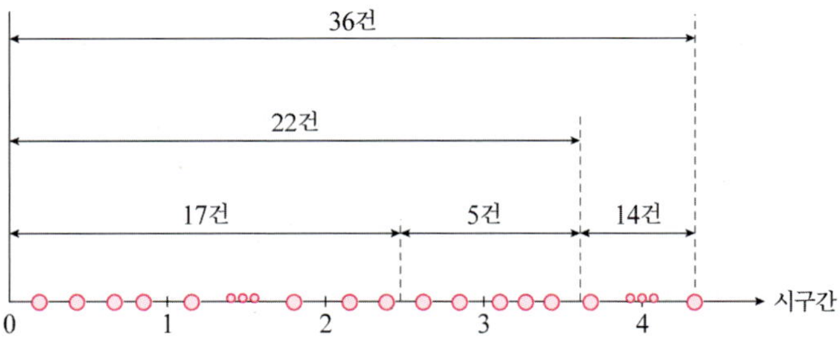

컴퓨터 시스템에 수신되는 신호 횟수

2. (1) $N(15)-N(12)$는 $\lambda t = 100 \times 3 = 300$을 평균으로 하는 포아송 분포를 따르므로 3시간 동안 들어오는 손님 수의 기대값은 300이다.

(2) 12시에서 12시 12분까지의 12분 간격 동안 들어오는 손님의 수는 $\lambda t = 100 \times \frac{12}{60} = 20$을 평균으로 하는 포아송 분포 포아송(20)이므로 부록의 포아송 분포 누적확률표를 이용하여, 평균이 20인 포아송확률변수가 25보다 작거나 같을 확률은 0.888이 된다.

3. $[0,t]$에서 상점에 찾아온 손님의 수를 $N(t)$라 하면, 발생비율이 $\lambda = 4$이므로 $N(t) \sim P(4t)$이다. 한편 30분은 1/2시간이므로 8시부터 8시 30분 사이에 상점에 찾아오는 손님의 수에 대한 확률분포는 $N(1/2) \sim P(2)$이다. 그러므로 이 시간에 손님 1명이 찾아올 확률은 다음과 같다.

$$P(N(1/2)=1) = \frac{2^1}{1!}e^{-2} = 2e^{-2}$$

한편 8시 30분까지 꼭 한 사람이 찾아오고 11시까지 찾아온 손님이 모두 5사람이 되려면, 8시 30분부터 11시까지 4명이 상점을 찾아와야 하므로

$P(N(1/2)=1, N(3)-N(1/2)=4)=P(N(1/2)=1)P(N(3)-N(1/2)=4)=$

$P(N(1/2)=1)P(N(5/2)=4)$

이다. 이때 $N(5/2) \sim P(10)$이고 따라서 구하고자 하는 확률은 다음과 같다.

$$\begin{aligned} P(N(1/2)=1, N(3)-N(1/2)=4) &= P(N(1/2)=1)\,P(N(5/2)=4) \\ &= (2e^{-2}) \cdot \left(\frac{10^4}{4!}e^{-10}\right) = (0.2707) \cdot (0.0189) = 0.0051 \end{aligned}$$

4. $N(t)$를 첫 쪽부터 t쪽까지의 오자의 수라 하면 한 쪽당 평균 2/5자의 오자가 발생하는 꼴이 되므로 $N(t)$는 모수 2/5인 포아송 과정으로 볼 수 있다. 따라서 구하고자 하는 확률은 다음와 같다.

$$P(N(3)=0)=e^{-3 \cdot \frac{2}{5}}$$

5. 9시에 문을 열었으므로 9시를 $t=0$이라 두면 10시는 $t=1$, 11시는 30분은 $t=2.5$가 된다. 따라서 구하고자 하는 확률은 각각 다음과 같다.

$$P(N(1)=2)=\frac{e^{-4 \cdot 1}(4 \cdot 1)^2}{2!}=8e^{-4}$$

$$\begin{aligned} P(N(1)=2, N(2.5)=5) &= P(N(1)=2)\,P(N(2.5)-N(1)=3) \\ &= P(N(1)=2)\,P(N(1.5)=3) \\ &= 8e^{-4} \cdot 36e^{-6} = 288e^{-10} \end{aligned}$$

연습문제 8.3

1. $\lambda(t)$를 그림으로 그려보면 다음과 같다.

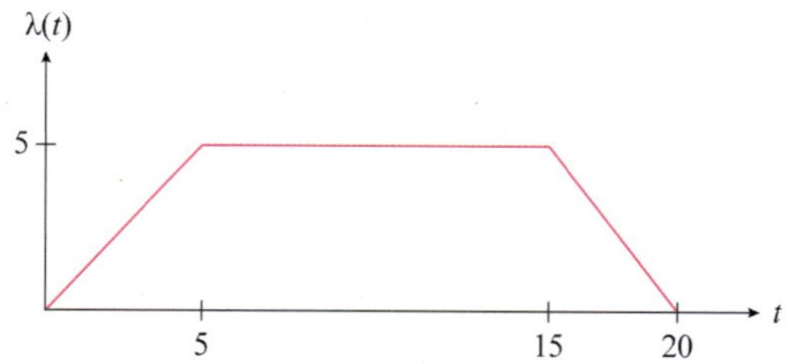

즉 하루의 개점 시간인 0시부터 5시까지는 손님이 들어오는 비율이 증가하고, 5시부터 15시까지는 시간당 5명으로 일정하며, 15시부터 20시까지는 손님이 들어오는 비율이 감소하는 형태를 지닌 편의점임을 알 수 있다.

(1) $\lambda(t)$가 시간에 따라 변하므로 정상증분이 없다.

(2) [3.7] 사이에 들어오는 손님 수는 포아송 분포이며 그 평균은

$\int_3^7 \lambda(x)dx$

$\int_3^5 xdx + \int_5^7 5dx = 18 =$ (3,7] 에서의 $\lambda(t)$의 면적

(3) 평균이 18인 포아송 분포를 따르는 확률변수가 0을 취할 확률이므로

$e^{-18} \cong 1.523 \times 10^{-8}$

(4) 하루 동안 들어오는 총 손님 수 $N(20) - N(0)$은 평균

$\int_0^{20} \lambda(x)dx$

인 포아송 분포를 따른다. 그러므로 하루 동안의 손님 수의 기대값은

$\int_0^{20} \lambda(x)dx = \int_0^5 xdx + \int_5^{15} 5dx + \int_{15}^{20} (20-x)dx = 75$명

2. (1) $E[N(10)] = 260,\ V(N(10)) = 260$

(2) $E[N(8) - N(6)] = 80$

(3) $E[N(2)] = 20$

3. $P(N(5) - N(3) = n) = \dfrac{20^n e^{-20}}{n!}$

4. (1) $m(2) = \int_0^2 3+3t\ dt = 12,\ N(2) \sim p(12)$

$\therefore\ P(N(2) = 10) = \dfrac{12^{10} e^{-12}}{10!}$

(2) $\int_6^7 15\ dt + \int_7^8 15 - 3(t-7)\ dt = 28.5,$

$\therefore P(N(8) - N(6) = 20) = \dfrac{28.5^{20} e^{-28.5}}{20!}$

APPENDIX

구성

1. 카이제곱분포표-오른쪽 꼬리 확률

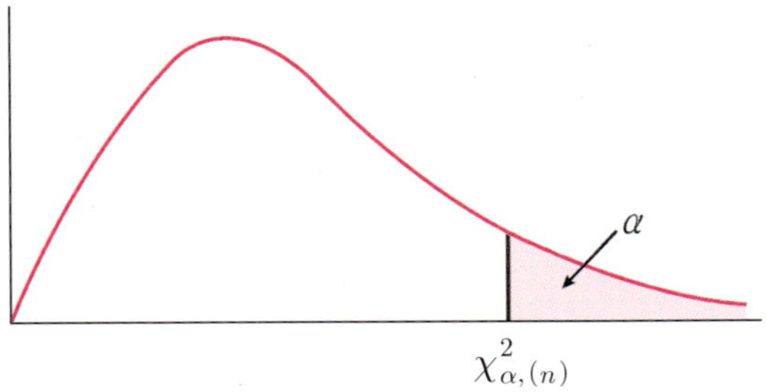

df \ α	0.9995	0.999	0.9975	0.995	0.990	0.975	0.950	0.900	0.750	0.500
1	0.00	0.00	0.00	0.00	0.00	0.00	0.00	0.02	0.10	0.45
2	0.00	0.00	0.01	0.01	0.02	0.05	0.10	0.21	0.58	1.39
3	0.02	0.02	0.04	0.07	0.11	0.22	0.35	0.58	1.21	2.37
4	0.06	0.09	0.14	0.21	0.30	0.48	0.71	1.06	1.92	3.36
5	0.16	0.21	0.31	0.41	0.55	0.83	1.15	1.61	2.67	4.35
6	0.30	0.38	0.53	0.68	0.87	1.24	1.64	2.20	3.45	5.35
7	0.48	0.60	0.79	0.99	1.24	1.69	2.17	2.83	4.25	6.35
8	0.71	0.86	1.10	1.34	1.65	2.18	2.73	3.49	5.07	7.34
9	0.97	1.15	1.45	1.73	2.09	2.70	3.33	4.17	5.90	8.34
10	1.26	1.48	1.83	2.16	2.56	3.25	3.94	4.87	6.74	9.34
11	1.59	1.83	2.23	2.60	3.05	3.82	4.57	5.58	7.58	10.34
12	1.93	2.21	2.66	3.07	3.57	4.40	5.23	6.30	8.44	11.34
13	2.31	2.62	3.11	3.57	4.11	5.01	5.89	7.04	9.30	12.34
14	2.70	3.04	3.58	4.07	4.66	5.63	6.57	7.79	10.17	13.34
15	3.11	3.48	4.07	4.60	5.23	6.26	7.26	8.55	11.04	14.34
16	3.54	3.94	4.57	5.14	5.81	6.91	7.96	9.31	11.91	15.34
17	3.98	4.42	5.09	5.70	6.41	7.56	8.67	10.09	12.79	16.34
18	4.44	4.90	5.62	6.26	7.01	8.23	9.39	10.86	13.68	17.34
19	4.91	5.41	6.17	6.84	7.63	8.91	10.12	11.65	14.56	18.34
20	5.40	5.92	6.72	7.43	8.26	9.59	10.85	12.44	15.45	19.34
21	5.90	6.45	7.29	8.03	8.90	10.28	11.59	13.24	16.34	20.34
22	6.40	6.98	7.86	8.64	9.54	10.98	12.34	14.04	17.24	21.34
23	6.92	7.53	8.45	9.26	10.20	11.69	13.09	14.85	18.14	22.34
24	7.45	8.08	9.04	9.89	10.86	12.40	13.85	15.66	19.04	23.34
25	7.99	8.65	9.65	10.52	11.52	13.12	14.61	16.47	19.94	24.34
26	8.54	9.22	10.26	11.16	12.20	13.84	15.38	17.29	20.84	25.34
27	9.09	9.80	10.87	11.81	12.88	14.57	16.15	18.11	21.75	26.34
28	9.66	10.39	11.50	12.46	13.56	15.31	16.93	18.94	22.66	27.34
29	10.23	10.99	12.13	13.12	14.26	16.05	17.71	19.77	23.57	28.34
30	10.80	11.59	12.76	13.79	14.95	16.79	18.49	20.60	24.48	29.34
40	16.91	17.92	19.42	20.71	22.16	24.43	26.51	29.05	33.66	39.34
50	23.46	24.67	26.46	27.99	29.71	32.36	34.76	37.69	42.94	49.33
60	30.34	31.74	33.79	35.53	37.48	40.48	43.19	46.46	52.29	59.33
80	44.79	46.52	49.04	51.17	53.54	57.15	60.39	64.28	71.14	79.33
100	59.90	61.92	64.86	67.33	70.06	74.22	77.93	82.36	90.13	99.33

df \ α	0.250	0.200	0.150	0.100	0.050	0.025	0.020	0.010	0.005	0.0025	0.001	0.0005
1	1.32	1.64	2.07	2.71	3.84	5.02	5.41	6.63	7.88	9.14	10.83	12.12
2	2.77	3.22	3.79	4.61	5.99	7.38	7.82	9.21	10.60	11.98	13.82	15.20
3	4.11	4.64	5.32	6.25	7.81	9.35	9.84	11.34	12.84	14.32	16.27	17.73
4	5.39	5.99	6.74	7.78	9.49	11.14	11.67	13.28	14.86	16.42	18.47	20.00
5	6.63	7.29	8.12	9.24	11.07	12.83	13.39	15.09	16.75	18.39	20.51	22.11
6	7.84	8.56	9.45	10.64	12.59	14.45	15.03	16.81	18.55	20.25	22.46	24.10
7	9.04	9.80	10.75	12.02	14.07	16.01	16.62	18.48	20.28	22.04	24.32	26.02
8	10.22	11.03	12.03	13.36	15.51	17.53	18.17	20.09	21.95	23.77	26.12	27.87
9	11.39	12.24	13.29	14.68	16.92	19.02	19.68	21.67	23.59	25.46	27.88	29.67
10	12.55	13.44	14.53	15.99	18.31	20.48	21.16	23.21	25.19	27.11	29.59	31.42
11	13.70	14.63	15.77	17.28	19.68	21.92	22.62	24.72	26.76	28.73	31.26	33.14
12	14.85	15.81	16.99	18.55	21.03	23.34	24.05	26.22	28.30	30.32	32.91	34.82
13	15.98	16.98	18.20	19.81	22.36	24.74	25.47	27.69	29.82	31.88	34.53	36.48
14	17.12	18.15	19.41	2.106	23.68	26.12	26.87	29.14	31.32	33.43	36.12	38.11
15	18.25	19.31	20.60	22.31	25.00	27.49	28.26	30.58	32.80	34.95	37.70	39.72
16	19.37	20.47	21.79	23.54	26.30	28.85	29.63	32.00	34.27	36.46	39.25	41.31
17	20.49	21.61	22.98	24.77	27.59	30.19	31.00	33.41	35.72	37.95	40.79	42.88
18	21.60	22.76	24.16	25.99	28.87	31.53	32.35	34.81	37.16	39.42	42.31	44.43
19	22.72	23.90	25.33	27.20	30.14	32.85	33.69	36.19	38.58	40.88	43.82	45.97
20	23.83	25.04	26.50	28.41	31.41	34.17	35.02	37.57	40.00	42.34	45.31	47.50
21	24.93	26.17	27.66	29.62	32.67	35.48	36.34	38.93	41.40	43.78	46.80	49.01
22	26.04	27.30	28.82	30.81	33.92	36.78	37.66	40.29	42.80	45.20	48.27	50.51
23	27.14	28.43	29.98	32.01	35.17	38.08	38.97	41.64	44.18	46.62	49.73	52.00
24	28.24	29.55	31.13	33.20	36.42	39.36	40.27	42.98	45.56	48.03	51.18	53.48
25	29.34	30.68	32.28	34.38	37.65	40.65	41.57	44.31	46.93	49.44	52.62	54.95
26	30.43	31.79	33.43	35.56	38.89	41.92	42.86	45.64	48.29	50.83	54.05	56.41
27	31.53	32.91	34.57	36.74	40.11	43.19	44.14	46.96	49.64	52.22	55.48	57.86
28	32.62	34.03	35.71	37.92	41.34	44.46	45.42	48.28	50.99	53.59	56.89	59.30
29	33.71	35.14	36.85	39.09	42.56	45.72	46.69	49.59	52.34	54.97	58.30	60.73
30	34.80	36.25	37.99	40.26	43.77	46.98	47.96	50.89	53.67	56.33	59.70	62.16
40	45.62	47.27	49.24	51.81	55.76	59.34	60.44	63.69	66.77	69.70	73.40	76.09
50	56.33	58.16	60.35	63.17	67.50	71.42	72.61	76.15	79.49	82.66	86.66	89.56
60	66.98	68.97	71.34	74.40	79.08	83.30	84.58	88.38	91.95	95.34	99.61	102.7
80	88.13	90.41	93.11	96.58	101.9	106.6	108.1	112.3	116.3	120.1	124.8	128.3
100	109.1	111.7	114.7	118.5	124.3	129.6	131.1	135.8	140.2	144.3	149.4	153.2

2. 표준정규분포표

$$P\{Z \le z\} = \int_{-\infty}^{z} \frac{1}{\sqrt{2\pi}} e^{-\frac{x^2}{2}} dx$$

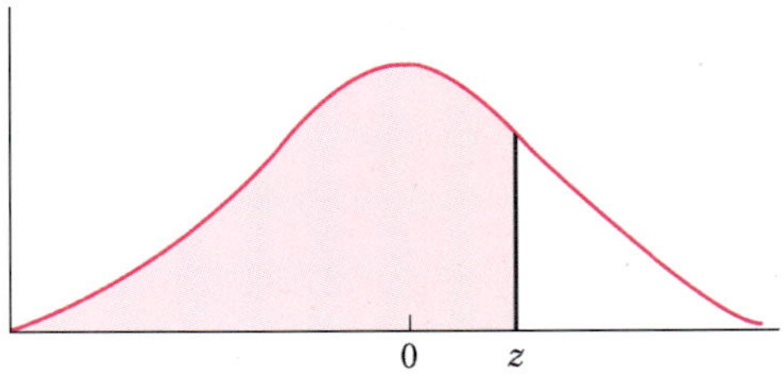

표의 숫자는 z보다 같거나 작을 확률을 나타낸다.

z	.00	.01	.02	.03	.04	.05	.06	.07	.08	.09
.0	.5000	.5040	.5080	.5120	.5160	.5119	.5239	.5279	.5319	.5359
.1	.5398	.5438	.5478	.5517	.5557	.5596	.5636	.5675	.5714	.5753
.2	.5793	.5832	.5871	.5910	.5948	.5987	.6026	.6064	.6103	.6141
.3	.6179	.6217	.6255	.6293	.6331	.6368	.6406	.6443	.6480	.6517
.4	.6554	.6591	.6628	.6664	.6700	.6736	.6772	.6808	.6844	.6879
.5	.6915	.6950	.6985	.7019	.7054	.7088	.7123	.7157	.7190	.7224
.6	.7257	.7291	.7324	.7357	.7389	.7422	.7454	.7486	.7517	.7549
.7	.7580	.7611	.7642	.7673	.7704	.7734	.7764	.7794	.7823	.7852
.8	.7881	.7910	.7939	.7967	.7995	.8023	.8051	.8078	.8106	.8133
.9	.8159	.8186	.8212	.8238	.8264	.8289	.8315	.8340	.8365	.8389
1.0	.8413	.8438	.8461	.8485	.8508	.8531	.8554	.8577	.8599	.8621
1.1	.8643	.8665	.8686	.8708	.8729	.8749	.8770	.8790	.8810	.8830
1.2	.8949	.8869	.8888	.8907	.8925	.8944	.8962	.8980	.8997	.9015
1.3	.9032	.9049	.9066	.9082	.9099	.9115	.9131	.9147	.9162	.9177
1.4	.9192	.9207	.9222	.9236	.9251	.9265	.9279	.9292	.9306	.9319
1.5	.9332	.9345	.9357	.9370	.9382	.9394	.9406	.9418	.9429	.9441
1.6	.9452	.9463	.9474	.9484	.9495	.9505	.9515	.9525	.9535	.9545
1.7	.9554	.9564	.9573	.9582	.9591	.9599	.9608	.9616	.9625	.9633
1.8	.9641	.9649	.9656	.9664	.9671	.9678	.9686	.9693	.9699	.9706
1.9	.9713	.9719	.9726	.9732	.9738	.9744	.9750	.9756	.9761	.9767
2.0	.9772	.9778	.9783	.9788	.9793	.9798	.9803	.9808	.9812	.9817
2.1	.9821	.9826	.9830	.9834	.9838	.9842	.9846	.9850	.9854	.9857
2.2	.9861	.9864	.9868	.9871	.9875	.9878	.9881	.9884	.9887	.9890
2.3	.9893	.9896	.9898	.9901	.9904	.9906	.9909	.9911	.9913	.9916
2.4	.9918	.9920	.9922	.9925	.9927	.9929	.9931	.9932	.9934	.9936
2.5	.9938	.9940	.9941	.9943	.9945	.9946	.9948	.9949	.9951	.9952
2.6	.9953	.9955	.9956	.9957	.9959	.9960	.9961	.9962	.9963	.9964
2.7	.9965	.9966	.9967	.9968	.9969	.9970	.9971	.9972	.9973	.9974
2.8	.9974	.9975	.9976	.9977	.9977	.9978	.9979	.9979	.9980	.9981
2.9	.9981	.9982	.9982	.9983	.9984	.9984	.9985	.9985	.9986	.9986
3.0	.9987	.9987	.9987	.9988	.9988	.9989	.9989	.9989	.9990	.9990
3.1	.9990	.9991	.9991	.9991	.9992	.9992	.9992	.9992	.9993	.9993
3.2	.9993	.9993	.9994	.9994	.9994	.9994	.9994	.9995	.9995	.9995
3.3	.9995	.9995	.9995	.9996	.9996	.9996	.9996	.9996	.9996	.9997
3.4	.9997	.9997	.9997	.9997	.9997	.9997	.9997	.9997	.9997	.9998
3.5	.9998	.9998	.9998	.9998	.9998	.9998	.9998	.9998	.9998	.9998

3. t 분포–오른쪽 꼬리 확률

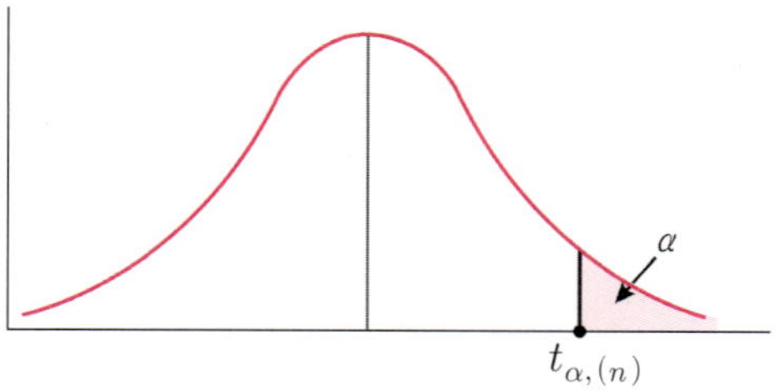

df \ α	0.25	0.20	0.15	0.10	0.05	0.025	0.02	0.01	0.005	0.0025	0.001	0.0005
1	1.000	1.376	1.963	3.078	6.314	12.71	15.89	31.82	63.66	127.3	318.3	636.6
2	0.816	1.061	1.386	1.886	2.920	4.303	4.849	6.965	9.925	14.09	22.33	31.60
3	0.765	0.978	1.250	1.638	2.353	3.182	3.482	4.541	5.841	7.453	10.21	12.92
4	0.741	0.941	1.190	1.533	2.132	2.776	2.999	3.747	4.604	5.598	7.173	8.610
5	0.727	0.920	1.156	1.476	2.015	2.571	2.757	3.365	4.032	4.773	5.893	6.869
6	0.718	0.906	1.134	1.440	1.943	2.447	2.612	3.143	3.707	4.317	5.208	5.959
7	0.711	0.896	1.119	1.415	1.895	2.365	2.517	2.998	3.499	4.029	4.785	5.408
8	0.706	0.889	1.108	1.397	1.860	2.306	2.449	2.896	3.355	3.833	4.501	5.041
9	0.703	0.883	1.100	1.383	1.833	2.262	2.398	2.821	3.250	3.690	4.297	4.781
10	0.700	0.879	1.093	1.372	1.812	2.228	2.359	2.764	3.169	3.581	4.144	4.587
11	0.697	0.876	1.088	1.363	1.796	2.201	2.328	2.718	3.106	3.497	4.025	4.437
12	0.695	0.873	1.083	1.356	1.782	2.179	2.303	2.681	3.055	3.428	3.930	4.318
13	0.694	0.870	1.079	1.350	1.771	2.160	2.282	2.650	3.012	3.372	3.852	4.221
14	0.692	0.868	1.076	1.345	1.761	2.145	2.264	2.624	2.977	3.326	3.787	4.140
15	0.691	0.866	1.074	1.341	1.753	2.131	2.249	2.602	2.947	3.286	3.733	4.073
16	0.690	0.865	1.071	1.337	1.746	2.120	2.235	2.583	2.921	3.252	3.686	4.015
17	0.689	0.863	1.069	1.333	1.740	2.110	2.224	2.567	2.898	3.222	3.646	3.965
18	0.688	0.862	1.067	1.330	1.734	2.101	2.214	2.552	2.878	3.197	3.611	3.922
19	0.688	0.861	1.066	1.328	1.729	2.093	2.205	2.539	2.861	3.174	3.579	3.883
20	0.687	0.860	1.064	1.325	1.725	2.086	2.197	2.528	2.845	3.153	3.552	3.850
21	0.686	0.859	1.063	1.323	1.721	2.080	2.189	2.518	2.831	3.135	3.527	3.819
22	0.686	0.858	1.061	1.321	1.717	2.074	2.183	2.508	2.819	3.119	3.505	3.792
23	0.685	0.858	1.060	1.319	1.714	2.069	2.177	2.500	2.807	3.104	3.485	3.768
24	0.685	0.857	1.059	1.318	1.711	2.064	2.172	2.492	2.797	3.091	3.467	3.745
25	0.684	0.856	1.058	1.316	1.708	2.060	2.167	2.485	2.787	3.078	3.450	3.725
26	0.684	0.856	1.058	1.315	1.706	2.056	2.162	2.479	2.779	3.067	3.435	3.707
27	0.684	0.855	1.057	1.314	1.703	2.052	2.158	2.473	2.771	3.057	3.421	3.690
28	0.683	0.855	1.056	1.313	1.701	2.048	2.154	2.467	2.763	3.047	3.408	3.674
29	0.683	0.854	1.055	1.311	1.699	2.045	2.150	2.462	2.756	3.038	3.396	3.659
30	0.683	0.854	1.055	1.310	1.697	2.042	2.147	2.457	2.750	3.030	3.385	3.646
40	0.681	0.851	1.050	1.303	1.684	2.021	2.123	2.423	2.704	2.971	3.307	3.551
50	0.679	0.849	1.047	1.299	1.676	2.009	2.109	2.403	2.678	2.937	3.261	3.496
60	0.679	0.848	1.045	1.296	1.671	2.000	2.099	2.390	2.660	2.915	3.232	3.460
80	0.678	0.846	1.043	1.292	1.664	1.990	2.088	2.374	2.639	2.887	3.195	3.416
100	0.677	0.845	1.042	1.290	1.660	1.984	2.081	2.364	2.626	2.871	3.174	3.390
1,000	0.675	0.842	1.037	1.282	1.646	1.962	2.056	2.330	2.581	2.813	3.098	3.300
∞	0.674	0.841	1.036	1.282	1.645	1.960	2.054	2.326	2.576	2.807	3.091	3.291

4. F 분포-오른쪽 꼬리 확률

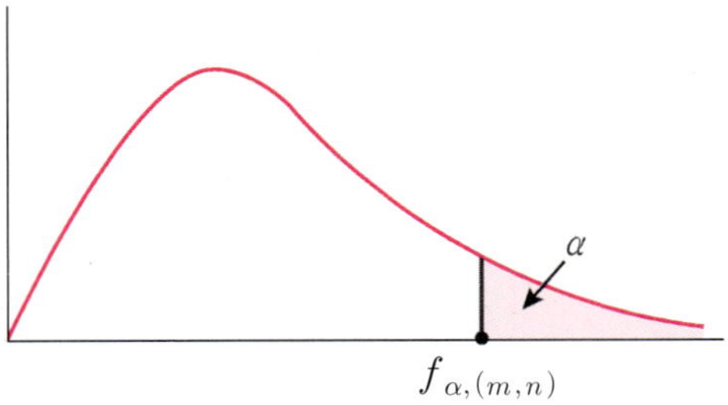

분모의 자유도	α	분자의 자유도 1	2	3	4	5	6	7	8	9	10
	0.100	39.86	49.50	53.59	55.83	57.24	58.20	58.91	59.44	59.86	60.19
	0.050	161.45	199.50	215.71	224.58	230.10	233.99	236.77	238.88	240.54	241.88
1	0.025	647.79	799.50	864.16	899.58	921.85	937.11	948.22	956.66	963.28	968.63
	0.010	4052.2	4999.5	5403.4	5624.6	5763.6	5859.0	5928.4	5981.1	6022.5	6055.8
	0.001	405284	500000	540379	562500	576405	585937	592873	598144	602284	605621
	0.100	8.53	9.00	9.16	9.24	9.29	9.33	9.35	9.37	9.38	9.39
	0.050	18.51	19.00	19.16	19.25	19.30	19.33	19.35	19.37	19.38	19.40
2	0.025	38.51	39.00	39.17	39.25	39.30	39.33	39.36	39.37	39.39	39.40
	0.010	98.50	99.00	99.17	99.25	99.30	99.33	99.36	99.37	99.39	99.40
	0.001	998.50	999.00	999.17	999.25	999.30	999.33	999.36	999.37	999.39	999.40
	0.100	5.54	5.46	5.39	5.34	5.31	5.28	5.27	5.25	5.24	5.23
	0.050	10.13	9.55	9.28	9.12	9.01	8.94	8.89	8.85	8.81	8.79
3	0.025	17.44	16.04	15.44	15.10	14.88	14.73	14.62	14.54	14.47	14.42
	0.010	34.12	30.82	29.46	28.71	28.24	27.91	27.67	27.49	27.35	27.23
	0.001	167.03	148.50	141.11	137.10	134.58	132.85	131.58	130.62	129.86	129.25
	0.100	4.54	4.32	4.19	4.11	4.05	4.01	3.98	3.95	3.94	3.92
	0.050	7.71	6.94	6.59	6.39	6.26	6.16	6.09	6.04	6.00	5.96
4	0.025	12.22	10.65	9.98	9.60	9.36	9.20	9.07	8.98	8.90	8.84
	0.010	21.20	18.00	16.69	15.98	15.52	15.21	14.98	14.80	14.66	14.55
	0.001	74.14	61.25	56.18	53.44	51.71	50.53	49.66	49.00	48.47	48.05
	0.100	4.06	3.78	3.62	3.52	3.45	3.40	3.37	3.34	3.32	3.30
	0.050	6.61	5.79	5.41	5.19	5.05	4.95	4.88	4.82	4.77	4.74
5	0.025	10.01	8.43	7.76	7.39	7.15	6.98	6.85	6.76	6.68	6.62
	0.010	16.26	13.27	12.06	11.39	10.97	10.67	10.46	10.29	10.16	10.05
	0.001	47.18	37.12	33.20	31.09	29.75	28.83	28.16	27.65	27.24	26.92
	0.100	3.78	3.46	3.29	3.18	3.11	3.05	3.01	2.98	2.96	2.94
	0.050	5.99	5.14	4.76	4.53	4.39	4.28	4.21	4.15	4.10	4.06
6	0.025	8.81	7.26	6.60	6.23	5.99	5.82	5.70	5.60	5.52	5.46
	0.010	13.75	10.92	9.78	9.15	8.75	8.47	8.26	8.10	7.98	7.87
	0.001	35.51	27.00	23.70	21.92	20.80	20.03	19.46	19.03	18.69	18.41

분모의 자유도	α	분자의 자유도									
		12	15	20	25	30	40	50	60	120	1,000
	0.100	60.71	61.22	61.74	62.05	62.26	62.53	62.69	62.79	63.06	63.30
	0.050	243.91	245.95	248.01	249.26	250.10	251.14	251.77	252.20	253.25	254.11
1	0.025	976.71	984.87	993.10	998.08	1001.4	1005.6	1008.1	1009.8	1014.0	1017.7
	0.010	6106.3	6157.3	6208.7	6239.8	6260.6	6286.8	6302.5	6313.0	6339.4	6362.7
	0.001	610668	615764	620908	624017	626099	628712	630285	631337	633972	636301
	0.100	9.41	9.42	9.44	9.45	9.46	9.47	9.47	9.47	9.48	9.49
	0.050	19.41	19.43	19.45	19.46	19.46	19.47	19.48	19.48	19.49	19.49
2	0.025	39.41	39.43	39.45	39.46	39.46	39.47	39.48	39.48	39.49	39.50
	0.010	99.42	99.43	99.45	99.46	99.47	99.47	99.48	99.48	99.49	99.50
	0.001	999.42	999.43	999.45	999.46	999.47	999.47	999.48	999.48	999.49	999.50
	0.100	5.22	5.20	5.18	5.17	5.17	5.16	5.15	5.15	5.14	5.13
	0.050	8.74	8.70	8.66	8.63	8.62	8.59	8.58	8.57	8.55	8.53
3	0.025	14.34	14.25	14.17	14.12	14.08	14.04	14.01	13.99	13.95	13.91
	0.010	27.05	26.87	26.69	26.58	26.50	26.41	26.35	26.32	26.22	26.14
	0.001	128.32	127.37	126.42	125.84	125.45	124.96	124.66	124.47	123.97	123.53
	0.100	3.90	3.87	3.84	3.83	3.82	3.80	3.80	3.79	3.78	3.76
	0.050	5.91	5.86	5.80	5.77	5.75	5.72	5.70	5.69	5.66	5.63
4	0.025	8.75	8.66	8.56	8.50	8.46	8.41	8.38	8.36	8.31	8.26
	0.010	14.37	14.20	14.02	13.91	13.84	13.75	13.69	13.65	13.56	13.47
	0.001	47.41	46.76	46.10	45.70	45.43	45.09	44.88	44.75	44.40	44.09
	0.100	3.27	3.24	3.21	3.19	3.17	3.16	3.15	3.14	3.12	3.11
	0.050	4.68	4.62	4.56	4.52	4.50	4.46	4.44	4.43	4.40	4.37
5	0.025	6.52	6.43	6.33	6.27	6.23	6.18	6.14	6.12	6.07	6.02
	0.010	9.89	9.72	9.55	9.45	9.38	9.29	9.24	9.20	9.11	9.03
	0.001	26.42	25.91	25.39	25.08	24.87	24.60	24.44	24.33	24.06	23.82
	0.100	2.90	2.87	2.84	2.81	2.80	2.78	2.77	2.76	2.74	2.72
	0.050	4.00	3.94	3.87	3.83	3.81	3.77	3.75	3.74	3.70	3.67
6	0.025	5.37	5.27	5.17	5.11	5.07	5.01	4.98	4.96	4.90	4.86
	0.010	7.72	7.56	7.40	7.30	7.23	7.14	7.09	7.06	6.97	6.89
	0.001	17.99	17.56	17.12	16.85	16.67	16.44	16.31	16.21	15.98	15.77

참고문헌

1. Basic Probabiliy Theory, Robert B, Ash
2. Introduction to Linear Algebra, Second Edition Serge Lang
3. A First Course in Probability, 9th Edition, Sheldon Ross
4. 고왕경 (1995) 기초확률론, 경문사
5. 김종호 (1997) 확률론, 자유아카데미
6. 최기헌 (1991) 응용확률론, 자유아카데미
7. 최기헌 (2016) R을 활용한 확률분포론, 자유아카데미
8. 민만식 (2017) 확률과통계, 한티미디어
9. 민만식 (2017) 기초미분적분학, 한티미디어
10. 민만식 (2015) 행렬대수, 자유아카데미
11. 송혜양 등(1996) 통계학, 자유아카데미
12. 민만식 (2014) 이산수학 한티미디어
13. 송성주,전명식 (2015), 자유아카데미
14. 민만식 (2017) R빅데이터분석입문, 한티미디어
15. 민만식 (2016) 확률론, 한티미디어
16. 윤승창 (2004) 생활속의 통계분석, 북스힐
17. 민만식,손방용,정형철 (2019) R통계학, 한티미디어

INDEX

ㅂ

ㅅ

ㅇ

ㅈ

ㅊ